碳中和：工业产品优化设计

肖永茂◎著

电子工业出版社

Publishing House of Electronics Industry

北京·BEIJING

内 容 简 介

工业产品优化设计是实现制造业碳中和目标的必要环节，是促进产品设计先进方法与企业管理、企业装备配置相匹配的重要方法，对于提升产品市场竞争力、促进制造业碳中和目标实现具有重要意义。本书共分 8 章：资源、环境问题与碳中和，制造业碳中和规划，碳中和与工业产品优化设计理论，服务碳中和的工业产品生产优化设计企业管理模型，服务于碳中和的工业产品设计框架，服务于碳中和的工业产品设计建模，工业产品目标设计因子提取与目标量化研究，服务于碳中和的工业产品生命周期设计。

本书对工业产品设计服务碳中和实现的系统规划理论技术研究和工程实践应用具有较强的指导价值，可作为政府、研究机构指导本地工业产品发展升级及促进碳中和实现的参考资料，也可以作为高等院校机械工程、工业工程、管理科学与工程、环境工程等与智能制造相关专业硕士研究生的教材或参考书，还可以供从事产品低碳设计、生产工艺设计、车间管理、产品质量升级等领域的工程技术人员、管理人员、研究人员参考。

图书在版编目（CIP）数据

碳中和：工业产品优化设计 / 肖永茂著. —北京：电子工业出版社，2024.1

ISBN 978-7-121-47117-9

Ⅰ.①碳… Ⅱ.①肖… Ⅲ.①工业产品—产品设计 Ⅳ.①TB472

中国国家版本馆 CIP 数据核字（2024）第 016462 号

责任编辑：刘志红（lzhmails@phei.com.cn）　　　　特约编辑：张思博
印　　　刷：北京天宇星印刷厂
装　　　订：北京天宇星印刷厂
出版发行：电子工业出版社
　　　　　北京市海淀区万寿路 173 信箱　邮编　100036
开　　本：787×980　1/16　印张：20　字数：448 千字
版　　次：2024 年 1 月第 1 版
印　　次：2024 年 1 月第 1 次印刷
定　　价：148.00 元

凡所购买电子工业出版社图书有缺损问题，请向购买书店调换。若书店售缺，请与本社发行部联系，联系及邮购电话：（010）88254888，88258888。

质量投诉请发邮件至 zlts@phei.com.cn，盗版侵权举报请发邮件至 dbqq@phei.com.cn。

本书咨询联系方式：（010）88254479，lzhmails@phei.com.cn。

　　减少碳排放，建设和谐美好生态环境已成为全球可持续发展亟须解决的问题。2020年9月，习近平主席在第75届联合国大会上提出："中国将提高国家自主贡献力度，采取更加有力的政策和措施，二氧化碳排放力争于2030年前达到峰值，努力争取2060年前实现碳中和。"2022年10月，习近平总书记在中国共产党第二十次全国代表大会上提出，加快发展方式绿色转型，深入推进环境污染防治，提升生态系统多样性、稳定性、持续性，积极稳妥推进碳达峰碳中和；立足我国能源资源禀赋，坚持先立后破，有计划分步骤实施碳达峰行动；深入推进能源革命，加强煤炭清洁高效利用，加快规划建设新型能源体系，确保能源安全；积极参与应对气候变化全球治理；推动绿色发展，促进人与自然和谐共生。绿色低碳发展成为我国未来几十年的重要发展目标，如何减少碳排放成为社会关注和研究的热点。

　　社会要实现低碳发展需要各级政府、部门制定有针对性的法规、制度，这样既能促进各项工作的有序开展，也能为企业的绿色低碳可持续发展提供思路。与国外低碳发展相比，我国的低碳发展仍处在初步发展、实施阶段，同时企业的低碳意识、低碳发展思维也相对落后。要实现社会的低碳发展，就要积极解决企业运行过程中存在的问题，推动企业为实现碳中和目标进行转变。碳中和目标的实现与工业产品设计之间有着十分密切的联系。工业是国民经济的主导，工业产品是工业企业进行工业生产活动的直接有效成果，产品设计决定产品整个生命周期过程中的资源消耗量和环境污染量。服务于碳中和的工业产品设计，将是有助于我国实现碳中和目标的重要方式。

本书致力于服务碳中和的工业产品设计的研究，并取得了一定的研究成果。作者在参考了大量的国内外文献资料的基础上，完成了本书的撰写工作。本书从系统思维、学科综合和技术集成的角度，研究服务于碳中和的工业产品设计规划所涉及的新概念、新技术和新方法。

本书共分为如下 8 章。

第 1 章为资源、环境问题与碳中和。本章包括全球资源与环境问题、碳中和及中国实现碳中和的时代背景。

第 2 章为制造业碳中和规划。本章包括 PDCA 循环模型理论与应用、碳中和管理体系的构建、制造业产品生产的特点及制造业碳中和管理体系。

第 3 章为碳中和与工业产品优化设计理论。本章包括工业产品优化设计相关名词、工业产品设计常见的理论和方法、低碳设计、产品低碳设计的内涵、低碳设计理论方法及低碳优化设计方法。

第 4 章为服务碳中和的工业产品生产优化设计企业管理模型。本章包括制造业企业低碳实践工具评价与集成模型构建、基于改进的低碳价值流程图整合低碳实践、基于人员整合视角的低碳制造优化模型构建、基于 DEMATEL 方法的低碳制造优化驱动因素影响分析、基于 CMM 模型的低碳制造集成优化模型构建及低碳制造系统集成优化实现方式研究。

第 5 章为服务于碳中和的工业产品设计框架。本章包括工业产品生命周期过程分析、工业产品生命周期过程资源环境特性、工业产品生命周期设计方案、工业产品生命周期设计准则及工业产品生命周期设计框架。

第 6 章为服务于碳中和的工业产品设计建模。本章包括工业产品设计目标分析、工业产品设计材料选择和尺寸设计方法及工业产品设计信息模型。

第 7 章为工业产品目标设计因子提取与目标量化研究。本章包括目标设计因子识别与提取及工业产品生命周期设计目标量化模型。

第 8 章为服务于碳中和的工业产品设计。本章包括工业产品生命周期设计需求分析、工业产品生命周期设计材料选择及工业产品棒材生命周期设计尺寸优化设计。

本书的研究得到了贵州省高等学校复杂系统与智能优化重点实验室（黔教技（2022）

058 号）、黔南州复杂系统与智能优化重点实验室（黔南科合（2021）20 号）的资助，特此感谢有关单位和领导的关心与支持。本书的内容吸收了朱晓勇博士的论文成果。研究生张浩、宋子祥、刘欢参与了全书的统稿、校对和文献整理工作，在此感谢他们的辛苦付出。作者还要感谢曾教导和帮助过自己的老师，感谢电子工业出版社有关工作人员为本书的出版付出的辛勤劳动。此外，本书在写作过程中参考了许多国内外单位和个人的研究成果，在此表示诚挚的谢意！

由于有效促进碳中和实现的工业产品设计是一门正在迅速发展的综合性交叉学科，涉及面广，技术难度大，加上作者水平有限，书中不妥之处在所难免，敬请广大读者批评指正！

作　者

2023 年 6 月

目　录

第1章

资源、环境问题与碳中和

资源严重匮乏，环境过度破坏，已成为人类发展面临的严重挑战。碳达峰、碳中和的实现，是解决资源环境问题的有效途径。很多国家都根据本国国情提出了相关目标，并建立了法律。碳达峰、碳中和的实现，将还我们一个青山绿水、适宜居住的大环境。

1.1 全球资源与环境问题

1.1.1 全球资源问题

资源问题主要是指由于人口增长和经济发展，对资源的过度开采和不合理开发利用而产生的影响资源质量的一系列问题。同人口问题、环境问题一样，资源问题说到底也是发展问题。随着社会生产力的不断发展，人类开发利用自然的能力不断提高，人与自然的紧张关系在世界范围呈现扩大的态势：自然资源枯竭；全球气候变暖；南极上空臭氧层空洞扩大；大气、水、土壤污染严重；物种灭绝加速；荒漠化严重；洪灾泛滥……人类正在以可怕的速度破坏着生态环境，地球因此变得暴躁不安、喜怒无常，灾难的出现一次次向人们敲响警钟。全球使用的 90%的能源取自化石燃料，即煤炭、石油和天然气，80%以上的工业原料取自金属和非金属矿产资源，这些资源都属于用一点少一点的耗竭性资源。目前，地球上探明的可采石油储量仅可使用 45～50 年；天然气储量总计为 180 亿立方米，可使用50～60 年；煤炭储量可使用 200～300 年；主要金属和非金属矿产储量可使用几十年至百余年。海洋和海洋区域污染严重，由于陆地和海洋资源压力不断增大，以及人们不断开采海洋沉积物，导致海洋和海岸带不断退化。由于向海洋排放的氮过多，海洋和海岸带都出现了富营养化。水覆盖着地球表面 70% 以上的面积，总量达 15 亿立方千米，但是只有 2.5% 的水为淡水，可供利用的淡水仅占世界淡水总量的 0.3%。据联合国有关组织统计，全球有 12 亿人用水短缺，水已经超出生活资源的范围，成为重要的战略资源。

2021 年，面对煤炭供应偏紧、价格大幅上涨等情况，煤炭生产企业全力增产增供，加快释放优质产能，全年原煤产量 41.3 亿吨，同比增长 5.7%。2021 年，全年原油产量 19888.1 万吨，同比增长 2.1%，增速比 2020 年提高 0.5 个百分点；原油加工产量为 70355.4 万吨，创下新高，同比增长 4.3%，比 2019 年增长 7.4%，两年平均增长 3.6%。2021 年，全年天然气产量 2075.8 亿立方米，同比增长 7.8%。天然气产量首次突破 2000 亿立方米，也是连续 5 年增产超过 100 亿立方米。2021 年，全年发电量 85342.5 亿千瓦时，同比增长 9.7%。其中，火电发电量 58058.7 亿千瓦时，同比增长 8.9%；水电发电量 13390 亿千瓦时，同比降低 1.2%；核电发电量 4075.2 亿千瓦时，同比增长 11.3%。2021 年，随着我国经济社会秩序持续稳定恢复，国内经济复苏和出口订单增长远超预期，能源需求也呈逐步回升态势。2021 年，全年能源消费总量 52.4 亿吨标准煤，同比增长 5.2%，两年平均增长 3.7%。煤炭消费量同比增长 4.6%，原油消费量同比增长 4.1%，天然气消费量同比增长 12.5%。近年来，虽然可再生能源得到了较快的发展，但我国的能源消费结构还是以化石能源为主，每年消耗的化石能源巨大。2022 年，多地开始限电，我国资源消耗问题已成为亟待解决的问题。

导致出现资源问题的原因主要有以下三方面。

1. 工业发展

从近年各行业能源消费情况来看，工业和生活能源消费占据能源消费的 80% 以上，我国以重工业为主的产业构成模式也导致了工业对能源的大量消耗，其中 85% 的煤炭消耗在工业生产中。工业煤炭消耗中，制造业、电力、煤气及水生产等占消费比重的 90% 以上。制造业煤炭消耗的 80% 集中在石油化工、黑色金属冶金加工（钢铁等）、非金属矿制品（水泥等）、化工制造业。需要特别指出的是，我国单位产值能耗比世界平均水平约高出 2 倍以上；钢铁、有色金属、化工等高能耗工业行业的平均单位产出能耗均比世界先进水平高出 40%以上。当前乃至未来十年，我国工业部门的节能降耗具有巨大的空间和潜力。

传统工业的持续增长，使得世界环境难以支撑这种高污染、高消耗、低效益生产方式的持续扩张。我国也不例外，国内资源再也难以支撑传统工业文明的持续增长。我国水资源总量占世界水资源总量的 7%，居世界第 6 位，但人均占有量为世界人均水量的 27%，居世界第 119 位，是全球 13 个贫水国之一，660 个城市中 2/3 的城市供水不足，其中 110 个城市严重缺水。人均耕地面积仅相当于世界人均耕地面积的 40%。矿产资源可以说是最能体现我国同时作为资源大国与资源小国这个特点的资源种类。我国已累计发现矿床种类 162 种，无疑是世界上拥有矿种比较齐全、探明储量比较丰富的少数国家之一。但若按人均拥有量计算，我们还是无法脱掉"贫矿"的帽子：国际上公认的工业化过程中不可缺少的 45 种矿产资源，人均拥有量不足世界平均水平的一半，石油、天然气人均剩余探明储量分别占世界储量的 7.7%和 7.1%，即使是储量相对丰富的煤炭也仅占世界储量的 64%。而根据世界银行估计，每年中国环境污染和生态破坏造成的损失占 GDP 的比例高达 10%。由煤炭燃烧形成的酸雨造成的经济损失每年超过 1100 亿元人民币。

从古至今，人类前进的步伐都伴随着资源掠夺与环境恶化。在历史上，争夺对国家安全和经济发展至关重要的稀缺战略资源往往是一国发动战争的根本动因。可以说，资源环境问题之所以产生，根本原因在于人们在不断扩大生产力的同时，对资源环境的不合理利用和破坏。

纵观中国历史，在漫长的奴隶社会和封建社会，由于生产力相对低下，对自然环境的破坏较小。中华人民共和国成立以后，全民以极大的热情投入社会主义建设中，在"大炼钢铁"运动中，烧掉了全国大量森林，森林植被遭受破坏，水土流失面积扩大，生态环境进一步恶化。改革开放初期，乡镇工业突飞猛进，但由于乡镇企业规模小、行业多、布局严重不合理、污染物种类繁多，造成处理困难，因而给环境带来了很大的负面影响……这是历史留给我们的资源环境问题。如今，粗放型经济增长方式是产生环境问题的根本原因，我国人口多、资源少、环境容量小、生态脆弱，建立在粗放型经济增长方式基础上的快速增长，已使资源难以为继，环境不堪重负。

2．人口压力

联合国经济和社会事务部发布的一份题为《世界人口展望 2019：发现提要》的世界人口预测报告称，预计到 2030 年世界人口将从目前的 77 亿增至 85 亿，到 2050 年世界人口将达到 97 亿，到 2100 年或将达到 110 亿。这份报告还提及，从现在起到 2050 年，一半的世界新增人口将集中在印度、尼日利亚、巴基斯坦、刚果（金）、埃塞俄比亚、坦桑尼亚、印度尼西亚、埃及、美国等 9 个国家。

这份报告中还包含了其他信息。比如，世界人口增速在放缓，更多国家人口出现萎缩。这预示着世界人口老龄化正成为新的趋势。从 2019 年到 2050 年，人口出现萎缩的国家或地区数量将增至 55 个，其中 26 个国家或地区人口萎缩将超过 10%。到 2050 年世界人口将达 97 亿，这绝不仅仅是一个数字这么简单。庞大的人口压力无疑会给人类的衣食住行造成紧张的局面，从而引发一些灾难性的冲突，如战争。人口压力具体包括人口增长对生存环境的影响、对生存空间及环境承载力的影响、对气候的影响、对城市环境的影响、对自然资源的影响等。

人类目前使用的生态资源比生态系统再生能力快 1.75 倍，大大超过了自然界的负荷能力，而人类排出的二氧化碳也超过了森林和海洋可吸收的二氧化碳。由于大范围砍伐森林、土壤侵蚀、生物多样性丧失及大气中二氧化碳不断累积，全球生态系统透支情况变得越来越明显。二氧化碳会导致气候变迁更加频繁，出现极端气候现象。而最明显的现象就是现在越来越热的天气，厄尔尼诺暖流便是其中一个。

3．能源危机

作为人类生存和发展的重要物质基础，煤炭、石油、天然气等化石能源支撑了 19 世纪到 20 世纪近 200 年来的人类文明进步和经济社会发展。然而，化石能源的不可再生性和人类对其的巨大消耗，使化石能源正在走向枯竭。

据美国地质勘探局估计，全世界最终可采石油储量为 3 万亿桶。由此推算，世界石油产量的顶峰将在 2030 年出现。由于剩余储量开采难度增大，石油产量会快速下降。世界煤炭总可采储量大约为 8475 亿吨。从长期来看，尽管世界煤炭可采储量相对稳定，但还是出现了下降的趋势。按当前的消费水平，煤炭可采储量最多也只能维持 200 年左右。世界天然气储量大约为 177 万亿立方米，如果年开采量维持在 2.3 万亿立方米，则天然气将在 80 年内枯竭。

就中国而言，化石能源探明储量约 7500 亿吨标准煤，总量较大，但人均能源拥有量远远低于世界平均水平。煤炭、石油、天然气人均剩余可采储量分别只有世界平均水平的 58.6%、7.69%、7.05%。近几年，中国的能源生产一直保持着快速增长势头。2006 年，中国能源生产总量为 20.6 亿吨标准煤。其中，煤炭比重高达 76.4%，原油比重下降为 12.6%，天然气比重为 3.3%。中国煤炭储量相对丰富，但从中长期来看，仍面临诸如赋存条件、勘探水平、运输条件、安全因素等多方面因素的限制，能被有效开发利用的煤炭资源量明显不足。

化石能源的大量利用，也是造成环境变化与污染的关键因素。大量的化石能源消费引起温室气体排放，使大气中温室气体浓度增加、温室效应增强，导致全球气候变暖。自 1860 年以来，全球平均气温提高了 0.4～0.8℃。IPCC（联合国政府间气候变化专门委员会）所做的气候变化预估报告的结论是，二氧化碳为温室气体的主要部分，其中约 90% 以上的二氧化碳排放是化石能源消费活动产生的。化石能源，特别是煤炭的使用带来大量的二氧化硫和烟尘排放，是造成我国大气污染的主要原因。尽管应对措施初步遏制了酸雨范围逐步扩大的趋势，但酸雨仍在局部地区加重；机动车尾气污染等问题日益严重，特别是在大城市，煤烟型大气污染已开始转向煤烟与尾气排放的混合型污染。随着化石能源储量的逐步减小，全球能源危机也日益迫近。以化石能源为主的能源结构，具有明显的不可持续性。但是，从世界范围看，今后相当长的一段时期内，煤炭、石油等化石能源仍是能源供应的主体。

1.1.2　全球环境问题

环境问题，是指由于人类活动作用于周围环境所引起的环境质量变化，以及这种变化对人类的生产、生活和健康造成的影响。人类在改造自然环境和创建社会环境的过程中，自然环境仍以其固有的自然规律变化着。社会环境一方面受自然环境的制约，另一方面又以其固有的规律运动着。人类与环境不断地相互影响和作用，产生环境问题。近年来，随着地区经济的迅猛发展，环境污染问题也越来越严重，防止环境污染，保护环境，维持生态平衡，已成为社会发展的一项重要举措，也是每个公民应尽的义务。

在环境科学中，一般认为环境是指围绕人群的空间及其中可以直接影响人类生活和发展的各种自然因素的总称。在人类几百万年的历史进程中，环境对开创人类文明和进步发挥着巨大作用。大气、水源、土地、草原，都是让人类得以生存的物质基础，而森林、矿藏等资源又为人类的不断发展提供物质，创造出地球上高度的人类文明。但是，人类在开发利用环境资源的同时，也引出了一系列环境问题。

1. 人类面临的主要环境问题

环境问题多种多样，归纳起来有两大类：一类是自然演变和自然灾害引起的原生环境问题，也叫第一环境问题，如地震、洪涝、干旱、台风、崩塌、滑坡、泥石流等；另一类是人类活动引起的次生环境问题，也叫第二环境问题。次生环境问题一般又分为环境污染和生态破坏两大类。如，乱砍滥伐引起的森林植被的破坏，过度放牧引起的草原退化，大面积开垦草原引起的沙漠化和土地沙化，工业生产造成大气、水环境恶化；等等。

目前，正在威胁人类生存并已被人类认识到的环境问题主要有全球气候变暖、臭氧层耗竭、酸雨、淡水危机、资源短缺、能源短缺、森林资源锐减、荒漠化、物种加速灭绝、垃圾成灾、有毒化学品污染等。

1）全球气候变暖

全球气候变暖是指全球气温升高。近 100 多年来，全球平均气温经历了冷－暖－冷－暖两次波动，总的来看为上升趋势。20 世纪 80 年代，全球气温明显上升。1981—1990 年，全球平均气温比 100 年前上升了 0.48℃。导致全球气候变暖的主要原因是人类在近一个世纪以来大量使用化石燃料（如煤、石油等），排放出大量的二氧化碳等多种温室气体。由于这些温室气体对来自太阳辐射的短波具有高度的透过性，而对地球反射出来的长波具有高度的吸收性，也就是常说的"温室效应"，导致全球气候变暖。全球气候变暖的后果是，会使全球降水量重新分配，冰川和冻土消融，海平面上升等，既危害自然生态系统的平衡，又威胁人类的食物供应和居住环境。

2）臭氧层耗竭

在地球大气层近地面 20～30 千米的平流层里存在着一个臭氧层，其中臭氧含量占这一高度气体总量的十万分之一。臭氧含量虽然极微，却具有强烈的吸收紫外线的功能，因此，它能挡住太阳紫外辐射对地球生物的伤害，保护地球上的一切生命。然而，人类生产和生活所排放出的一些污染物，如氟氯烃类化合物及氟溴烃类化合物等，它们受到紫外线的照射后可被激化，形成活性很强的原子，并与臭氧层的臭氧发生化学反应，导致臭氧耗减，使臭氧层遭到破坏。南极上空的臭氧层空洞，就是臭氧层耗竭的一个显著标志。1994年，南极上空的臭氧层耗竭面积已达2400万平方千米。南极上空的臭氧层是在过去的20亿年里形成的，可是在一个世纪里就被破坏了60%。北半球上空的臭氧层也比以往任何时候都薄，欧洲和北美上空的臭氧层平均减少了10%～15%，西伯利亚上空的臭氧层甚至减少了35%。因此，科学家警告说，地球上空臭氧层耗竭的程度远比一般人想象的要严重。

3）酸雨

酸雨是由于空气中二氧化硫和氮氧化物等酸性污染物引起的pH值小于5.6的酸性降水。受酸雨危害的地区，会出现土壤和湖泊酸化，植被和生态系统遭受破坏，建筑材料、金属结构和文物被腐蚀等一系列严重的环境问题。酸雨在20世纪五六十年代最早出现于北欧及中欧，当时北欧的酸雨是欧洲中部工业酸性废气迁移所至，20世纪70年代以来，许多工业化国家采取各种措施防治城市和工业的大气污染，其中一个重要的措施是增加烟囱的高度。这一措施虽然有效地改善了排放地区的大气环境质量，但大气污染物远距离迁移的问题却更加严重，污染物越过国界进入邻国，甚至飘浮很远的距离，形成了更广泛的跨国界酸雨。此外，全世界使用矿物燃料的量有增无减，也使得受酸雨危害的地区进一步扩大。全球受酸雨危害严重的有欧洲、北美及东亚地区。20世纪80年代，在我国，酸雨主要发生在西南地区，到20世纪90年代中期，已发展到长江以南、青藏高原以东及四川盆地的广大地区。

4）淡水危机

地球表面虽然70%被水覆盖，但是97%为无法饮用的海水，只有不到3%的淡水，其中又有2%封存于极地冰川之中。在仅有的1%的淡水中，25%为工业用水，70%为农业用水，只有很少的一部分可供饮用和其他生活用途。然而，在这样一个缺水的世界里，水却被大量滥用、浪费和污染。加之，区域分布不均匀，致使世界上缺水现象十分普遍，淡水危机日趋严重。世界上100多个国家或地区缺水，其中28个国家被列为严重缺水的国家或地区。预测再过 20~30 年，严重缺水的国家或地区将达 46~52 个，缺水人口将达到 28 亿~33 亿人。我国广大的北方和沿海地区水资源严重不足，据统计，我国北方缺水地区总面积达 58 万平方千米。全国 500 多座城市中，有 300 多座城市缺水，每年缺水量达 58 亿立方米，这些缺水城市主要集中在华北、沿海和省会城市、工业型城市。世界上任何一种生物都离不开水，人们贴切地把水比喻为"生命的源泉"。然而，随着地球上人口的激增，生产迅速发展，水已经变得比以往任何时候都要珍贵。一些河流和湖泊的枯竭，地下水的耗尽和湿地的消失，不仅给人类生存带来严重威胁，而且许多生物也正随着人类生产和生活造成的河流改道、湿地干化和生态环境恶化而灭绝。不少长河如美国的科罗拉多河、中国的黄河都已雄风不再，昔日"奔流到海不复回"的壮丽景象已成为历史的记忆了。

5）资源、能源短缺

当前，世界上资源、能源短缺问题已经在大多数国家或地区甚至全球范围内出现。这种现象的出现，主要是因为人类无计划、不合理地大规模开采。在新能源（如太阳能、快中子反应堆核电站、核聚变电站等）开发利用尚未取得较大突破之前，世界能源供应将日趋紧张。此外，其他不可再生性矿产资源的储量也在日益减小，这些资源终究会被消耗殆尽。

6）森林资源锐减

森林是人类赖以生存的生态系统中的一个重要的组成部分。地球上曾经有 76 亿公顷的森林，20 世纪时下降为 55 亿公顷，到 1976 年已经减少到 28 亿公顷。由于世界人口的增长，对耕地、牧场、木材的需求量日益增加，导致对森林的过度采伐和开垦，使森林受到前所未有的破坏。据统计，全世界每年约有 1200 万公顷的森林消失，其中占绝大多数的是对全球生态平衡至关重要的热带雨林。对热带雨林的破坏主要发生在热带的发展中国家，尤以巴西的亚马逊州情况最为严重。亚马逊森林居世界热带雨林之首，但是，到 20 世纪 90 年代初期，这一地区的森林覆盖率比原来减少了 11%，相当于 70 万平方千米，平均每 5 秒钟就有一片足球场大小的森林消失。此外，亚太地区、非洲的热带雨林也遭到破坏。

7）荒漠化

简单地说，荒漠化就是指土地退化。1992 年，联合国环境与发展会议对荒漠化的概念做了这样的定义："荒漠化是由于气候变化和人类不合理的经济活动等因素，使干旱、半干旱和具有干旱灾害的半湿润地区的土地发生了退化。"1996年6月17日，即第二个世界防治荒漠化和干旱日，《联合国防治荒漠化公约》秘书处发表公报指出，当前世界荒漠化现象仍在加剧。全球现有12亿人受到荒漠化的直接威胁，其中有1.35亿人在短期内有失去土地的危险。荒漠化已经不再是一个单纯的生态环境问题，已经演变为经济问题和社会问题，它给人类带来贫困和社会不稳定等问题。截至1996年，全球荒漠化的土地已达到3600万平方千米，占到整个地球陆地面积的1/4。全世界受荒漠化影响的国家或地区有100多个，尽管各国人民都在进行着同荒漠化的抗争，但荒漠化却以每年5万~7万平方千米的速度扩大。目前，在人类所面临的诸多环境问题中，荒漠化是最为严重的环境问题之一。对于受荒漠化威胁的人们来说，荒漠化意味着他们将失去最基本的生存基础——有生产能力的土地。

8）物种加速灭绝

物种是指生物种类。现今，地球上生存着500万~1000万种生物。一般来说，物种灭绝速度与物种生成速度应该是平衡的。但是，由于人类活动破坏了这种平衡，使物种灭绝速度加快。据《世界自然资源保护大纲》估计，每年有数千种动植物灭绝，而且灭绝速度越来越快。世界野生生物基金会发出警告：20世纪鸟类每年灭绝一种，在热带雨林，每天至少灭绝一个物种。物种灭绝给整个地球的食物供给带来威胁，给人类社会发展带来的损失和影响是难以预料和挽回的。

9）垃圾成灾

全球每年产生垃圾近100亿吨，而且处理垃圾的能力远远赶不上产生垃圾的速度。我国的垃圾排放量已相当可观，在许多城市周围，排满了一座座垃圾山，除占用大量土地外，还污染环境。危险垃圾，特别是有毒、有害垃圾的处理问题（包括运送、存放），因其造成的危害更为严重、产生的危害更为深远，而成为当今世界各国面临的一个十分棘手的环境问题。

10）有毒化学品污染

市场上约有7万~8万种化学品，对人体健康和生态环境有危害的约有3.5万种，其中致癌、致畸、致突变作用的约500种。随着工农业生产的发展，如今每年又有1000~2000种新的化学品投入市场。由于化学品的广泛使用，全球的大气、水体、土壤乃至生物都受到了不同程度的污染、毒害，连南极的企鹅也未能幸免。自 20 世纪 50 年代以来，涉及有毒有害化学品的污染事件日益增多，如果不采取有效防治措施，将对人类和动植物造成严重的危害。

2．环境污染的分类及产生的原因

环境污染包括以下几种。

（1）陆地污染：垃圾的清理成了各大城市的重要问题，每天千万吨的垃圾中，很多是不能焚化或腐化的，如塑料、橡胶、玻璃等。

（2）海洋污染：主要指从油船与油井漏出来的原油，农田用的杀虫剂和化肥，工厂排出的污水，矿场流出的酸性溶液等。它们使大部分的海洋湖泊受到污染，不但使海洋生物受害，而且鸟类和人类也可能因吃了这些生物而中毒。

（3）空气污染：主要指来自工厂、汽车、发电厂等排放出的一氧化碳和硫化氢等，每天都有人因接触了这些污浊空气而染上呼吸系统疾病。

（4）水污染：是指水体因某种物质的介入，而导致其化学、物理、生物或者放射性污染等方面特性的改变，从而影响水的有效利用，危害人体健康或者破坏生态环境，造成水质恶化的现象。

（5）大气污染：是指空气中污染物的浓度达到或超过了有害程度，导致破坏生态系统和人类的正常生存和发展，对人和生物造成危害。

（6）环境噪声污染：是指所产生的环境噪声超过国家规定的环境噪声排放标准，并干扰他人正常工作、学习、生活的现象。

（7）放射性污染：是指由于人类活动造成物料、人体、场所、环境介质表面或者内部出现超过国家标准的放射性物质或者射线。

（8）工业污染：是指工业生产过程中形成的废气、废水和固体排放物对环境的污染。污染主要是由生产中的"三废"（废水、废气、废渣）及各种噪声造成的。废水、废气、废渣被称为"自然界三大公害"，传统工业文明的持续增长，使得废弃物数量逐渐增长，对环境造成了巨大破坏。

① 废水：是指居民活动过程中排出的水和径流雨水的总称。它包括生活污水、工业废

水和初雨径流入排水管渠等其他无用水，一般指经过一定技术处理后不能再循环利用或者一级污染后制纯处理难度达不到一定标准的水。

② 废气：是指人类在生产和生活过程中排出的有毒有害的气体。特别是化工厂、钢铁厂、制药厂，以及炼焦厂、炼油厂等排放的废气，气味大，严重污染环境和影响人体健康。

③ 废渣：是指人类生产和生活过程中排出或投弃的固体、液体废弃物。按其来源可分为工业废渣、农业废渣和城市生活垃圾等。

全球环境问题还具有超级复杂性，已成为真正"棘手的难题"。这些问题的"棘手性"主要体现在其出现的原因是复杂的，甚至具有高度的不确定性。随着科学技术的发展，人类对自然界的认识也在逐步提高。但是，人类对自然社会认知的进展依然缓慢，还处在"无知之幕"的限制中。一系列全球性环境问题的呈现，很多问题远远超越了人类对自然认知的限度，人们面临这些问题的时候，难以找出的原因。

1.2 碳中和

1.2.1 碳排放与环境问题

碳排放一般指温室气体排放。导致温室效应的大气微量成分被称为"温室气体"。水和大气中早已存在的二氧化碳是天然的温室气体。正是在它们的作用下，才有了对地球生物适宜的环境温度，从而使生命能够在地球上生存和繁衍。假如没有大气层和这些天然的温室气体，地球的表面温度将比现在低33℃，人类和大多数动植物会面临生存危机。全球气候变暖的主要原因是人类在自身发展过程中对能源的过度使用和对自然资源的过度开发，造成大气中温室气体的浓度以极快的速度增长。这些温室气体有二氧化碳、甲烷、一氧化二氮、氢氟碳化物、四氟化碳和六氟化硫等六类。

据联合国政府间气候变化专门委员会（IPCC）统计，全球化学工业每年使用二氧化碳约为1.15亿吨，将二氧化碳作为各种合成工艺过程的原料。每年由人类活动引起的全球二氧化碳增加量约为237亿吨。

如今，大气中的二氧化碳水平比过去65万年高了27%。近几十年来，越来越多的国家走向工业化，道路上的汽车也越来越多，人类造成气候变化所需时间要比气候系统的自然变化周期短得多。尽管火山爆发会释放二氧化碳和其他气体，地球自转轴和轨道的微小变化也会对地球表面温度造成重大影响，但仍然无法与现在正持续加速的人类活动对环境影响的重要性相比。

使用的化石燃料增多，对流层中臭氧量也会增多。若不做出改变，这将使 2100 年农作物的产量下降 40%。如果不加以控制，受温度和二氧化碳上升的影响，到 2100 年，全球平均臭氧还会增加 50%，这将给植物生长带来无法预估的影响。

据国际能源署（IEA）报告，到 2030 年，全球温室气体排放将比 2007 年增加 57%。这会使地球表面温度升高 3℃。温度上升已引起阿尔卑斯山脉地区的冰川积雪和冰层覆盖率快速下降，北极海上冰层范围减小，也使西伯利亚和加拿大永久冻土解冻。

温室气体排放导致全球平均气温上升，引发冰盖融化、极端天气、干旱和海平面上升，这种全球性影响会危及人类生命和生活。据估计，每年有 500 万人死于由气候变化及碳过度排放引起的空气污染、饥荒和疾病。如果不改变当前的化石燃料消费模式，到 2030 年死亡人数预计会上升到 600 万人。

二氧化碳对温室效应的"贡献率"达到 60%。1750—1994 年，大气中的二氧化碳体积分数从 2.80×10^{-4}（280ppm）上升到 3.58×10^{-4}（358ppm），2000 年更是达到 3.68×10^{-4}（368ppm）。由于二氧化碳在大气中的寿命长达 50～200 年，即使二氧化碳的排放能维持在现有水平，它的浓度在 22 世纪仍将翻一番。如果人类对二氧化碳的排放不采取有效的控制措施，预测在今后 100 年内，全球气温将提高 1.4～5.8℃，海平面将继续上升 88 厘米。因此，1997 年通过的《〈联合国气候变化框架公约〉京都议定书》要求：发达国家排放的六种温室气体，要比 1990 年减少 5.2%；2008 年至 2012 年期间，与 1990 年相比，欧盟各成员国平均削减 8%，美国削减 7%，日本、加拿大削减 6%，东欧各国平均削减 5%～8%，新西兰、俄罗斯和乌克兰保持不变，澳大利亚增长 8%，冰岛增长 10%。

1.2.2　碳中和的愿景

碳中和一般是指国家、企业、产品、活动或个人在一定时间内直接或间接产生的二氧化碳或温室气体排放量，通过植树造林、节能减排等形式，以抵消自身产生的二氧化碳或温室气体排放量，实现正负抵消，达到相对"零排放"。而碳达峰指的是碳排放进入平台期后，进入平稳下降阶段。

"碳中和"一词是 1997 年由英国伦敦的未来森林公司（Future Forests）[现改名为"碳中和公司"（The Carbon Neutral Co.）] 提出来的。这家公司已经将"碳中和"注册为商标。该公司帮助顾客计算出其在一年之中直接或间接制造出的二氧化碳量，然后让其在全世界 100 多座森林中任选一处，种下树木，以吸收其排放的二氧化碳，而由该公司代种一棵树要价 10 英镑。如果顾客种的树足够多，还能拥有一座以自己名字命名的森林。除了植树造林，该公司还计划在非洲、亚洲和拉丁美洲投资一系列具有代表性的无污染的风能、太阳能或水电站项目，以抵消因为燃烧化石燃料（如煤类、石油或天然气）而产生的二氧化碳。"碳中和"这一概念自 1997 年问世以来，在西方逐渐走红，实现了从"前卫"到"大众"的转变。而新牛津美语词典更是将"碳中和"评为 2006 年年度词汇。

全球气候变暖是人类的行为造成地球气候变化的后果。"碳"就是石油、煤炭、木材等由碳元素构成的自然资源。"碳"耗用得多，导致地球气候变暖的元凶"二氧化碳"也制造得多。全球气候变暖也在改变（影响）着人们的生活方式，带来越来越多的问题。美国《科学》周刊发表过的一篇研究报告预测，到 2100 年，全球海平面将上升 0.5～1.4 米。2002年，南极洲的拉森 B 冰架断裂，这块面积达 3250 平方千米的巨型"冰块"更是在 35 天内被融化得不见踪影。美国航空航天局的数据显示，格陵兰岛每年流失的冰的体积达 221 立方千米。全球气候变暖有自然界本身的原因，但最主要的原因还是人类的行为增加了大气中的二氧化碳含量。发电厂、汽车、空调和大肆砍伐的森林，是导致全球气候变暖的主要因素。2021 年，联合国政府间气候变化专门委员会发布了关于全球气候变化评估报告，指出"人类活动导致气候变化"，各国为追求高速经济增长，燃烧化石能源，释放大量二氧化碳，引发全球气候变暖问题，不仅导致冰川融化，海平面上升，对部分沿海国家造成威胁；而且近几年发生的干旱、洪涝灾害也严重危及人类的生命；在北美洲，超高温天气引发干旱和森林大火，2021 年中国河南省发生了强降雨和洪灾，导致数百人死亡。

自 2016 年 11 月起，越来越多的经济体向联合国提交了"长期低排放发展战略"，并在其中提出了碳中和目标。例如，欧盟委员会提出，到 2050 年欧洲在全球范围内率先实现碳中和。2020 年 9 月 22 日，中国在第 75 届联合国大会上郑重宣布 2030 年前实现碳达峰、2060 年前实现碳中和。随后，日本和韩国等也相继宣布各自的碳中和目标。2021 年是《巴黎协定》全面实施之年，在《联合国气候变化框架公约》第 26 次缔约方大会召开前后，又有不少国家或地区提出碳中和及新的减排目标。

中国作为二氧化碳排放大国，2020 年碳排放总量为 98.94 亿吨，较 2019 年增加 0.88 亿吨，位居全球第一，占全球总排放量的 30.93%。可见，减排之路任重而道远，为如期实现"双碳"目标，我国亟须转变能源结构，增加低碳技术研发资金，开发利用可再生能源；同时，打通国际碳交易市场，实施"碳税+碳交易"机制，并加快实施植树造林工程，倡导绿色发展理念，积极引导人们节能减排，低碳生活。

或许有人会说减排简单，提高碳排放成本就行了。但这个问题的关键在于经济增长与减排直接的矛盾，"一刀切"肯定是不行的。有机构预测，考虑行业的盈利需求，电解铝极限碳税大约 60 元/吨碳，水泥钢铁等行业极限碳税大约 100 元/吨碳，较高的碳定价（碳税与碳交易）会摧毁很多高耗能、高排放行业。

如果企业只寻求碳排放指标或者植树造林，还是会继续造成大量污染，治标不治本。综合来看，提高可再生能源利用比例，摆脱对化石能源的依赖，才是企业碳中和的重中之重。

1.2.3　国际碳中和发展态势

随着《巴黎协定》的全面实施，碳中和成为国际社会关注的焦点。全球已有 140 多个经济体提出了程度不等的碳中和目标，但各经济体之间尚存在较大的政策、认知鸿沟，碳中和行动的不对称性和不平衡性依然突出，各国也都面临政治经济及技术等诸多挑战。部分国家过于激进的减排目标，引发了国际能源价格飙升、绿色贸易保护主义及地缘竞争加剧等一系列问题。为顺利推进全球低碳转型，恰当的减排战略和节奏不可或缺，各国需要把握好发展、安全及环保之间的动态平衡，并以建设者的姿态深化国际低碳合作，积极缩小全球碳中和鸿沟。

碳中和概念经历了一个较长时间的演变过程，问世于 20 世纪 90 年代末期，后获得众多民众的支持，由一个前卫概念发展成大众概念。一些企业纷纷打出碳中和旗号，许多国际会议或体育赛事组织者也给会议或赛事定下实现碳中和的目标，通过购买碳汇等方式实现个体行为及组织活动的绿色环保，社会上也出现了经营碳中和项目的公司。2013 年 7 月，国际航空运输协会提出了航空业碳中和方案。早期的碳中和运动基本局限于民间和企业层面，虽然也遭到一些质疑和反对，但总体上唤起了越来越多的民众对气候变化问题和碳减排的重视。

根据《巴黎协定》，2020 年是提交"长期低排放发展战略"（LTS）的关键时间点。关于提交净零排放目标的期限年，《巴黎协定》鼓励各缔约方在 2020 年年底前提交。

《巴黎协定》签订后，"争 1.5 保 2"的温控目标成为各国际组织的工作要点和世界多数经济体的减排方向。迄今，全球已有 140 多个国家或地区提出了不同程度的碳中和目标。各类经济体的减排立场和态度均较之前更为积极，部分"落后"国家的立场也发生了巨大的变化，社会、企业及民众层面对碳中和的认知也显著增强。虽然各国的减排承诺与人们的预期仍有不小的距离，全球碳中和目标的实现仍面临诸多挑战，但总体上全球碳减排持续推进，国际碳中和行动队伍及其影响不断扩大。

欧洲国家是碳中和行动的主要推动者，一直以来都是低碳发展的先行者，碳达峰和碳中和等概念也都起源于欧洲，《巴黎协定》也由欧洲最先发起。2018 年 11 月 28 日，欧盟委员会发布"欧洲气候中立战略愿景文件"，提议到 2050 年推动欧洲实现气候中立。2019 年 11 月，北欧国家芬兰、瑞典、挪威、丹麦和冰岛五国在芬兰首都赫尔辛基签署的应对气候变化联合声明中表示，将合力提高应对气候变化的力度，争取比世界其他国家更快实现碳中和。2019 年 12 月，欧盟委员会公布"欧洲绿色协议"，提出努力实现欧盟 2050 年净零排放目标。2020 年 3 月，欧盟向联合国提交长期战略，进一步确认建立"碳中和大陆"的宏伟目标。在成员国层面，英国、法国、德国等相继出台具有法律效力的碳中和目标及战略。

2017 年 6 月 1 日，特朗普正式宣布美国退出《巴黎协定》，将全球气候治理拖入低潮。不过在州层面，2018 年 9 月加利福尼亚州州长杰里·布朗签署了碳中和令，该州还通过了一项"2045 年前实现电力 100%可再生"的法律。美国总统拜登上台后，着力扭转特朗普时期消极的气候政策，宣布重返《巴黎协定》，大力支持可再生能源发展，推进气候能源立法，积极推动多边气候外交。在 2021 年 4 月 22 日华盛顿气候峰会上，拜登宣布，2030 年比 2005 年水平降低 50%～52%的新减排目标，2050 年实现碳中和，并承诺增加对发展中国家的支持。拜登的新目标虽然低于国际社会对美国的预期，但与特朗普的立场相比仍有重大进步。

石油危机后，日本为降低对石油的依赖程度推行能源多样化政策，导致煤炭、天然气等使用稳步增加，特别是在福岛核事故后对化石能源需求急剧增长。日本政府减排立场较为消极。日本将 2013 年排放峰值用于减排基准年，远晚于大多数国家的 1990 年或 2005 年。2020 年 9 月 22 日，在第 75 届联合国大会上，中国宣布 2060 年前实现碳中和，随后，日本和韩国也相继宣布到 2050 年实现净零排放目标。

2021 年 11 月，在第 26 届联合国气候变化大会召开前，中东国家抢先在减排领域采取系列动作。2021 年 10 月 7 日，阿联酋宣布将在 2050 年实现碳中和。随后，沙特阿拉伯承诺将在 2060 年实现温室气体净零排放。巴林仅承诺在 2060 年实现碳中和。土耳其议会在 2021 年 10 月 6 日全票批准《巴黎协定》，成为最后一个批准协定的 G20 国家。

相对于许多经济体提出的碳中和目标，欧盟使用的是更高标准的气候中立概念。相对而言，欧盟气候目标的法律约束力更强。2020 年 3 月 4 日，欧盟委员会公布了作为“欧洲绿色协议”法律支撑框架的《欧洲气候法》，将欧盟中长期减排目标订立为欧盟法律。2020 年 12 月，欧洲理事会批准《欧洲气候法》的一般立法程序。2021 年 5 月 10 日，欧洲议会环境委员会投票通过了《欧洲气候法》草案。英国则是最早推进碳中和立法的国家。早在 2008 年，英国就正式颁布《气候变化法》，成为世界上首个以法律形式明确中长期减排目标的国家。2019 年 6 月，英国新修订的《气候变化法案》生效，正式确立到 2050 年实现温室气体净零排放，英国成为全球首个立法确立碳中和目标的经济体。

印度政策目标与现实之间落差较大。印度作为农业大国，易受到气候变化影响，在 180 个国家或地区的气候变化风险脆弱性排名中，印度居第 20 位。相关研究预计，到 2040 年，印度贫困率将因为气候变化增加 3.5%。到 2100 年，印度将损失 GDP 的 3%～10%。印度面临能源需求增长与减排的巨大矛盾。国际能源署预计，未来 20 年，印度能源需求增长将占全球能源需求增长总量的 25%，是增幅最大的国家。总体上，印度认为碳中和目标政治意义大于实际作用，故迟迟不愿提出碳达峰和碳中和目标。印度国内对减排争议较大，主流声音认为，印度仍是发展中国家，需要为经济发展留出碳排放空间，需要国际社会在资金和技术等方面提供帮助。

东南亚国家努力平衡增长与减排的关系。东南亚国家大部分人口和经济活动都集中在沿海地区，农业、林业和自然资源行业是部分国家的支柱行业，且东南亚国家国内极端贫困水平仍然很高，非常容易受到气候变化的影响。例如，在印度尼西亚，减排同经济增长的矛盾十分突出。近年来，印度尼西亚煤炭生产和消费呈现高速增长，2016—2020 年，印度尼西亚年均煤炭产量达 5.31 亿吨，预计到 2050 年将达到 4.2 亿吨，占能源消费的 45%。印度尼西亚一方面提出"到 2030 年实现碳达峰、2070 年实现净零排放"的目标，另一方面又明确表示不会以牺牲经济为前提追求更为激进的气候目标。2020 年 9 月，印度尼西亚议会通过了颇受争议的《新矿业法》，进一步鼓励矿业企业在不受环境或社会保障措施约束的情况下开采更多煤炭。

拉丁美洲国家立场相对积极，但面临的挑战不可小觑。拉丁美洲国家在减排方面走在发展中国家的前列，巴西、阿根廷、哥伦比亚、哥斯达黎加、智利等国家均提出了碳中和目标，还有一些拉丁美洲国家提出了碳达峰时间表。墨西哥提出到 2030 年温室气体排放量在 2017 年排放基础上减少 22%，2026 年实现碳达峰。乌拉圭提出 2030 年实现碳中和。委内瑞拉提出到 2030 年温室气体排放量将减少 20%。危地马拉提出到 2030 年温室气体排放量在 2005 年基础上减少 22.6%。智利提出到 2025 年实现碳达峰。2020 年年底，阿根廷总统费尔南德斯将 2030 年二氧化碳排放量由 2016 年提出的不超过 4.83 亿吨更新为不超过 3.59 亿吨。在 2021 年 4 月美国白宫气候峰会上，巴西承诺到 2050 年实现温室气体净零排放，比之前承诺的 2060 年实现碳中和目标提前了 10 年。

俄罗斯积极发掘传统能源潜力。俄罗斯经济对油气产业有着惯性依赖，长期以来，俄罗斯对脱碳缺乏兴趣和内在动力。正如俄罗斯高等经济大学教授马卡罗夫所言，"欧盟将绿色议程和脱碳视为机遇，而其在俄罗斯则被视为威胁"。但受多重外界压力驱使，俄罗斯在应对气候变化方面出现一定的认知和政策转变。2021 年 7 月，俄罗斯总统普京签署了俄罗斯首部在气候领域的相关法律——《2050 年前限制温室气体排放法》，提出到 2030 年俄罗斯 GDP 碳强度要较 2017 年下降 9%，到 2050 年下降 48%；2030 年俄罗斯温室气体排放量降至 1990 年水平的 2/3。

中东产油国减排以油气稳产为前提。近年来，在气候变化对生存环境和经济命脉产生双重冲击和越来越大的国际压力下，中东产油国对气候变化问题重视程度显著增强。阿联酋提出，到 2030 年，其温室气体排放量将比 2016 年减少 23.5%；到 2050 年，二氧化碳排放量将比 2016 年减少 70%。2021 年 3 月，沙特阿拉伯王储小萨勒曼宣布"绿色沙特倡议"和"绿色中东倡议"，提出要减少相当于全球总量 4%的碳排放量。

1.2.4 碳中和规范的制定

国际标准化组织（ISO）认为，国际标准能够有效支持应对气候变化的活动。在其发布的 23000 多项国际标准中，有 1000 余项标准直接贡献于气候行动，包括环境管理体系、温室气体量化和报告、温室气体管理和气候行动、能源管理体系、绿色金融等 ISO 国际标准。主要领域的标准体系建设进展如下。

节能和能效领域的 ISO 标准化技术委员会主要是能源管理和能源节约技术委员会（ISO/TC 301），以及涉及相关领域的建筑环境设计标准化技术委员会（ISO/TC 205）等。其中，ISO/TC 301 能源管理和能源节约技术委员会的领域范围是能源管理和节能领域的标准化，主要包括能源管理体系、节能量和能源绩效评估、能源审计、能源服务等通用共性的国际标准。ISO/TC 205 建筑环境设计标准化技术委员会的领域范围是新建筑设计的标准化和现有建筑的改造，以达到可接受的室内环境、切实可行的节能和效率。此外，国际电工委员会（IEC）成立了 IEC 标准化管理局能效咨询委员会（IEC/SMB/ACEE），以帮助协调在优化电气电子产品能效领域做出贡献的不同 IEC 技术委员会之间的活动。

目前，国际上常见的碳中和认证标准主要有三个，分别是 ISO 14064 标准、PAS 2060 标准和 INTE B5 标准。此外，国际标准化组织正在研究制定新的 ISO/WD 14068 标准。《大型活动碳中和实施指南（试行）》是中国生态环境部在 2019 年发布的试行标准，在此基础上个别地区（如北京）也颁布了《大型活动碳中和实施指南》。

PAS 2060 标准是国际常用标准中使用较广的标准。2010 年 5 月 19 日，英国标准协会（BSI）宣布制定公共可用规范 PAS 2060，PAS 2060 以现有的 ISO 14000 系列和 PAS 2050 等环境标准为基础，提出了通过温室气体排放的量化、还原和补偿来实现和实施碳中和的组织所必须符合的规定，维护了"碳中和"概念的完整性，保证了碳中和承诺的准确性、可验证性和无误导性。此外，PAS 2060 规定碳中和承诺中必须包括温室气体减排的承诺，因此也将鼓励组织采取更多的措施来应对气候变化和改善碳管理。

PAS 2060 可供任何实体（Entity）使用，包括地区政府、社区、组织企业、俱乐部、家庭及个人等，并且适用于任何实体所选定的标的物（Subject），包括产品、组织、小区、旅行、计划、建筑等。

1. 碳中和承诺的基本步骤

（1）确定碳中和声明的标的物。

（2）使用公认的方法计算该标的物的碳足迹。

（3）制订碳足迹管理计划，并进行碳中和承诺宣言。

（4）进行碳足迹减排，并确立这些行动的有效性。

（5）重新计算碳足迹，保证该标的物的范围没有发生改变，使用步骤（2）中的方法计算残余温室气体排放量。

（6）引进或考虑已启动的补偿项目，用于抵消残余温室气体排放量。

（7）在该标的物实现碳中和后，进行碳中和达成宣言。

2. 碳中和承诺声明

在每个应用期末，实体需要制定并以文件形式发布碳足迹管理计划，发布碳中和承诺声明，并且每 12 个月更新一次碳足迹管理计划。碳足迹管理计划应包含以下五项内容。

（1）对于确定标的物碳中和承诺的声明。

（2）实现确定标的物碳中和的时间表。

（3）符合实现碳中和时间表的确定标的物温室气体减排的目标。

（4）实现和维护温室气体减排的计划方法，包括任何用以减少温室气体排放所提出的假设，以及所使用技术和方法的理由。

（5）制订完碳足迹管理计划后，实体可建立碳中和承诺声明。此类生命有效期最长一年，届满后必须重新进行相关宣告及查证等行动。在碳足迹管理计划执行期间，执行实体必须随时注意减量进展，遇到任何问题应及时修正，或者放弃先前的宣告。

3．达成温室气体减排量

为了避免实体仅通过花钱购买额度的方式来达成碳中和，PAS 2060 将温室气体减量作为碳中和宣告的必要条件，因此规范实体应实行碳足迹管理计划，并量化其减排成效。例如，碳足迹管理计划应按时执行并随时修正；若为单次活动，应于活动开始前规划完成并尽可能做最大减排，同时于结束后进行评定。

依据 PAS 2060 的要求，实施碳补偿的额度来源必须符合以下七个条件。

（1）发生于选定标的物的减排之外。

（2）具有外加性、永久性，以及考虑泄露与不重复计算。

（3）经第三方独立公正机构核查。

（4）减排额度在项目发生后才发布。

（5）减排额度在达成宣告的 12 个月后失效。

（6）减排项目的相关文件必须为大众可获取的。

（7）减排额度必须发布在一个独立、可信的平台上。

4．碳中和达成声明

完成碳补偿后，可发布碳中和达成声明，说明实体已经达到该标的物的碳足迹减排要求，并已经抵消现有的温室气体排放量。达成宣言只适用于核查过的周期和范围，若实体要扩大声明的周期，必须做进一步的核查。碳中和达成声明可在广告、文献、出版物、商标、技术公报和电子媒体（如网络）上发布。

PAS 2060 规范宣告碳中和的核查方式包括独立第三方机构认证（Independent Third Party Certification）、其他机构认证（Other Party Validation）或自我审定（Self-validation）。PAS 2060 针对以上核查方式规范它们各自允许使用的宣告格式。PAS 2060 规范文件，无论是由何种机构进行核查，所做出的宣告必须符合相关标准或规范，并以适当形式进行公开，内容包括：

（1）确认宣言的标的物；

（2）确认负责做出宣言的实体；

（3）合格日期和申请期限；

（4）作为参考的相关合格解释性声明。

1.3 中国实现碳中和的时代背景

实现碳达峰碳中和（以下简称"双碳"）事关中华民族永续发展和构建人类命运共同体。

1.3.1 碳中和目标提出

2014 年 11 月 12 日，中国北京发布《中美气候变化联合声明》，中国计划在 2030 年前后二氧化碳排放达到峰值且将努力早日达峰，并计划到 2030 年非化石能源占一次能源消费的比重提高到 20%左右。

2015 年 9 月 25 日，《中美元首气候变化联合声明》指出，中国正在大力推进生态文明建设，推动绿色低碳转型、气候适应型社会和可持续发展，加快制度创新，强化政策行动。预计中国到 2030 年单位国内生产总值二氧化碳排放量将比 2005 年下降 60%～65%，森林蓄积量将比 2005 年增加 45 亿立方米左右。

2015 年 11 月 30 日，国家主席习近平在第 21 届联合国气候变化大会开幕式上发表讲话，要提高国际法在全球治理中的地位和作用，确保国际规则被有效遵守和实施，坚持民主、平等、正义，建设国际法治。发达国家和发展中国家的历史责任、发展阶段、应对能力不同，共同但有区别的责任原则不仅没有过时，而且应该得到遵守。虽然需要付出艰苦的努力，但我们有信心和决心实现我们的承诺。

2020 年 12 月 18 日，习近平总书记在中央经济工作会议上做重要讲话，强调要做好碳达峰、碳中和工作。我国二氧化碳排放力争于 2030 年前达到峰值，力争 2060 年前实现碳中和。要抓紧制定 2030 年前碳排放达峰行动方案，支持有条件的地方率先达峰。要加快调整和优化产业结构、能源结构，推动煤炭消费尽早达峰，大力发展新能源，加快建设全国用能权交易市场、碳交易市场，完善能源消费双控制度。要继续打好污染防治攻坚战，实现减污降碳协同效应。要开展大规模国土绿化行动，提升生态系统碳汇能力。

2021 年 1 月 25 日，国家主席习近平在世界经济论坛"达沃斯议程"对话会上发表特别致辞，中国将加强生态文明建设，加快调整优化产业结构、能源结构，倡导绿色低碳的生产生活方式。中国力争于 2030 年前二氧化碳排放达到峰值、2060 年前实现碳中和。实现这个目标，中国需要付出极其艰巨的努力。我们认为，只要是对全人类有益的事情，中国就应该义不容辞地做，并且做好。中国正在制定行动方案并已开始采取具体措施，确保实现既定目标。中国这么做，是在用实际行动践行多边主义，为保护我们的共同家园、实现人类可持续发展做出贡献。

2021 年 11 月 1 日，国家主席习近平向《联合国气候变化框架公约》第二十六次缔约方大会世界领导人峰会发表书面致辞，中国发布了《关于完整准确全面贯彻新发展理念做好碳达峰碳中和工作的意见》和《2030 年前碳达峰行动方案》，还将陆续发布能源、工业、建筑、交通等重点领域和煤炭、电力、钢铁、水泥等重点行业的实施方案，出台科技、碳汇、财税、金融等保障措施，形成碳达峰碳中和"1+N"政策体系，明确时间表、路线图、施工图。中国秉持人与自然生命共同体理念，坚持走生态优先、绿色低碳发展道路，加快构建绿色低碳循环发展的经济体系，持续推动产业结构调整，坚决遏制高耗能、高排放项目盲目发展，加快推进能源绿色低碳转型，大力发展可再生能源，规划建设大型风电光伏基地项目。

2022 年 1 月 25 日，习近平总书记主持召开中共中央政治局第三十六次集体学习，并做了重要讲话。他强调，实现碳中和目标是一场广泛而深刻的变革，不是轻轻松松就能实现的。我们要提高战略思维能力，把系统观念贯穿"双碳"工作全过程，需要注重处理好以下四对关系。

一是发展和减排的关系。减排不是减生产力，也不是不排放，而是要走生态优先、绿色低碳发展道路，在经济发展中促进绿色转型，在绿色转型中实现更大发展。要坚持统筹谋划，在降碳的同时确保能源安全、产业链供应链安全、粮食安全，确保人民群众正常生活。

二是整体和局部的关系。既要增强"全国一盘棋"意识，加强政策措施的衔接协调，确保形成合力；又要充分考虑区域资源分布和产业分工的客观现实，研究确定各地产业结构调整方向和"双碳"行动方案，不搞"齐步走""一刀切"。

三是长远目标和短期目标的关系。既要立足当下，一步一个脚印地解决具体问题，积小胜为大胜；又要放眼长远，克服急功近利、急于求成的思想，把握好降碳的节奏和力度，实事求是，循序渐进，持续发力。

四是政府和市场的关系。要坚持两手发力，推动有为政府和有效市场更好地结合，建立健全"双碳"工作激励约束机制。

推进"双碳"工作，必须坚持全国统筹、节约优先、双轮驱动、内外畅通、防范风险的原则，更好地发挥我国制度优势、资源条件、技术潜力、市场活力，加快形成节约资源和保护环境的产业结构、生产方式、生活方式、空间格局。

第一，加强统筹协调。要把"双碳"工作纳入生态文明建设整体布局和经济社会发展全局，坚持降碳、减污、扩绿、增长协同推进，加快制定出台相关规划、实施方案和保障措施，组织实施好"碳达峰十大行动"，加强政策衔接。各地区各部门要有全局观念，科学把握碳达峰节奏，明确责任主体、工作任务、完成时间，做到稳妥有序推进。

第二，推动能源革命。要立足我国能源资源禀赋，坚持先立后破、通盘谋划，传统能源的逐步退出必须建立在新能源安全可靠的替代基础上。要加大力度规划建设以大型风光电基地为基础、以其周边清洁高效先进节能的煤电为支撑、以稳定安全可靠的特高压输变电线路为载体的新能源供给消纳体系。要坚决控制化石能源消费，尤其是严格合理控制煤炭消费增长，有序减量替代，大力推动煤电节能降碳改造、灵活性改造、供热改造"三改联动"。要夯实国内能源生产基础，保障煤炭供应安全，保持原油、天然气产能稳定增长，加强煤气油储备能力建设，推进先进储能技术规模化应用。要把促进新能源和清洁能源发展放在更加突出的位置，积极有序发展光能源、硅能源、氢能源、可再生能源。要推动能源技术与现代信息、新材料和先进制造技术深度融合，探索能源生产和消费新模式。要加快发展有规模有效益的风能、太阳能、生物质能、地热能、海洋能、氢能等新能源，统筹水电开发和生态保护，积极安全有序地发展核电。

第三，推进产业优化升级。要紧紧抓住新一轮科技革命和产业变革的机遇，推动互联网、大数据、人工智能、5G等新兴技术与绿色低碳产业深度融合，建设绿色制造体系和服务体系，提高绿色低碳产业在经济总量中的比重。要严把新上项目的碳排放关，坚决遏制高耗能、高排放、低水平项目盲目发展。要下大气力推动钢铁、有色金属、石油化学工业、化工、建材等传统产业优化升级，加快工业领域低碳工艺革新和数字化转型。要加大垃圾资源化利用力度，大力发展循环经济，减少能源资源浪费。要统筹推进低碳交通体系建设，提高城乡建设绿色低碳发展质量。要推进山水林田湖草沙一体化保护和系统治理，巩固和提升生态系统碳汇能力。要倡导简约适度、绿色低碳、文明健康的生活方式，引导绿色低碳消费，鼓励绿色出行，开展绿色低碳社会行动示范创建，增强全民节约意识、生态环保意识。

第四，加快绿色低碳科技革命。要狠抓绿色低碳技术攻关，加快先进适用技术研发和推广应用。要建立完善绿色低碳技术评估、交易体系，加快创新成果转化。要创新人才培养模式，鼓励高等学校加快相关学科建设。

第五，完善绿色低碳政策体系。要进一步完善能耗双控（总量和强度），新增可再生能源和原料用能不纳入能源消费总量控制。要健全"双碳"标准，构建统一规范的碳排放统计核算体系，推动能耗双控向碳排放总量和强度"双控"转变。要健全法律法规，完善财税、价格、投资、金融政策。要充分发挥市场机制作用，完善碳定价机制，加强碳交易、用能权交易、电力交易衔接协调。

第六，积极参与和引领全球气候治理。要秉持人类命运共同体理念，以更加积极的姿态参与全球气候谈判议程和国际规则制定，推动构建公平合理、合作共赢的全球气候治理体系。

要加强党对"双碳"工作的领导，加强统筹协调，严格监督考核，推动形成工作合力。要实行党政同责，压实各方责任，将"双碳"工作相关指标纳入各地区经济社会发展综合评价体系，增加考核权重，加强指标约束。各级领导干部要加强对"双碳"基础知识、实现路径和工作要求的学习，做到真学、真懂、真会、真用。要把"双碳"工作作为干部教育培训体系的重要内容，增强各级领导干部推动绿色低碳发展的本领。

1.3.2　碳中和的重要战略意义

为应对全球气候变化和有效落实《巴黎协定》，推动经济社会全面绿色低碳转型和高质量发展，中国政府于 2020 年 9 月在联合国大会上提出"二氧化碳排放力争于 2030 年前达到峰值，努力争取 2060 年前实现碳中和"的目标。中国碳中和重大战略目标的提出，既是作为负责任大国的郑重承诺，也深刻显现了经济社会全面低碳转型的内在要求。碳中和目标的系统性及引领性，将对中国"十四五"时期乃至以后较长一段时期的生态环境改善和产业质量提升带来碳减排与绿色转型的多重效应，事关中华民族的永续发展，并对贸易投资及能源格局等经济社会各方面产生全面深远且彻底的变革与重塑。

从长远来看，碳中和目标必将对中国经济转型升级、区域产业协调发展、贸易投资及能源格局重塑和产业技术创新水平的提高产生深远影响。碳中和目标倒逼经济转型，环保生态的节能减排要求也将强制企业实现达标排放、淘汰更换高污染设备，最终推动经济社会发展质量的全面提升。但从短期及发达国家环境治理的经验来看，经济发展转型都会有一定的平台期，低碳节能减排将不可避免地会对经济增长产生负面影响，碳排放量的约束也必定会给中国进出口贸易量和部门产出量造成一定的冲击，需要稳妥处理好经济发展与低碳转型的关系。当前，中国正处在工业化、城市化发展的重要阶段，基础设施的建设需求大，并且高耗能高碳排产业的比重较大，目前仍然是全球最大的碳排放国，实现碳中和目标既面临高质量发展的重大机遇，也面临经济社会全面变革转型的挑战。

1.3.3　中国重点推进碳中和工作

实现"双碳"是一场硬仗，也是对中国共产党治国理政能力的一场大考。要增强"四个意识"、坚定"四个自信"、做到"两个维护"，充分发挥中国的制度优势，抓住"十四五"开局起步关键期，围绕能源、工业、城乡建设、交通运输等重点领域，扎实推进各项重点工作，确保"双碳"工作取得积极成效。

（1）大力推进产业结构转型升级。把坚决遏制"两高"（高能耗、高排放）项目盲目发展作为碳中和碳达峰工作的当务之急和重中之重，严控增量项目，实施用能预警，加强督促检查，建立长效机制。大力推进传统产业节能改造，持续提升项目能效水平。切实开展钢铁、煤炭去产能"回头看"，坚决防止落后产能和过剩产能死灰复燃。加快推进农业绿色发展，促进农业固碳增效。加快商贸流通、信息服务绿色转型，推动服务业低碳发展。加快发展战略性新兴产业，建设绿色制造体系，推动新兴技术与绿色低碳产业深度融合，切实推动产业结构由高碳向低碳、由低端向高端转型升级。

（2）有力有序调整能源结构。深化能源体制机制改革，稳妥有序推进能源生产和消费低碳转型，逐步提升非化石能源消费比重，加快构建清洁低碳安全高效能源体系。坚持节能优先，落实好能源消费强度和总量双控措施，统筹建立二氧化碳排放总量控制制度。推进煤炭消费转型升级，有序减量替代。严控煤电项目，"十四五"时期严控煤炭消费增长，"十五五"时期逐步减少煤炭消费。大力实施煤电节能降碳改造和灵活性改造，推动煤电加快从基础性电源向基础性和系统调节性电源并重转型。加快推进大型风电、光伏基地建设，鼓励就地就近开发利用。因地制宜开发水能。在确保安全的前提下有序发展核电。

（3）加快城乡建设和交通运输绿色低碳转型。在城乡建设领域，将绿色低碳要求贯穿城乡规划建设管理各环节，大力实施绿色建造。结合城市更新、新型城镇化建设和乡村振兴，提高新建建筑节能水平，推进既有建筑绿色低碳改造，加快推广超低能耗建筑、近零能耗建筑。在交通运输领域，加大对新能源车船的支持推广力度，构建便利高效、适度超前的充换电网络体系，加快交通运输电动化转型。优化公共交通基础设施建设，鼓励绿色低碳出行。

（4）加强绿色低碳科技创新和推广应用。发挥新型举国体制优势，提前布局低碳零碳负碳重大关键技术，把核心技术牢牢掌握在自己手中。用好"揭榜挂帅""赛马"机制，有序推动以"军令状"方式开展低碳零碳负碳新材料、新技术、新装备攻关，加快智能电网、储能、可再生能源制氢、碳捕集利用与封存等技术研发示范和推广。深入研究气候变化成因、碳汇等基础理论和方法。完善人才体系和学科体系，加快培养一批"双碳"基础研究、技术研发、成果转化、应用推广专业化人才队伍。

（5）巩固提升生态系统碳汇能力。坚持山水林田湖草沙生命共同体理念，持续推进生态系统保护修复重大工程，着力提升生态系统质量和稳定性，为巩固和提升国家碳汇能力筑牢基础。以森林、草原、湿地、耕地等为重点，科学推进国土绿化，实施森林质量精准提升工程，加强草原生态保护修复，强化湿地和耕地保护等，不断提升碳汇能力。加强与国际标准协调衔接，完善碳汇调查监测核算体系，鼓励海洋等新型碳汇试点探索。

（6）健全法规标准和政策体系。全面清理现行法律法规中与"双碳"工作不相适应的内容，研究制定与碳中和相关的法律法规。建立健全"双碳"标准计量体系，加强标准国际衔接。加快建立统一规范的碳排放统计核算体系，完善碳排放数据管理和发布等制度。

完善投资政策，构建与"双碳"相适应的投融资体系。积极发展绿色金融，设立碳减排货币政策工具，有序推进绿色低碳金融产品和服务开发。加大财政对绿色低碳产业发展、技术研发等的支持力度。统筹推进绿色电力交易、用能权交易、碳交易等市场化机制建设。

（7）加强绿色低碳发展国际合作。持续优化贸易结构，大力发展高质量、高技术、高附加值的绿色产品贸易。加快共建"一带一路"投资合作绿色转型，支持"一带一路"沿线国家开展清洁能源开发利用，深化与各国在绿色技术、绿色装备、绿色服务、绿色基础设施建设等方面的交流与合作。坚持发展中国家定位，坚持共同但有区别的责任原则、公平原则和各自能力原则，积极参与应对气候变化国际谈判，主动参与气候治理国际规则和标准制定，推动建立公平合理、合作共赢的全球气候治理体系。

1.3.4　中国碳中和工作的挑战与启示

1. 挑战

截至 2023 年 4 月底，全世界已经有 54 个国家碳达峰，所有这些国家的碳达峰都是在发展过程中因为产业结构变化、能源结构变化、城市化完成、人口减少而自然形成的。也就是说，这些国家能够碳达峰基本上是因为它们的工业化和城镇化达到峰值。相较于欧洲、美国从碳达峰到碳中和用了 50～70 年的过渡期，中国碳中和目标隐含的过渡期仅为 30 年。而中国的城镇化还在进行中，工业化还未完成，能源消费结构又是以煤炭为主，因此中国需要在推进发展的同时实现快速减排，时间紧，任务重，面临的挑战很严峻。

按照一般规律，在常住人口城市化率达到 75% 后，人口进入城市的速度会大大降低乃至停止甚至倒流，这时候城市的住房、基础设施建设和高耗能产品的需求才会降低。2019年，中国常住人口城镇化率为 60.60%，户籍人口城镇化率只有 44.38%。按照"十四五"规划，常住人口城镇化率提高到 65.00%，平均每年城镇化率上升 0.7～0.8 个百分点。从经验数据看，城市化水平每增长 1 个百分点，交通和建筑等部门新增能源需求约 8000 万吨标准煤，二氧化碳排放量将相应增加约 2 亿吨。2030 年，中国常住人口城镇化率近 70%，离国际普遍的常住人口城镇化率峰值 75% 还有一定距离，因此仅仅就常住人口城镇化率带来的碳中和压力显然比较大。

中国仍处于工业化后期，消费耗能处于增长阶段。进入工业化后期，意味着经济结构的转型，消费成为经济发展的主要动力。在这个阶段，收入结构从金字塔形向纺锤形变化，大量人口达到中等收入水平，人均消费增长迅速。中国进入工业化后期，经济增速和耗能增速虽然比投资占比高的工业化中期有所降低，但仍处于中高速发展阶段。而发达国家的碳排放峰值一般出现在地区经济增长速度较低时，不超过3%，经济增长进入后工业化阶段，所需的能源消耗增速也大大减弱了。

由于中国的资源禀赋一直是"富煤缺油少气"，因此中国化石能源大幅偏重于煤炭，直到2019年煤炭在一次能源中的占比仍然高达58%，而石油、天然气仅分别占20%、7%。从全球平均水平来看，石油、天然气、煤炭的占比更加均衡，分别为34%、24%、27%。美国、欧盟的化石能源更加依赖于石油和天然气，而煤炭的占比仅分别为14%、13%。以煤为主的能源结构决定了中国长期以来的高碳排放特征。国际能源署数据显示，在过去的近30年时间里，中国碳排放总量不断攀升，到2018年碳排放总量达到94.97亿吨，其中电力与热力部门碳排放占比最高，达到52%。而中国虽然不断降低煤炭在能源中的比例，并实施煤炭的清洁生产，但是长期以来的路径依赖，导致在实现"双碳"目标上依然具有压力。

2. 启示

碳中和涉及的领域极为广泛，涵盖了电力、化工、钢铁、水泥、交通、建筑等系列产业，与国家能源结构和产业结构息息相关。要实现人为碳源排放降低与人为碳汇的增强，会涉及能源、资源、生态、大气、海洋、工程、技术、管理等诸多学科及其综合研究，同时这一延续数十年的重大课题也将带动前沿技术、颠覆性技术的多轮迭代、接续发展。

实现碳中和必将带来一场广泛而深刻的经济社会变革。当前，中国需要着重提升支撑碳中和的高水平科技自立自强能力，围绕能源生产与消费革命、工业过程与重点领域/难减排领域低碳转型、生态固碳增汇等方面，加大零碳/负碳颠覆性技术和成熟低碳技术在电力、工业、建筑、交通等重点领域的应用推广，推动关键技术集成示范并打造系统性解决方案，构建政府、企业、科技界、媒体、公众等立体化的参与机制。为此，提出以下几点建议。

（1）加快研究制定和完善应对气候变化的相关法律法规，持续加强政府主导、各部门分工负责的碳排放管理体系。目前，关于碳减排相关法律法规建设还处于起步阶段，系统性有待加强，特别是在碳减排目标、减排制度、管理体制方面需要建立体系化的立法框架，以强化国家碳中和战略的有序深入推进。建议加快研究制定应对气候变化的法律法规，赋予"双碳"目标法律约束力，增强相关制度和政策的长期稳健性，保障参与主体的合法权益，强化绿色低碳投资的市场信心。完善现有法律法规体系，如《中华人民共和国大气污染防治法》《中华人民共和国森林法》等，确保其与"双碳"目标一致。通过明确政府、行业部门、企业、公民各方责任义务，构建国家统一管理和地方、部门分工负责相结合的碳排放管理体制和工作机制。在法律法规框架下，完善金融、市场、科技相关政策，统筹制定并持续更新国家、区域和各部门的"双碳"中长期时间表、路线图和施工图。

（2）持续强化面向碳中和的科技研发体系，加快低碳零碳负碳前沿科技突破。将高水平科技自立自强置于中国碳中和科技创新的核心，持续强化多部门广泛参与、分工明确、有机协作的碳中和领域科技研发体系。发挥国家科研机构、高水平研究型大学、科技领军企业等国家战略科技力量的不同优势，布局面向碳中和重大科技需求的国家科技创新基地体系，建设一批高水平国家实验室、全国重点实验室、国家工程研究中心、国家技术创新中心等。从碳中和领域研究国际前沿和经济社会发展实际问题中不断凝练重大科学问题，聚焦核心关键技术清单，突破基础理论和技术原理，加快形成前沿基础研究和核心技术攻关的强大合力，建立基础科学、应用研究、产业部署和示范有机联动的碳中和科技研发模式，打造自主可控、国际领先的碳中和核心技术体系。

（3）推进能源革命，瞄准建立以非化石能源为主的零碳能源结构和以新能源为主体的新型电力系统积极布局。近期，对于存量化石能源，支撑煤电由主体电源向电力保障和调峰的基础性电源转变，化石能源转化利用重心由碳燃料向碳材料转变。中远期，要显著提高非化石能源在能源结构中的比重，优先发展新一代高效低成本可再生能源、安全先进核能系统、新型电化学能源转化与存储等颠覆性零碳能源技术。要构建新型电力系统，还需大力发展高比例新能源并网消纳、先进电网、多能互补与供需互动、大规模储能、新型电力电子装备、数字技术等关键技术。发展氢/氨燃料、生物能源、低品位余热利用等零碳燃料技术，以满足高品位热能、高能量密度燃料等非电用能需求。最终构建清洁低碳、安全高效、多能融合的现代能源体系。

（4）加快构建低碳产业体系，构建变革性智能化绿色生产过程技术体系。制定化工、水泥、钢铁、有色金属等高耗能和高排放行业发展的绿色低碳转型中长期发展规划，分阶段细化发展目标和重点任务。近中期，重点通过电气化应用、燃料/原料替代、高效节能技术，大幅削减工业过程原料反应和化石能源使用造成的碳排放。中远期，发展物质能量循环与再利用技术，包括持续发展原生资源高效加工转化、废弃物再生利用技术，加强资源的全生命周期管理与利用，以及在重点领域、难减排领域开展颠覆性零碳低碳工业流程再造，加强对氢（氨）、可再生能源、CCUS（Carbon Capture，Utlization and Storage，碳捕获、利用与封存）等减排技术的综合应用，如氢还原炼铁、绿色化工、生物冶金等。

（5）持续推进生态建设，提高自然固碳增汇能力，前瞻部署负责排放技术研发与示范工作。近期，需完善生态碳储量核算、碳汇能力提升潜力评估等方法体系，持续开展生态保护与修复；中远期，加强森林绿碳、海洋蓝碳等固碳增汇技术的研发与推广工作，利用人工干预生物过程和生态工程技术增加土壤、森林、草原、湿地、海洋等碳汇能力，大幅提升生态系统固碳水平。针对实现能源系统净零负排放和抵消难减排产业碳排放的需求，近中期以二氧化碳规模化减排和资源化利用为重点，有序推进 CCUS 技术在火电、化工、钢铁等产业的全流程融合示范，加强跨行业、跨领域的技术集成；着眼长远前瞻部署生物能源碳捕集与封存（BECCS）、直接空气捕集、矿物碳化、生物炭、地球工程等前沿负排放技术的研发与示范工作。

（6）推动全产业链条碳中和技术的集成应用示范，加强系统性解决方案在碳中和行动中的普遍应用。加快打造多能融合综合系统，促进能源化工互补耦合、钢铁化工联产、可再生能源绿氢与煤化工融合发展，协同解决能源转化和工业生产过程的高能耗高排放难题。系统评估碳中和愿景下关键技术跨系统大规模应用的经济—社会—环境—气候—健康综合影响，统筹推进分区域和分部门的低碳零碳负碳技术发展。推动人工智能、数字化等新一代信息技术在能源、工业和生态领域的广泛应用。发展碳中和创新战略与决策支撑系统等管理支撑技术，推进系统性解决方案在碳中和行动中的部署应用。

第 2 章

制造业碳中和规划

为了进一步落实"双碳"的相关举措，中央财经委员会第九次会议指出："要实施重点行业领域减污降碳行动。"制造业作为碳排放的主要行业，基于"双碳"背景，需要对制造业进行合理规划，以实现制造业可持续、高质量发展的重要目标。没有规矩不成方圆，碳中和相关政府部门、企业相关制度和政策的建立、实施是"双碳"目标实现的基础。

2.1 PDCA 循环理论与应用

2.1.1 PDCA 循环理论基础

PDCA 循环是全面质量管理应遵循的科学程序。全面质量管理活动的全部过程，就是质量计划的制订和组织实现的过程，这个过程是按照 PDCA 循环不停顿地周而复始地运转的。

PDCA 循环是能使任何一项活动有效进行的一种合乎逻辑的工作程序，特别是在质量管理中得到了广泛的应用。同样属于质量管理范畴的工程质量管理，PDCA 循环理论也有其适用性。

PDCA 循环反映了质量管理活动的规律。P（Plan）表示计划，D（Do）表示执行，C（Check）表示检查，A（Action）表示处理。PDCA 循环是提高产品质量、改善企业经营管理的重要方法，是质量保证体系运转的基本方式，是确立质量管理和建立质量体系的基本原理。每一循环都围绕实现预期目标，进行计划、执行、检查和处理活动，随着对存在问题的克服、解决和改进，PDCA循环不断增强和提高质量水平。其中，"循环"是PDCA循环理论的精髓所在，也是体系运行的必要条件。

PDCA循环以管理质量为核心，要求企业全体人员对生产全过程中影响产品质量的因素进行全面管理，变事后检查为事前预防，通过计划（Plan）—执行（Do）—检查（Check）—处理（Action）的不断循环，不断克服生产和工作中的薄弱环节，从而保证工程质量的不断提高。PDCA循环理论图如图2.1所示。

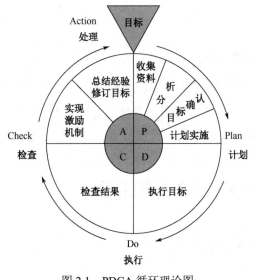

图2.1　PDCA循环理论图

PDCA循环可以使工作步骤更加条理化、系统化、图像化和科学化。PDCA循环具有如下三个特点。

（1）大环套小环、小环保大环、推动大循环。PDCA循环作为质量管理的基本方法，不仅适用于整个工程项目，也适应于整个企业和企业内的科室、工段、班组及个人。各部门根据企业的总目标都制定了自己的PDCA循环，层层循环，形成大环套小环，小环里面又套更小的环。大环是小环的母体和依据，小环是大环的分解和保证。各部门的小环都围绕着企业的总目标朝着同一方向转动。通过循环把企业上下或工程项目的各项工作有机地联系起来，彼此协同，互相促进。

（2）不断前进、不断提高。PDCA 循环就像爬楼梯一样，一个循环运转结束，生产质量就会进一步提高，然后再制定下一个循环，再运转、再提高，不断前进、不断提高。

（3）门路式上升。PDCA 循环不是在同一水平上循环，而是每循环一次，就解决一部分问题，取得一部分成果，工作就前进一步，水平就提升一步。企业每通过一次 PDCA 循环，就要进行总结，提出新目标，再进行第二次 PDCA 循环，以便使品质治理的车轮滚滚向前（见图2.2）。

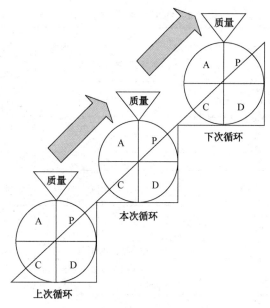

图 2.2　PDCA 循环中的质量提升

由此可见，在 PDCA 循环中，A 是一个循环的关键，它起着承上启下的作用，直接影响本次循环的效果和下次循环的基础。

2.1.2　基于 PDCA 循环的产品质量管理体系

PDCA 循环应用了科学的统计观念和处理方法。作为推动工作、发现问题和解决问题的有效工具，典型的模式被称为"四个阶段""八个步骤"和"七种工具"。四个阶段主要指 P（计划）、D（执行）、C（检查）和 A（处理），见表2.1。八个步骤是将四个阶段进行进一步的划分。其中，P 阶段主要分四步，第一步是分析现状，找出问题；第二步是分析产生问题的原因；第三步是找出原因中的主要原因；第四步是拟定措施，制订计划。D 阶段为按照措施执行计划。C 阶段为根据执行计划，检查工作、调查效果。A 阶段分为两步，一是总结成功经验并加以标准化，二是将未解决或新出现的问题转入下一个 PDCA 循环中（见图 2.3）。七种工具通常是指在质量管理中广泛应用的直方图、控制图、因果图、排列图、关联图等。

表 2.1　PDCA 循环的四个阶段

四个阶段	阶段概括	八个步骤	七种工具
Plan 计划	按用户需求和市场情报制订符合用户需求的产品品质规划，并根据生产需求制定操作标准作业指导书等	1. 分析现状，找出问题	排列图、直方图、控制图、亲和图、矩阵图
		2. 分析产生问题的原因	因果图、关联图、矩阵数据解析法、散布图
		3. 找出原因中的主要原因	排列图、散布图、关联图、树状图、矩阵图、亲和图
		4. 拟定措施，制订计划	关联图、树状图、箭形图、PDPC 法
Do 执行	按上述计划认真贯彻执行	5. 按照措施执行计划	树状图、箭形图、矩阵图、PDPC 法
Check 检查	检查计划执行情况，找出差距，分析原因	6. 根据执行计划，检查工作、调查效果	排列图、控制图、树状图、PDPC 法、检合表
Action 处理	总结经验教训并加以标准化，指导下次循环的品质管理	7. 总结成功经验并加以标准化	求和图
		8. 将未解决或新出现的问题转入下一个 PDCA 循环中	

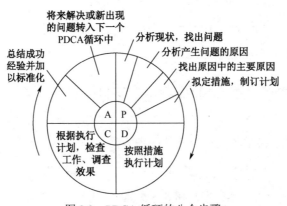

图 2.3　PDCA 循环的八个步骤

PDCA 循环反映了质量管理的全面性,说明了质量管理与改善并不是某一个部门的事,而是需要最高管理层的领导和推动才可奏效。PDCA 循环的核心可以概括为以下八点:①最高管理层的决心及参与;②群策群力的团队精神;③通过教育来增强质量意识;④质量改良的技术训练;⑤制定衡量质量好坏的尺度标准;⑥对质量成本的分析;⑦不断改进;⑧全体员工的参与。

PDCA 循环的过程就是解决问题的过程。PDCA 循环适用于项目管理,有助于企业持续发展提高,有助于供应商发展,有助于人力资源发展,有助于新产品开发,有助于流程检验,等等。PDCA 循环是一种科学严谨的工作方法和工作程序,是一种经过各行业验证的科学管理工具。它不仅可以帮助人们建立对于整个项目的管理流程系统,而且对于每个局部环节甚至突发事件的处理都有着不可替代的作用。联想集团董事长柳传志先生曾说:"企业在用人上要做到撒上一层新土,夯实,然后再撒一层,再夯实。"无论在用人上还是在管理系统的建立和完善上,都应该做到这一点。

2.1.3　流程图与 PDCA 循环运用

创新是一个把一种认识转化为实践的过程,其中存在较大的思维发散空间,结合 PDCA 循环在制造过程中对于质量改进的作用,按照"四个阶段、八个步骤、七种工具"的提法,在创新过程中对 PDCA 循环的运用可以参考图 2.4 来完成。

1．P 阶段

在 P 阶段,应根据顾客的要求和组织的方针,为提供结果建立必要的目标和过程。

1)选择课题

新产品设计开发所选择的课题范围应是以满足市场需求为前提、以企业获利为目标的,同时也需要根据企业的资源、技术等能力来确定开发方向。

课题的选择很重要,如果不进行市场调研,不论证课题的可行性,就可能导致决策上的失误,有可能在投入大量人力、物力后造成设计开发的失败。一个企业如果对市场发展动态信息缺少灵敏性,那么其花大力气开发的新产品刚面世就可能成为普通产品,就会造成人力、物力、财力的浪费。选择一个合理的项目课题可以降低研发的失败率,降低新产品投资的风险。选择课题时可以使用排列图等工具，使头脑风暴能够结构化地呈现较直观的信息，从而做出正确的决策。

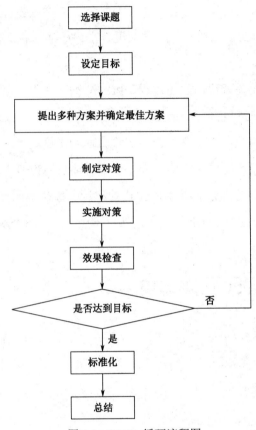

图 2.4　PDCA 循环流程图

2）设定目标

明确了课题后，需要设定一个目标，也就是规定此次活动所要达到的标准。目标可以是定性和定量化的，能够用数量来表示的指标要尽可能量化，不能用数量来表示的指标也要明确。目标是用来衡量活动效果的指标，因此设定目标时应该有依据，要通过充分的调查和比较来设定。例如，在开发一种新药之前必须掌握政府部门所制定的新药审批政策和标准。设定目标时可以使用关联图、因果图来系统化地揭示各种可能性之间的联系，同时使用甘特图来制定时间表，从而确定研究进度并进行有效的控制。

3）提出多种方案并确定最佳方案

创新并非仅仅指创新产品，还包括产品革新、产品改进和产品仿制等。其过程就是设立假说，然后去验证假说，目的是从影响产品特性的一些因素中找出好的原料搭配、工艺参数搭配和工艺路线。然而，现实中不可能把所有想到的实验方案都实施，因此提出各种方案后确定最佳方案是较有效率的方法。

在确定最佳方案的过程中，统计质量工具能够发挥较好的作用，如正交试验设计法、矩阵图等都是效率高、效果好的工具方法。

4）制定对策

即使有了最佳方案，其中的细节也不能忽视，如何较好地实施方案，需要将方案具体化，并逐一制定对策，明确回答出方案中的"5W1H"，即：为什么制定该对策（Why）、达到什么目标（What）、在何处执行（Where）、由谁负责完成（Who）、什么时间完成（When）、如何完成（How）。使用过程决策程序图或流程图，方案的具体实施步骤将会得到分解。

2．D阶段

在D阶段，要按照计划在实施的基础上，努力实现预期目标。

实施对策

对策制定完成后就进入了实验、验证阶段，也就是做的阶段。在这一阶段除按计划和方案实施外，还必须对过程进行测量，确保工作能够按计划实施；同时，建立数据采集，收集过程的原始记录和数据等项目文档。

3．C阶段

在C阶段，要确认实施方案是否达到了目标。

效果检查

方案是否有效、目标是否完成，需要进行效果检查后才能得出结论。将采取的对策进行确认后，对采集到的证据进行总结分析，把完成情况同目标值进行比较，看是否达到了预定的目标。如果没有达到，应该确认是否严格按照计划实施对策，如果是，就意味着对策失败，那么就要重新进行最佳方案的确定。

4．A阶段

1）标准化

对已被证明的有成效的措施要进行标准化，制定成工作标准，以便以后的执行和推广。

2）总结

所有问题不可能在一个PDCA循环中全部解决，遗留的问题会自动转进下一个PDCA循环，周而复始，螺旋上升。

A阶段是PDCA循环的关键。因为A阶段就是解决问题、总结经验和吸取教训的阶段。该阶段的重点在于修订标准，包括技术标准和管理制度。没有标准化和制度化，就不可能使PDCA循环向前转动。

2.2　碳中和管理体系的构建

2.2.1　碳中和管理体系概述

在国家"双碳"目标的推动下，绿色低碳发展成为现代企业发展的必然趋势。如何采取措施实施绿色低碳发展、实现碳中和目标是企业亟须解决的问题。对于企业而言，实现"双碳"目标面临着两方面十分严峻的问题：一方面，企业的发展会消耗越来越多的能源、资源，进而产生更多的温室气体；另一方面，温室气体排放不仅包含企业自身生产和服务过程产生的排放，还包括价值链上不受企业管理的其他活动产生的排放。因此，推动整个碳中和价值链上相关方绿色低碳发展对碳中和进行系统化的管理意义重大，应以企业碳排放数据为基础，聚焦碳中和管理体系的构建。

1．碳中和管理体系构建的意义

碳中和管理体系的构建对于企业的意义主要包括以下四个方面。

（1）碳中和管理的内容涵盖了企业的各个方面，通过碳中和管理体系可以更直观地了解工作流程及重点，更好地兼顾各方面管理工作，以取得整体优化的效果，避免管理内容的片面性。

（2）碳中和管理的方法各种各样，通过碳中和管理体系可以更好地应用各种方法以达到现场改善的目的。

（3）碳中和管理体系的组织需要多方人员参与，通过碳中和管理体系可以明确各级责任分工，科学奖惩，从而调动人员的工作积极性，并协调部门、人员之间的关系。

（4）碳中和管理的实施效果需要及时地评价与反馈。碳中和管理体系能够为全面、客观地评价碳中和管理实施效果提供依据，从而做到赏罚分明以激励员工，总结管理中的经验，发现存在的问题以便持续改进。

2．碳中和管理体系构建的原则

碳中和管理体系的构建应遵循以下四个原则。

（1）系统性原则。碳中和管理内容涉及生产的各个方面，管理方法也多种多样，要整体优化现场，兼顾生产的各个方面，灵活运用各种方法，这就必须从系统的角度分析现场存在的各种问题，综合企业所用的各种方法，将管理内容与方法进行整合并形成一体化。

（2）科学性原则。碳中和管理体系的建立是为了更好地为生产服务，保证生产的顺利运行，因此必须与生产实际相结合，与企业需求相结合，要具有客观性、适用性、科学性，才能运行推广。

（3）流程性原则。碳中和管理体系要为企业进行碳中和管理提供技术路线，由于碳中和管理活动的复杂多样性，建立碳中和管理体系时需要用流程化思想来进行设计，以促使各项活动有秩序、有主次地开展。

（4）持续改进原则。生产需求是不断变化的，为满足需求的生产也是不断变化的，因此碳中和管理工作要根据变化有所调整，这就要求碳中和管理体系设计要具有动态性，在主体框架结构之下的具体内容应随时更新调整。

2.2.2　碳排放监测与管理体系的构建

1. 碳排放管理标准分类

综合考虑低碳发展制度需求和碳排放管理工作现实，构建三维碳排放管理标准体系，将每一维度按照性质、应用主体和全生命周期环节进行分类。

（1）依据标准性质分类。按照标准性质，碳排放管理标准主要分为五种类型，如图2.5所示。①核算/评价，主要是碳排放核算相关标准及低碳评价标准，如重点行业企业温室气体排放核算标准等。②报告/核查，报告主要针对碳排放核算/核查等过程进行规范，以便统一管理，如省级温室气体清单编制指南；核查主要是核查过程及第三方资质等标准，如第三方核查程序指南。③基准值，主要是针对排放实体设定的门槛值或最低标准值，如机动车碳排放标准。④先进值，主要是排放实体单位产品（服务量）排放强度的领先指标，如低碳建筑碳排放标准。⑤技术，主要是一些行业和部门碳排放控制方面相关技术的规范、建设指南等，如低碳技术指南、低碳社区建设指南等。

图2.5　碳排放管理标准按照标准性质分类

（2）依据应用主体分类。标准应用于不同主体，主要包括四个层面。①区域层面，包括国家、城市、园区、社区、企业等，主要依据地域范围及排放实体进行划分。②行业/项目层面，主要有能源（包括电力行业）、建筑、交通、工业及行业中重点项目。③产品/设备层面，主要为应用普遍、碳排放强度大、易于进行核算的各类产品和设备，如机动车、工业器械等。④服务层面，主要有碳资产管理、碳汇交易、碳金融等。

（3）依据全生命周期环节分类。全生命周期环节主要分为两段：①生产/建设阶段；②运营/用能阶段。生产/建设阶段主要是产品隐含碳或工业生产过程中的碳排放，包括电力、热力等二次能源的生产与转化过程中的碳排放，建筑建造、基础设施和固定资产投资过程的碳排放，产品生产过程的碳排放，等等；运营/用能阶段主要是耗能设备产品使用、建筑物运行、机动车行驶等过程中能源消费产生的碳排放。

2. 完善碳排放管理标准体系

完善碳排放管理标准体系，应基于我国国情，根据不同行业、排放主体的需求，分类型、分情况、分步骤地建立，具体如下。

（1）应结合不同行业和部门的碳排放特征，有针对性地制定不同的标准类型。工业和能源生产作为碳排放的重点部门，应结合碳交易和项目管理制度进行管理，以核算、核查标准为前提，以碳排放基准值为补充；交通部门排放包括移动源和固定源，针对移动源，可通过基准值倒逼其技术整体更新；建筑部门以电力作为主要能源，主要为间接排放，可以以节能标准为抓手进行规划；产品和设备由于其生产种类繁多，针对重点行业的产品，可以制定碳排放基准值，或开展低碳认证、碳标签、"领跑者计划"等。

（2）应依据标准的实施目的，分类衔接国际标准。国际碳排放管理标准对我国具有重要的借鉴意义，但由于发展阶段和实际情况不同，一味借鉴采纳国际碳排放管理标准可能适得其反。碳排放标准的制定实施应结合我国国情，考虑我国实际情况，有针对性地对国际碳排放管理标准进行借鉴和采标。在碳排放核算与报告标准方面应与国际标准进行接轨，做到统一。在具体基准值或先进值标准中，应基于我国国情，适当与国际标准并轨，在借鉴国际标准技术方法的基础上，视我国实际情况设定具体数值。此外，针对我国特有的实践与探索，如低碳城市、园区、社区评价等，应考虑与国际标准分轨，以我国在低碳制度上的探索与标准实施情况为抓手，引领世界低碳发展实践和标准发展，提升我国应对气候变化领域的话语权。

（3）结合碳排放控制工作部署，按照工作的紧迫性开展标准研究、制定和修订工作。首先，结合全国碳交易体系正式启动的工作安排，重点完善碳排放核算、报告和核查标准；其次，结合近期和中长期控制碳排放目标，以标准辅助做好"十四五"时期的相关工作，探索制定产品/企业单位服务量碳排放基准值；最后，针对正在探索、下一阶段可能实施的制度手段，如新建固定资产投资项目碳排放评价制度、碳排放总量控制制度等，积极研究相关标准，充分发挥标准对制度的支撑作用。

3. 碳排放监测管理体系的构建

为了应对日趋严格的碳排放（温室气体排放）管理要求，企业需要对自身的碳排放进行有效的监测及管理。通过建立一套完善的碳排放监测管理体系，可以有效地满足企业对于自身碳排放的管理要求。

1) 能力建设

建立一套完善的碳排放监测管理体系首先要面对的问题就是能力建设，能力建设分为以下两个方面。

（1）人员能力建设。因为碳排放监测管理具有很强的专业性，涉及大量的热力学、参数计算、核算、换算及判定边界等工作，因此要求参与碳排放监测管理的人员必须具备相应的知识与能力。参与碳排放监测核算的人员需要通过专门的培训及考试，以对其计算能力进行确认，有条件的企业可以通过培训向这些人员颁发碳排放管理师资格证书，以此完善人员资质的管理。负责碳排放监测管理的人员应该对国家及地方政府在碳排放管理方面的政策进行持续的学习，同时，企业中碳排放监测管理人员可以由负责能源管理体系的人员兼任。

（2）设备方面的能力建设。采用先进、高效的监测设备可以大大降低监测误差，提升工作效率。先进的监测设备可以帮助碳排放监测管理人员更好地完成工作，同时在政府部门对企业进行的一些评价、评优工作中也能获得更好的评分。

2) 碳排放数据管理体系的建设

作为碳排放监测管理体系的重要组成部分，碳排放数据管理体系的建设主要包括对排放源的识别、建立碳排放台账、制订年度监测计划、建立监测设备台账、针对年度监测计划进行相关的监测和记录活动、编写碳排放报告，以及在需要的时候聘请碳排放核查机构进行碳排放核查工作（第三方核查）。应当强调的是，碳排放监测工作是碳排放管理工作的基础，只有获得真实、准确的碳排放数据才能对企业自身的碳排放进行有效的管理及规划。目前，大多数企业的碳排放监测台账都是以电子表格的形式记录的，方便信息化管理系统的引入。通过引入信息化管理系统，可以大大提高碳排放监测的准确性，减少核算压力，提高企业碳排放管理效率。

3）碳资产管理体系的建设

碳资产管理体系也是碳排放监测管理体系的组成部分。碳资产管理体系主要包括碳排放配额及履约管理、碳交易，其核心在于通过企业对于资源的有效调配，提高配额持有量、控制排放量、减少配额缺口，从而达到控制履约成本的目的。碳资产管理体系的建设需要在排放配额、时间周期、控制风险三个维度进行思考，合理设计排放、交易、履约方案，以达到降低企业履约成本、增加企业竞争力的目的。通过建立框架结构、逐步完善管理要点的方式，企业可以很快建立起一套适应于自身的碳排放监测管理体系。随后，通过在应用过程中的不断完善，使体系与时俱进、日臻完美，真正达到降低履约成本、控制风险的目的。

2.2.3　碳交易管理体系的构建

1. 基本概念

碳的排放权和排放量额度是稀缺资源，要利用市场机制，解决二氧化碳等温室气体排放问题，通过将二氧化碳排放权作为商品在市场中交易，来控制全球温室气体排放活动，实现降低碳排放的目标，这种交易称为"碳交易"，相对应的交易市场称为"碳交易市场"，相对应的交易体系称为"碳排放交易体系"或"碳交易体系"。

排放权交易是指在一定的行政管辖区域内，通过立法的手段，确立企业或个人拥有的合法的污染物排放权利（即排放权通常以配额或排放许可证的形式表现），以及在固定期限拥有的允许排放的污染物总量。作为私有权利，根据需求，交易方可以像买卖普通商品一样在污染物交易市场上对这种排放权进行交易，以实现排污总量的调剂和平衡，使污染物实际排放不超过法定的排放总量，并以经济效益最优化的方式实现污染减排目标，并且逐渐形成成熟的市场机制。

2. 碳交易体系：碳交易市场的要素结构

碳交易市场的运行必须包含几个基本组成部分，也就是碳交易市场的构成要素，即：市场主体、交易对象、交易价格、交易方式、中介机构和政府监督等。

1）市场主体

碳交易市场的主体是指参与碳交易的企业、机构组织和个人的总和，也就是在碳交易市场中进行碳排放权买卖的各类微观主体。首先，企业是碳交易体系中的主要管制对象，它既是碳排放权供给方，也是碳排放权需求方。对于在技术上或成本上无法进行碳减排的企业来说，如果生产突破了被强制约定碳排放量的限额，就必须从外部购买碳排放权使用量，从而具有碳排放权的市场需求。那些具备减排技术条件的企业，或者能够经济、有效地开展碳减排的企业，或者目前尚未拥有减排义务却能够制造碳排放权的企业，可以将它们富余的碳排放指标放在碳交易市场上进行售卖，从而成为碳交易市场中的供给方。其次，机构组织也可以成为碳交易市场的主体，包括金融机构、为碳排放权供给者和需求者提供交易服务的中介、以特殊主体的身份参与碳交易市场活动的政府机构等。最后，个人也可以参与碳排放权的市场化交易，成为碳交易市场的主体，从而将交易主体范围进一步扩大。只有越来越多的企业、机构组织和个人参与碳交易市场，才能更好地促进碳排放权资源在市场中得到合理配置。

2）交易对象

碳交易市场的交易对象是指以碳排放权为标的碳排放量。碳排放目前在国际市场上的交易主要以二氧化碳为主。实际上，《联合国气候变化框架公约》京都议定书中的六种温室气体，在未来都有可能作为交易对象在碳交易市场进行交易。从交易形式看，交易对象可以是碳排放权本身，也可以是在碳排放权的基础上在碳交易市场产生的衍生产品，如期货、期权产品等。

3）交易价格

碳交易市场的交易价格是供给者和需求者在进行碳交易时形成的，是碳供给与碳需求相等时的均衡价格。任何一个市场的有序进行，都跟其均衡价格的形成密不可分。在碳交易的市场化进程中，碳排放权价格的公平性是必需的。因此，碳交易机制应建立在市场交易公平有序的前提下，利用价格杠杆的作用调节市场的供需关系，避免市场交易主体之间的恶性竞争。碳排放权价格体制的市场化进程在碳交易机制的构建中具有关键作用。在完全竞争市场中，碳交易市场的价格等于企业的边际碳减排成本。在不完全竞争市场中，有很多因素会影响均衡价格，如交易成本、市场势力等。交易成本的存在使边际碳减排成本与碳排放权的市场价格不相等，从而影响交易的效率。在存在市场势力的情况下，少数规模相对较大的企业可以通过自己的买卖行为影响碳排放权的价格，也会影响交易的效率。

4）交易方式

碳交易市场的交易方式包括场外交易和场内交易两种，即交易是否在专业的碳交易所或碳交易市场内进行。

在交易的初期阶段，由于交易主体对于碳交易制度这一全新的环境管理方式还处在一个逐步熟悉和适应的过程，因此碳交易市场的主体数量较少，交易的碳排放权数量及整个碳交易市场的规模也及时，碳交易多采取场外交易或分散交易的方式。碳富余的交易主体可以和碳排放权需求者进行谈判，以确定交易的价格和数量。

在碳交易的发展阶段，碳交易的管理方式得到了普遍认同。新的碳排放主体的设立、已有的碳排放主体的经营状况和污染治理技术的发展，会使参与碳交易的主体数量进一步增加，分散的场外经营方式已不能满足碳交易主体的需求。此时，碳交易市场的规模逐渐扩大，碳交易多采取在专业的碳交易所或碳交易市场进行场内交易或集中交易，从而逐步形成具有一定规模的规范化碳交易市场。

5）中介机构

碳交易市场的中介机构是在碳交易市场中为买卖双方提供碳交易所需服务的机构，包括碳交易所、认证机构、评估机构、仲裁机构等。发达国家碳交易实践表明，碳交易过程中交易成本的存在，是阻碍交易顺利进行的主要原因之一。因此，尽可能地减少交易成本就成为碳交易市场的重要问题。实际的碳交易中客观存在着各种交易成本，包括：信息成本，指交易者为了获取潜在的交易对象、碳的供求情况和可能的价格等信息而付出的成本；谈判成本，指交易双方为了达成交易而进行讨价还价所付出的成本。这些交易成本如果不能有效节省，就会降低企业参与交易可能获得的节约碳减排成本的利益，碳交易市场就不可能顺利发展。

因此，碳交易市场的中介机构的作用就显现出来了。不同的中介机构具有不同的业务范围。例如，碳交易所为碳交易市场提供交易信息，避免交易主体之间由于信息不对称而造成的交易低效率和高成本；认证机构和评估机构可以对项目市场的碳减排量进行审核、认证，并评估其环境的改善程度，从而形成经核证的碳减排量供市场交易，使碳排放权成为可交易的商品；仲裁机构可以对碳交易过程中出现的纠纷进行法律调节和仲裁，促进碳交易市场的有序进行。另外，随着碳交易市场的逐步发展，中介机构的业务范围会进一步扩展，如从事碳交易的经纪、办理碳的存储和借贷业务等。世界银行、亚洲开发银行等多边银行均是在中国进行碳交易且交易量比较大的中介机构。规范的碳交易市场应该鼓励碳交易中介机构的设立，并吸引民营企业、外资企业、政府部门和非政府组织的进入和参与。

6）政府监管

碳交易市场的健康发展离不开政府的有效监管，政府监管是避免市场失灵的重要手段之一。碳排放权是否作为一种特殊的商品，在很大程度上取决于政治意愿。如果完全由市场进行配置，会产生很多不确定性，可能会对我国经济、社会和环境造成危害。因此，必须将政府监管纳入碳交易市场的制度设计中，发挥政府的监督、调控和管理作用。首先，政府要对碳排放量进行监测和审核。通过建立一个完整的环境监测体系，为碳交易者提供有关碳排放量的可靠数据。监测是审核的基础，是对交易后碳排放权的使用情况进行监督管理的必要措施。政府的监测和审核可以对碳交易者的不当行为进行有效管理，可以促使其遵循交易的要求和规定。其次，政府要对碳交易过程进行有效的监督。因此，政府是碳交易市场的重要构成因素，要充分发挥其对碳交易全过程的监督、调控和管理作用，以规范市场行为，达到预期环境目标。

3. 建设碳交易市场，是推进"双碳"部署落地的重要举措

研究表明，参与碳交易的企业在相关政策的激励下，其创新能力有所提升，并具有较强的溢出效应。碳排放具有明显的外部性，并且外部环境造成的影响难以量化评估，碳交易的建设市场实现了外部环境成本的市场化评估，为外部成本内部化创造了基础条件。应进一步加快全国碳交易市场的建设，完善碳交易市场相关制度建设、基础设施建设、能力建设。逐步扩大碳交易覆盖范围，从发电行业起步逐步覆盖电力、石化、化工、建材、钢铁、金属、造纸、航空等高耗能行业。在碳交易市场完成起步并进入平稳运行阶段后，逐步降低免费配额比例，缩减碳排放配额量，使碳交易市场价格能够真实反映碳减排价值。

碳排放管理同样可以对企业自身的碳资产进行盘整，对企业进入碳交易市场提供可靠的数据支撑。企业在进入碳交易市场时，无论是作为碳交易中的购买方，还是碳汇、配给

额提供方，都需要对自身的碳资产有一个准确的认识，供给量、时间阶段、购买量等因素都需要通过碳排放管理工作进行有效统筹，以便使企业在碳交易市场中掌握主动权。

2.2.4 碳排放绩效评价体系的构建

1. 基于碳排放的价值链框架

随着我国控制碳排放目标的确定，低碳经济逐渐占据主流地位。作为国家经济的重要组成部分，企业也面临着从传统的"高能耗、高排放、高污染"的经营模式向"低能耗、低排放、低污染"的低碳经营模式转型。传统的价值链模型反映了企业价值在伴随产品从采购、生产到销售整个过程中形成增值的痕迹，在价值增值的同时，温室元素也通过价值链的运动存在于各个环节。因此，在对企业碳排放进行控制的时候，就需要从源头入手，对价值链上的每个环节都进行低碳控制。下面在波特价值链分析模型的基础上，引入温室元素，描绘企业碳排放在价值链中的足迹，形成碳排放价值链，如图 2.6 所示。

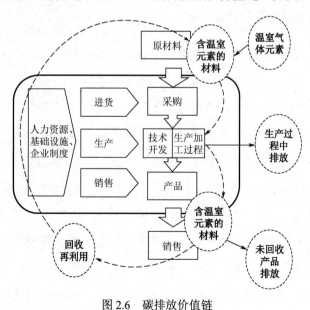

图 2.6 碳排放价值链

图 2.6 中，虚线构成的循环描述了温室元素在企业价值链中的运动轨迹。以进货、生产、销售为价值链主体，将企业外部环境与内部生产经营连接起来。企业外部的温室元素

存在于原材料中，通过企业的采购活动进入企业内部，参与企业的生产活动中。在生产环节，企业通过引用降碳技术和更新机器设备，对原材料进行降碳处理，同时也会有部分温室元素在生产过程中通过废气废水等方式排放到企业外部。剩下的温室元素通过生产环节从原材料转移到产成品中。最后通过销售环节，温室元素随产成品传递到企业外部大环境中。如果企业存在废旧产品回收再利用，则被回收产品所携带的温室元素将随着企业的回收再利用实现进一步的降碳处理。未被回收产品中的温室元素将被滞留排放到企业外部环境中，从而对大气和环境造成影响。

除了进货、生产、销售这三个主要环节，碳排放价值链中还有三个辅助活动，包括人力资源、基础设施和企业制度。这三个辅助活动渗透在价值链主体的各个环节，间接影响着温室元素在企业整个价值链的活动。同时，在传统波特价值链中，作为辅助活动的技术开发，由于其对温室元素的影响主要体现在产品生产过程中的低碳技术上，因此本书将其归属在基础活动的生产框架下。

2. 碳排放价值链绩效评价体系框架

碳中和管理体系的绩效评价与传统的单个企业绩效评价有明显的区别，评价碳中和管理运行绩效的指标，不仅要评价不同节点企业的运营绩效，还要考虑该节点企业的运营绩效对其上层节点企业或整个碳中和管理体系的影响等，所以对碳中和管理体系绩效的界定和评价要求更多地强调企业合作伙伴之间的沟通协作。应该改革传统的基于单个企业的绩效考核指标体系和方法，根据碳中和管理体系的要求，参考 ISO 14000 环境管理系列标准，设计出符合企业自身的碳中和管理体系评价内容。例如，绿色设计主要是对标准化设计、可拆卸设计、模块化设计和可回收设计进行评价；绿色采购主要是对材料的技术属性、环境属性、加工属性和经济性进行评价；绿色供应主要是对供应商和物流进行评价；绿色制造主要是对材料、工艺技术、加工设备、环境保护进行评价；绿色流通主要是对包装、储存、配送、销售和使用进行评价；产品废弃阶段主要是对回收、循环利用和废弃物的处理进行评价。绿色供应链管理绩效的总体指标应包括核心企业绩效指标、供应链管理水平指标、供应链绿色度指标等，并做进一步分解和细化，重点围绕财务指标、客户指标、内部业务流程指标、成本指标、质量指标、快速响应指标、创新与学习指标等开展评价。可以选择绿色供应链管理中常用的绩效评价方法进行评价，如绿色度评价法、供应链运作参考模型（SCOR）、AHP 法、理想解排序法、平衡计分卡、层次分析法、模糊综合评价法、ABC 成本法等。本书选择 ISO 14031 环境绩效评估标准作为基本框架，从企业环境管理体系的运作情况和效果出发，结合上文构建的碳排放价值链，对企业环境绩效做出具有针对性的评价模型，如表 2.2 所示。

表 2.2　碳排放价值链绩效评价体系框架

环境状况		企业所在外部环境的碳排放情况
经营绩效	进货环节	原材料含温室元素情况
	生产环节	设备与技术的低碳化投资
		生产加工过程中碳排放情况
		产品回收再利用的循环情况
	销售环节	产成品含碳元素情况，产品回收再利用情况
管理绩效	人力资源管理	企业员工低碳意识
	企业制度管理	企业碳排放管理制度

1）环境状况

环境状况模块为绩效评价体系中的基础模块，用来表示和评价企业所处外部环境的实际情况，在本书中表示企业价值链主体所处大环境的碳排放情况，如所处行业的碳排放量、所在城市的空气状态、温室气体排放情况、污染指数等。

2）经营绩效

经营绩效又称"作业绩效"，反映企业实际生产操作环节的环境控制水平。结合碳排放价值链，将价值链中的主体活动作为经营绩效内容进行评价，包括进货、生产、销售三个环节。从温室元素的运动轨迹看，进货环节，主要评价企业采购环节所购入的原材料中温室元素的含量，反映企业在原材料环节对低碳经营的控制程度；生产环节，主要分成三部分：设备与技术方面，评价企业对降碳设备和低碳技术的投入程度；生产加工过程方面，主要关注生产过程中的实际碳排放程度；产品回收再利用方面，关注企业对于产品和能耗的循环利用程度。从以上三个角度评价企业在产品生产环节的低碳意识和对温室元素的处理水平。销售环节，主要从产品层面入手，评价企业最终产成品含温室元素的程度，以及企业是否进行了对产品的回收与再利用工作，从而衡量企业通过产品的对外销售所排放和滞留在外的温室元素的程度。

3）管理绩效

管理绩效是指从管理层的角度评价企业在环境控制方面的管理水平，是对企业环境绩效的辅助性评价模块。结合企业碳排放价值链，将价值链中的辅助活动放在本模块进行讨论，主要包括人力资源管理和企业制度管理两个方面。人力资源管理方面，主要分析企业员工的低碳意识，可以从员工低碳意识培训程度等方面进行评价；企业制度管理方面，主要分析企业对于低碳经营的制度层面的考虑，包括评价企业的环境管理制度、企业实际节能减排目标、碳交易的参与程度、对于企业可持续发展能力和碳排放水平的披露程度等方面。

2.2.5　碳中和协同供应链的构建

1. 碳中和协同供应链信任机制体系的建立

以信任机制提升集群的竞争优势是获得持续竞争优势的重要途径。建立集群供应链协同的信任机制，应采取以下四种主要措施。

（1）注重集群文化的协同性。无论供应链合作的具体形式如何，都是在创建"延伸组织"。因此，为了达成一系列共同目标，就要对不同的单个企业文化进行整合，树立集群企业总体的文化归属意识，以相同或相似的价值观和经营理念，运用统一的方法进行供应链绩效管理，调整激励模式并获得对失败风险问题、决策和合作重点的广泛认同。在合作伙伴关系确立后，就必须创造和维系一个共同愿景，使之为供应链协同管理提供方向，对合作伙伴关系进行评估，并使其不断改进，向共同目标前进。PDCA 循环对于统一思想、传递技术知识相当有效，能够塑造良好的供应链知识共享文化，发展共存共荣哲学，使联盟内部所有相关企业的利益和目标完全一致，各相关企业员工对联盟的目标、观念、行为规范产生认同感。

（2）运用感情维系手段。感情维系手段是指具有相同地域关系、血缘关系的企业，或者是在长期合作过程中建立了相互依存的"感情基础"的企业，并以这种"感情基础"作为未来长期合作的纽带。因此，供应链联盟企业可以通过资本运作、相互参股等方式建立彼此间的"血缘"联系，进而加强"感情基础"。

（3）信誉保证。集群企业在长期经营中积累的良好信誉，是企业的无形财富，也是供应链联盟企业之间相互信任的基础。供应链中某一节点企业在面临危机或变革时，其他成员企业能够根据该企业以往的信誉保证给予资金或技术等方面的支持。例如，浙江省以民营经济为主体的绍兴轻纺产业集群、宁波服装产业集群中，企业之间可不经详细议价和签订协议就进行交易，这是企业之间相互信任的一种体现，可以大大降低集群企业的交易成本。对于不讲诚信、信誉度低的企业，应动用整个供应链联盟的力量对其进行约束、教育和惩戒。

（4）考虑利用法律手段。对集群企业间出现的欺骗行为，单靠企业实施惩罚，效果非常有限。当文化与感情维系不能约束某些成员的欺诈行为时，用法律合同条款来防止出现欺诈行为，才是比较有力的保障。

2．企业供应链协同激励机制的建立

建立企业供应链协同激励机制的主要目的是利用合理的利益调节机制，使整个供应链成本降低、利润增加，为顾客增加价值。从微观经济学和博弈论的角度看，激励机制实际上是一种对供应链企业适用的契约或合同，是用来规范企业行动的约束或制度。

（1）通过信息共享和信息支持系统来协助供应链联盟企业分析市场需求趋势，提前制订采购、生产、销售、配送计划，并为联盟企业提供智力支持，帮助其提升供应链管理能力。

（2）为保障集群制造业企业生产、销售计划顺利实施，需要对供应商或经销商进行一定的价格补贴，协助其进行技术和信息系统的改进，以确保整个供应链流程的协调一致性。同时也需要针对分销商和客户的开发市场的表现和订货量实行各种折扣奖励等。

（3）建立科学合理的绩效评估和激励系统。建立集群供应链协同企业长期合作下的静态模型及动态模型，对企业的工作情况、协同成果和承担风险情况进行评估，做到多方平衡，分享收益，进而实现供应链整体效益的最大化。

3．产业集群企业信息化建设机制

先进的信息技术是实施供应链协同管理的根本技术保障。依赖先进的信息技术及互联

网平台，供应链合作伙伴之间可以及时地进行交流和信息共享，分散在各地的企业也能够共同进行产品设计和制订计划。跨组织信息交流的主要障碍之一，就是各个企业之间基础设施或信息系统的不兼容，跨组织 IT 基础设施对企业之间的交流与合作至关重要。也就是说，在供应链合作伙伴之间建立一个公共的 IT 平台，支持不同类型的信息应用或使用，方便企业之间的联系、数据的获取、商业流程的整合及电子连接通道的建立，从而促进企业之间的信息共享及企业之间的联合。目前，电子数据交换（Electronic Data Interchange，EDI）和跨组织信息系统已经成为供应链组织之间商务贸易的常用平台和方式，许多研究把这些技术也视为跨组织 IT 基础设施。随着供应链协同合作的深入，企业之间的交流越来越密切，流程相互渗透，并拥有大量的数据共享。合作者能够真正立足于竞争市场的关键，仅仅依靠 ERP（Enterprise Resource Planning，企业资源计划）这些注重企业内部效用整合的软件已经远远不够，还需要协同软件的支持。基于互联网的协同软件，可以使多个合作伙伴共同对新发生的顾客行为进行交流探讨，快速一致地响应顾客需求的变化。目前，一些大型的 ERP 提供商，如 SAP、Oracle，都致力于支持合作的 CPFR 模式和 VMI 模式的软件，来弥补 ERP 软件的不足。因此，我国企业在强化内部信息化建设的同时，应采用先进的协同软件，增强与合作伙伴信息系统的兼容性。

2.2.6　企业环境规制体系的构建

政府作为绿色转型的主导者，要制定科学合理的环境政策，引导企业往绿色转型方向发展。由于我国幅员辽阔，不同地区的经济发展和环境状况不尽相同，各地方政府应当结合当地的具体情况，分层分类制定相应的环境规制政策，以兼顾制造业发展与环境保护。一是科学设定环境规制强度。环境规制强度不适合盲目地提升，因为过高的环境规制强度反而会给企业带来额外的负担。对于环境规制强度已经超过环境库兹涅茨曲线拐点的东部沿海地区，地方政府应持续保持较强的环境规制强度，与此同时加大环境规制强度对绿色技术创新的激励作用；对于环境规制强度尚未跨过环境库兹涅茨曲线拐点的中西部地区，地方政府则应将环境规制强度提高至拐点水平，从而避免中西部地区过度追求经济增长而忽视环境保护。二是合理选择环境规制形式。环境规制形式的强弱度和激励效果具有明显差异，命令控制型环境规制（如环境质量标准、污染排放限额等）具有较强的强制性，但是无法为绿色技术研发提供足够的激励作用。经济激励型环境规制（如环境补贴、排污权交易等）虽然强制性弱，但是对充分发挥市场主体的主观能动性具有较强的激励作用，能够为企业的绿色转型提供内在动力，有效激励企业进行绿色技术研发。针对不同的区域特点，政府要兼顾强制性与激励性，充分发挥不同环境规制的优势。一方面着力降低制度成本，提升激励作用，尽量采用经济激励型环境规制；另一方面因地制宜地选择合适的环境规制形式，从而有效激励企业进行绿色技术创新。

对于经济社会效益与环境资源效益"双优"的行业，主要是出台鼓励政策和措施，加大对企业绿色转型的政策与资源要素等的倾斜，提供技术创新支撑，综合运用财政奖励、税收优惠等手段引导行业进一步做强做优做大，培育一批具有竞争力的龙头企业，促使传统企业不断向微笑曲线的两端发展，从劳动密集型、低附加值生产转向技术密集型、高附加值的绿色生产，不断推动行业的绿色转型。通过培育绿色企业、淘汰落后企业，加快传统产业的绿色转型。健全绿色采购、绿色消费等政策，宣传推广绿色理念，推进产业产品的绿色化，实现原材料采购，产品设计研发、生产、销售全过程绿色化。对于经济社会效益和环境资源效益都不高的行业，应加大淘汰力度，利用行业整治、环境功能布局调整、企业综合评价机制优化等方式提升环境治理要求，加快行业内落后企业的淘汰进度。结合已有产业，通过产业链延伸，制造业智能化、服务化等方式推动企业绿色转型。

2.3 制造业产品生产的特点

二氧化碳排放所带来的气候变化危机是全球共同面对的一大挑战。将全球平均气温上升幅度控制在 2℃ 以内，并将全球气温上升控制到前工业化时期水平之上 1.5℃ 以内的目标已成为人类关于未来发展的共同愿景。据 2021 年《BP 世界能源统计年鉴》统计，2020 年中国的二氧化碳排放量达到 102.4 亿吨（含中国台湾、中国香港），占全球二氧化碳排放量的 31.7%。在严峻的碳排放形势的驱动下，中国对减少二氧化碳排放的关注日益密切。中国政府于 2020 年 9 月提出的"双碳"目标，虽然会对现有能源结构和能源系统造成极大冲击，但能源转型过程中的开发潜力也给时代带来了新的就业机会和经济发展机遇。

自工业革命以来，工业企业（特别是制造业企业）在国民经济中占据重要地位，支撑着经济社会的发展。工业化进程不仅深刻影响着社会思想、社会结构和世界格局，同时伴随着煤、石油和天然气的迅速消耗，工业化进程也造成了二氧化碳排放量的急剧增加。中国长期以来都将制造业的发展置于国家的行动纲领之中，"中国制造"也正向"中国创造"转变，实现中华民族伟大复兴离不开工业及高端制造业的持续发展。但同时，钢铁、化工、建材、石化、有色金属作为中国制造业的重要组成部分，也是高能耗、高排放（"两高"）的问题行业，针对以上行业，国家发展和改革委员会公布了《高耗能行业重点领域能将标杆水平和基准水平（2021年版）》。因此，制造业作为碳减排的重要领域，首先需要明确碳排放情况和碳减排的潜力，从而制定完善且符合发展规律的目标与相应政策；其次需要加强低碳、零碳、脱碳技术的创新，加快"绿色制造"的转型与相关部署，推进我国早日实现"双碳"目标，为减缓全球气候变化、人类可持续发展做出更大贡献。

2.3.1　制造业碳排放特点

1. 碳排放来源复杂，碳核算方法仍需明确

整体上讲，制造业碳排放主要有三种来源：燃料燃烧、报废处理、外购电力/热力和工艺过程。其中，尤以生产工艺的碳排放途径复杂多样，如电石法制乙炔工艺中，碳排放来源不仅包括石油（或煤炭），还包括石灰石。常见的二氧化碳排放计算方法是基于碳排放因子而非即时监测的。需要注意的是，作为原材料的化石燃料应在能耗平衡计算中进行合理扣除，同时体现出其他含碳原材料的碳排放效应。目前，联合国政府间气候变化专门委员会（IPCC）忽略了原材料在工艺过程中的碳排放；中国碳核算数据库（CEADs）仅对水泥生产过程的碳排放进行了核算。而大部分的自上而下和自下而上的碳排放计算方法均将碳排放因子设定为恒定值，并未考虑能效提升对于碳排放因子的影响。本书中的碳排放计算数据来源于CEADs。

2. 支撑着国民经济的发展，但能耗高、排放高

制造业在二氧化碳排放中长期处于重要且稳定的地位（见图2.7）。二氧化碳排放方面，2019年制造业占全社会二氧化碳总排放量的35.8%，是继电力、热力供应部门（占全社会二氧化碳总排放量的 47.4%）以外的第二大二氧化碳排放部门，但制造业总能耗却高于电力、热力供应部门，说明制造业单位能耗的二氧化碳排放强度低于电力、热力供应部门。

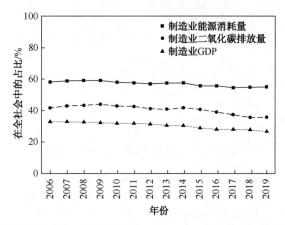

图 2.7 制造业在全国能源消耗量、GDP、二氧化碳排放量中的占比

3. 重点行业作用明显，碳减排难度较大

制造业门类下共计31个大类，但在能源消耗与碳排放方面，钢铁、化工、建材、石化及炼焦、有色金属冶炼五个行业表现突出，见图2.8、图2.9。虽然钢铁行业受到政府控制产能措施的压制，但仍体现出耗能大户和排放大户的特点。化工行业部分碳元素被固定在化工产品中，而水泥作为建材行业中最重要的产品，在生产过程中和化石燃料燃烧供能过程中均排放出大量的二氧化碳。2019 年，化工行业能耗是建材行业的1.6 倍，但建材行业的碳排放是化工行业的6.8 倍。石化及炼焦、有色金属冶炼、化工行业有典型的行业特点，单位能耗的二氧化碳排放量相对较低。2014 年，钢铁、化工、建材、石化及炼焦、有色金属冶炼五个行业的碳排放总量首次出现下降，并在之后的年份保持下降趋势，体现出节能减排工作取得了一定成效，但同时也表现出减排程度不明显并在 2019 年出现反弹的问题。由于我国全面建设社会主义现代化国家与持续推进城镇化的发展要求，以及基础设施的不断新建与升级，使得五个行业的工业产品在短期内仍将持续增加。同时，2021 年 5 月底，

生态环境部发文将加强对五个行业的碳排放环境影响评估与管理，导致制造业企业入市难度加大。

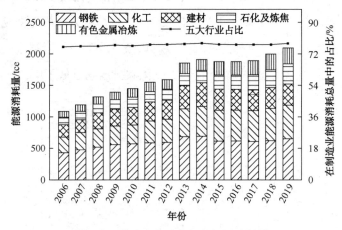

图 2.8　制造业中重点行业能源消耗量

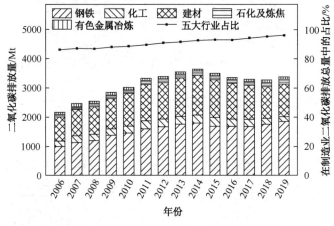

图 2.9　制造业中重点行业二氧化碳排放量

4．煤炭消费占据主导地位，电力消费逐年上升

大量使用煤炭是造成我国碳排放量巨大的主要因素。终端能源消费方面，煤炭、原油、电力是我国当前主要消费的能源类型（在 2019 年分别占 48.4%、16.2%、15.5%）。但在一次能源消费中，大部分焦炭和电力还是来源于煤炭。2019 年，全国终端能源消费结构中，制造业煤炭消费占比较低（35.3%），原油消费占比较高（29.4%），而焦炭主要用于冶金、

铸造和化工过程，因此在制造业中焦炭消费占比（13.9%）高于全国焦炭消费占比（7.6%）。在终端能源消费环节中，可以认为电力消费是不产生碳排放的过程。随着取消工业燃煤锅炉、电力替代工业用煤消费的转型，制造业终端煤炭消费占比下降，终端电力消费占比从2006 年的 11.72%提升到 2019 年的 14.5%，使得全国终端能源消费结构趋向低碳发展。但从全生命周期分析考虑，燃煤发电的发展模式无法满足"双碳"目标的要求，扩大可再生能源发电比例是能源转型中的一个重要议题。

2.3.2　制造业集聚的碳排放特点

集聚作为制造业发展的重要空间客观规律，在优化资源配置与产业结构等方面具有积极意义，但其产生的拥挤效应也会对碳减排产生不利影响。因此，要实现经济发展的内涵式转变与二氧化碳减排目标，在很大程度上需要处理好制造业集聚与碳减排之间的关系，推动制造业集聚，减少碳排放，实现经济效益与环境效率"双赢"的高质量发展。

空间集聚是产业分布的重要典型事实，而制造业作为高耗能产业之一，其集聚无疑会对城市这一空间的碳排放问题产生重要影响。从集聚经济理论与新经济地理学的角度出发，制造业集聚对碳排放的影响可以归结为"集聚效应"与"拥挤效应"综合作用的结果。一方面，制造业集聚会对碳排放产生正外部性。制造业企业在某一区域集中，可以共享原材料场地与劳动力市场，从而起到降低成本、节约能源的作用。与此同时，集聚区本身所具有的规模经济效应会对集聚区以外的劳动力等要素产生"虹吸效应"，进一步促进产业内、企业间的知识学习与技术溢出效应的发挥，使人力资本、设备及能源的利用率得到提升，从而减少碳排放，即制造业集聚带来的集聚效应会减少碳排放。另一方面，制造业集聚也会对碳排放产生负外部性。集聚的形成会带来人口数量与生产规模的扩大，与之伴随的便是对能源需求量的增加。此时，产业规模效应和能源强度效应的叠加使得制造业更多地呈现出低效率、高能耗的特点，即制造业集聚产生的拥挤效应会加剧碳排放。总之，制造业集聚对碳排放究竟会产生何种影响，取决于在其发展阶段是集聚效应还是拥挤效应占据主导地位。因此，本书推测制造业集聚与碳排放之间并非只存在一种单纯的线性关系。基于上述分析，如何利用制造业集聚趋利避害，从而更好地实现城市碳排放就显得尤为重要。

制造业集聚对碳排放存在倒 U 型的非线性影响，即在一定范围内，制造业集聚程度越高，其产生的二氧化碳排放量就越大。但是，制造业集聚对碳排放的影响还存在一个"临界值"，当制造业集聚程度越过这一"临界值"时，其产生的集聚效应便开始发挥作用，进而对碳排放产生抑制作用，这一结果与现实较为相符。改革开放以来，我国制造业迅速发展，其在空间上的集聚态势也日益显现。但是，在追求经济快速增长的背景下，就碳排放而言，制造业集聚产生的拥挤效应往往会较快形成，而集聚效应的形成则相对滞后，从而造成因制造业集聚而产生低效率、高能耗的现象，进而加剧了碳排放。伴随制造业集聚程度不断提高，集聚效应得以形成并逐渐超过拥挤效应，进而对碳减排产生有利影响。具体来讲，集聚效应会带来外部经济效益、创新效益与竞争效益。其中，外部经济效益主要体现为提高制造业的能源利用率，降低能源消耗；创新效益与竞争效益则主要指集聚效应有助于促进制造业企业之间的知识、技术溢出，加快制造业企业创新与转型升级，同时在优胜劣汰的法则下不断淘汰高能耗、低效率的制造业企业，推动制造业高质量发展。

2.3.3　要素密集度不同的制造业碳排放特点

将 29 个制造行业依据要素密集度划分为资金密集型、技术密集型、劳动力密集型三类（见表 2.3）。首先，2006—2015 年，资金、技术、劳动力密集型制造业碳排放差异显著。其中，碳比重形成资金密集型制造业高于技术密集型制造业，技术密集型制造业高于劳动力密集型制造业的现象，并且资金密集型制造业碳比重呈上升趋势，技术密集型制造业碳比重下降幅度高于劳动力密集型制造业。其次，由行业类型划分可知，资金密集型制造业主要为黑色金属加工等一系列重工业，产业生产能耗高，使得碳排放居高不下。技术密集型制造业碳比重下降趋势最显著，但其碳增量相对较高。劳动力密集型制造业以纺织等轻工业为主，能源依赖度相对较低，能耗低，导致碳排放相对较低。

表2.3　制造业类型划分

划分类型	制造业行业部门
资金密集型 （Ⅰ）	石油冶炼加工业、非金属矿物加工业、黑色金属冶炼制品业、有色金属冶炼加工业、金属制品业、通用设备制造业、专用设备制造业、仪器仪表及文化办公用品制造业，合计 8 个行业
技术密集型 （Ⅱ）	橡胶与塑料制造业、化学纤维制造业、医药制造业、化学原料制造业、交通运输设备制造业、电气机械及器材制造业、计算机通信和其他电子设备制造业、工艺品及其他制造品、废弃资源综合利用制造业，合计 9 个行业

划分类型	制造业行业部门
劳动力密集型（Ⅲ）	农副食品加工业、食品制造业、饮料制造业、纺织业、服装制品业、皮革—毛皮—羽毛（绒）制品业、木料加工制品业、家具制造业、造纸及纸制品业、印刷和记录媒介复制业、文教体育用品制造业、烟草制品业，合计12个行业

2.4　制造业碳中和管理体系

总体来看，制造业碳排放效率体现在如下几方面。

（1）环境规制。一方面，环境规制会给制造业企业带来成本负担，使其竞争力下降，因此会抑制碳排放效率的提高；另一方面，环境规制会刺激制造业企业进行技术创新，带来创新补偿，使制造业企业研发出使用效率更高的技术和设备，因此会促进碳排放效率的提高。

（2）禀赋结构。一方面，禀赋结构上升，代表地区经济结构从劳动力密集型向资本密集型转化，会给资源与环境带来负面影响，因此会造成二氧化碳增多，碳排放效率降低；另一方面，由于资本密集型企业技术水平高，技术进步快，研发效率高，技术进步的正效应弥补了给环境带来的负效应，使得碳排放效率提高。为了研究禀赋结构会给制造业企业的碳排放效率带来怎样的影响，采用规模以上工业企业固定资产净值与全部从业人员人数的比值来衡量禀赋结构。

（3）产权结构。一方面，国有企业在机构制度上的落后和局限性，使其在技术创新和效率改善方面落后于非国有企业，因此，国有经济比重上升会给碳排放效率带来负影响；另一方面，国有企业具有规模经济的优势，其技术革新成本低、空间大，并且是国家"节能减排"政策执行重心，随着国有企业改革的进一步深入，国有经济比重上升会给碳排放效率带来正影响。为了研究国有经济比重会给制造业企业的碳排放效率带来怎样的影响，采用国有及国有控股工业企业主营业务收入与规模以上工业企业主营业务收入的比值来衡量产权结构。

（4）外商投资。一方面，外资企业会加剧市场竞争，压缩本土企业利润空间，使其研发新技术的能力被削弱，并且发达国家对发展中国家进行污染转移，这对碳排放效率提高带来了不利的影响；另一方面，外商投资可以带来知识溢出，并且中国政府提高了外资引进的门槛，将高污染企业拒之门外，因此外资引进会促进碳排放效率的提高。为了研究外商投资会给制造业企业的碳排放效率带来怎样的影响，采用外商投资和港澳台投资工业企业主营业务收入与规模以上工业企业主营业务收入的比值来衡量外商投资。

（5）企业规模。一方面，大规模企业经济实力雄厚，抗风险能力强，研发投入能力持久，从而有利于碳排放效率的提高；另一方面，大规模企业管理层级多，组织结构臃肿，内部协调成本高，这会阻碍碳排放效率的提高。为了研究企业规模会给制造业企业的碳排放效率带来怎样的影响，采用规模以上工业企业主营业务收入与企业单位数的比值来衡量企业规模。

制造业是能源消耗和碳排放的重要来源，研究制造业碳中和对国家碳中和目标的实现具有重大意义。

2.4.1　制造业碳中和的战略路径及 CROCS 模型

为了实现"双碳"目标，我国企业需要围绕碳中和各个环节的管理难点去构建相应的管理和激励机制。第一，企业开展碳中和要先明确碳中和责任，而要"确碳"，就要解决如何"确得准"的问题。第二，当明确碳中和责任之后，企业需要开展碳减排工作，而在"减碳"过程中，就要解决如何实现"减得足"的问题。第三，企业在迈向碳中和的过程中，难免会出现不可减的碳排放而需要运用碳抵消的手段，而在"抵碳"过程中，最重要的就是解决如何"抵得当"的问题。第四，企业为实现碳中和所做的一系列努力都离不开企业对外的信息披露，而在"披碳"过程中，最重要的就是解决如何"披得清"的问题。第五，企业推进碳中和能够给企业带来什么样的影响是构建激励机制不可缺少的一个环节，能够起到建立正向反馈而激励企业持续推进碳中和的作用，而在"激碳"过程中，最重要的就是解决如何"激得长"的问题。因此，这些困境给企业迈向碳中和带来了一系列新的问题，使得企业需要构建新的战略路径。

基于此，企业碳中和战略路径构建的总体思路是：立足工商管理学科，借鉴有关企业社会责任的理论研究体系（即责任确认、责任履行、责任补偿、信息披露和责任履行效果），进一步结合绿色金融、公共政策、绿色供应链、宏观政策与能源经济等研究领域，基于现有研究进展，围绕企业碳中和的全过程，分析我国企业从确定碳中和责任，到激励企业实施碳减排及合理利用碳抵消途径，再到有效披露碳中和相关信息，最后到评价碳中和实施效果从而激励更多企业参与碳中和。企业碳中和战略路径可分解为"确碳"（Commitment）、"减碳"（Reduction）、"抵碳"（Offsets）、"披碳"（Communication）、和"激碳"（Stimulation）五个阶段，从而建立一套适用于我国企业碳中和的企业碳中和管理和激励模型——CROCS模型，如图 2.10 所示。

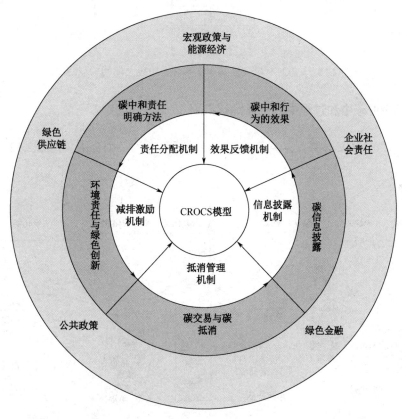

图 2.10　CROCS 模型

CROCS 模型的基本框架和各阶段之间的关联逻辑如图 2.11 所示。在 CROCS 企业碳中和管理和激励模型中，"确碳"是一切工作的出发点。"减碳"和"抵碳"作为企业实现碳中和的手段，两者既独立又相互影响。"披碳"既是企业与利益相关者沟通的途径，也是实现企业低碳价值的关键纽带。"激碳"则是将企业低碳发展的效益可视化，从而能够为构建起激励相容的企业碳中和激励体系建立起正向反馈的系统。

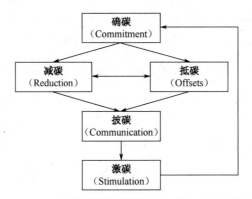

图 2.11　CROCS 模型的基本框架和各阶段之间的关联逻辑

1．构建企业碳中和过程中的责任确认机制

根据温室气体核算体系，温室气体正排放降低可分为三个范围（见图 2.12）：范围一是

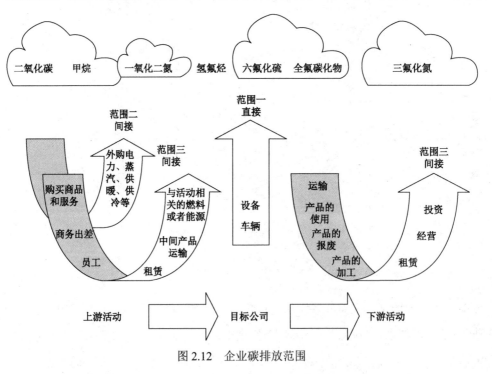

图 2.12　企业碳排放范围

降低直接温室气体排放，包括企业直接控制或拥有的排放源所产生的排放，如生产过程中产生的温室气体排放、交通工具释放的温室气体等；范围二是降低电力产生的间接温室气体排放，是由企业消耗的外购电力产生的温室气体排放，如蒸汽、供暖和供冷等；范围三是降低其他间接温室气体排放，主要来自企业供应链中其他企业的温室气体排放。"确碳"强调企业碳中和责任的明确和划分，这里的关键问题是"确得准"，即如何确定企业碳中和责任的范围和边界。首先要"看得见"——可视化碳中和责任，其次要"分得准"——把碳中和责任清晰地分解到企业个体，最后要"认得够"——让企业主动认领碳中和责任并足量落实到具体的减排主体。故而"确碳"部分就涉及"看得见""分得准""认得够"三个具体问题。

（1）以国家碳中和目标为导向，自上而下层层落实碳中和责任，进而构建立体式碳足迹系统，科学测算企业生产活动直接和间接产生的碳排放水平，从而量化企业碳中和责任的碳足迹。

在此过程中，首先需要利用区块链、数字化等手段建立一套自下而上的碳排放信息收集管理系统，形成碳排放基础数据的汇总、反馈、核算、分析及决策体系。同时，运用信息化集成、可视化等技术，针对制造业企业不同部门、不同设备等碳排放的具体单元实施更加实时、覆盖更加全面的碳排放在线监测，进而提高碳排放责任明确和划分的精准性。

（2）基于碳中和责任的量化系统，针对范围一、二的碳排放，通过"先归集后分配"的方式在企业内部分解碳中和责任，同时引入企业内部市场化机制，从碳交易内部定价入手，动态调配部门碳中和责任的划分。另外，供应链碳足迹和企业碳中和责任的明确是实现范围三的核心，这就要从供应链系统分解碳中和责任。在供应链系统中，上下游企业复杂的生产关系决定了碳中和责任的明确和分解，需要借助核心企业的市场领导力和行政力量来达成碳中和责任分解目标。

（3）在明确碳中和责任划分的基本思路、方法和原则的前提下，需要进一步提高企业和员工的碳中和自觉性。在构建完"看得见→分得准→认得够"的体系从而确认企业碳中和责任范围和边界之后，需要进一步构建一套碳账户系统。可以利用区块链技术将碳足迹上链，明确企业碳足迹计量标准，实现碳足迹数字型描述，进而完成企业碳排放的确认、计量和记录。首先，企业需要按照要求，针对各子公司及各部门制定统一的碳排放核算标准，并基于该标准实现碳排放的量化；其次，设立企业碳账户、部门碳账户及员工的个人碳账户，实现不同层级之间碳排放的有效对接，进而更加明确各自的碳减排责任；最后，企业根据自己的经营特征建立"低碳资产"和"低碳负债"，并进一步对碳排放成本进行单独计量，以便能够从会计的角度对碳排放进行计量，并构建企业碳资产负债表，最终实现碳账户的平衡。

2．构建企业碳中和过程中的减排激励机制

"减碳"强调激励企业尽最大努力去减少碳排放，这里的关键问题就是"减得足"。具体而言，需要从以下三个方面出发实现碳减排目标。

（1）提升企业碳中和责任，需要从宏观、中观、微观层面等多维度入手促进企业提高碳减排技术投入的动力，与之相关的影响因素包括国家的政策监管、行业竞争、企业行业地位、企业的效益、技术优势和高管团队的特征等。特别是在 2021 年 10 月 12 日，国家发展和改革委员会发布了《关于进一步深化燃煤发电上网电价市场化改革的通知》，我国将在保持居民、农业用电价格稳定的同时，有序放开全部燃煤发电上网电价，并且对高耗能企业燃煤电价涨幅不设限制。新政策的出台不仅能够推动燃煤电价实现市场化改革，同时也能够推进高耗能企业向低能耗企业转型。

（2）鼓励企业以技术创新促进低碳转型。企业实现碳减排的核心还在于通过技术创新实现碳排放水平的降低。例如，《2030 年前碳达峰行动方案》中强调推动工业领域绿色低碳发展，鼓励钢铁行业探索开展氢冶金、二氧化碳捕集-利用一体化等技术，提高有色金属行业使用水电、风电、太阳能发电的比例，鼓励建材企业使用粉煤灰、工业废渣、尾矿渣等作为原料或水泥混合材料等。

（3）培育和弘扬员工的碳中和责任意识。通过激励和统一员工的碳中和责任意识，进而让员工在工作中践行绿色工作行为，积极推动企业碳减排。另外，要充分结合我国的制度环境特征，提高各地区碳中和责任意识，改变地方官员重视碳减排总量而忽视低碳发展质量的政绩观，运用政策手段在全社会、全产业积极推行碳减排，提高全行业碳中和责任意识，从而引导、鼓励供应链企业共同投入，激励企业持续履行自身需要承担的碳减排任务。

3．构建企业碳中和过程中的抵消管理机制

"抵碳"强调通过碳交易（如购买碳信用资产）或者基于自然的解决方案（如投资森林）

的方式来抵消企业不能减排的碳排放而实现碳中和，这里的关键问题就是"抵得当"，或者叫"抵碳"的合法性问题。过度使用"抵碳"手段会被利益相关者认为企业的碳中和是象征性的行为，是一种"漂绿"手段。企业在致力于碳中和的过程中最核心的任务就是碳减排，而这里涉及一个关键问题，即企业如何决定碳抵消水平。因此，构建抵消管理机制进而实现企业碳抵消是实现"双碳"目标的关键。

一是基于碳排放范围核算三个范围内的碳排放量，运用碳足迹区块链量化系统核定企业、部门及个人的碳减排任务，进而构建企业不能减排碳排放水平的评价指标体系。二是推动企业使用合理性碳抵消水平，真正让企业将碳抵消手段作为实现碳中和的一种辅助方式。这就需要提高企业碳减排能力的技术、降低碳减排投入成本、提高高管人员和员工的碳减排责任意识。三是加强碳交易市场的监管，并建立统一完善的碳交易市场标准体系，如配额总量、纳入标准、行政处罚等，形成碳交易价格的上升通道和预期，建立起更为有效的碳交易市场，从而促使企业投入实质性的碳减排活动中。四是从"成本—收益"角度出发，基于企业的实施成本、处罚成本及时间成本三个方面进行分析，进而选择恰当可行的碳抵消方案，如企业在碳交易和基于自然的解决方案之间的权衡。

特别地，基于自然的解决方案有森林碳汇、草原碳汇、碳捕捉与封存技术等。而碳捕捉与封存技术是指企业通过化学反应等技术捕获其生产过程中产生的二氧化碳并将其净化和压缩。因此，企业可以不断优化碳捕捉与封存技术，降低其成本，从而最大限度地捕获企业无法减排的碳排放水平，并将捕获的碳通过化学（合成氢）、生物（促进植物生长）、矿化（融入混凝土）等方式进行处理，提高企业碳抵消能力，最终促进碳中和目标的实现。

4. 构建企业碳中和过程中的信息披露机制

"披碳"强调企业通过披露碳中和相关信息而实现与利益相关者的有效沟通。当前，尽管我国部分企业通过企业社会责任报告、董事会报告、年度报告、CDP（Continuous Data Protection，持续数据保护）项目等方式披露碳中和信息，但我国还未建立统一的碳中和信息披露制度和碳中和信息披露体系，这就导致企业碳中和信息披露的类型、数量及质量存在较大差异而不能满足各方利益相关者的诉求。并且，当前碳中和信息以定性信息披露为主，缺乏定量信息披露，进而使得企业碳中和信息披露缺乏及时性、准确性和真实性。

基于此，在碳中和信息披露方面，企业需要恰当、充分地披露碳中和信息，努力缓解多方利益相关者之间的诉求冲突。具体包括：一是围绕利益相关者期望水平，针对不同利益相关者的期望水平制定有效的碳中和信息披露内容，如纯文本信息披露或文本与图像结合的信息披露，同时更加注重满足关键利益相关者的诉求。二是明确企业碳中和信息披露的主体责任，充分考虑披露内容、披露途径及披露时机三个方面的因素，针对不同利益相关者的实际诉求制定有针对性的披露方式。三是坚持供应链上下游企业之间的协同披露，维护供应链系统中碳中和信息披露的一致性和连贯性，防止出现"搭便车"、信息不一致及可信度低等问题。此外，企业将技术创新投入方面的内容融入碳中和信息披露中，能够显著提升信息可信度。

5. 构建企业碳中和过程中的激励反馈机制

"激碳"强调显现企业碳中和的价值，不仅包括短期价值及长期价值，还包括经济价值和社会价值。构建企业实施碳中和战略的激励反馈机制直接影响"双碳"目标的实现，是企业实现低碳价值创造、将企业低碳转型与高质量发展有机衔接起来的关键环节。

要显现企业碳中和的价值，就需要构建相应的测度指标体系，以反映企业碳中和在"碳减排"和"碳抵消"两个方面的目标，同时注重定量与定性、主观与客观的统一。具体包括：一是构建碳中和真诚性评价指标体系，该指标应包含企业碳中和投入水平、持续性及碳抵消比例等因素。二是构建利益相关者评价指标体系，该指标须包含消费者、员工、政府及供应商等关键利益相关者的评价反馈。三是构建长效激励评价指标体系，该指标的选取应更多地反映企业碳中和的社会效益。

从动态视角看，当期企业碳中和真诚性、利益相关者反应、碳中和的经济效益和社会效益会直接影响下一期企业如何承担碳中和责任，以及利益相关者如何评价、回应企业的碳中和表现。这就需要企业动态调整碳中和过程中的"确碳""减碳""抵碳"及"披碳"，进而形成一个循环往复、螺旋上升的企业碳中和战略动态反馈体系。通过以上三种指标体系，可以有效地对企业承担碳中和责任的全过程进行动态跟踪与评价，鼓励企业在面临碳中和时间压力的情况下，在碳中和责任再次明确过程中提升自觉性，从而承担更大的碳中和责任。

6. 构建企业碳中和过程中的协同机制

将企业内部的碳中和责任和企业之间的碳中和责任协同起来，贯穿于 CROCS 模型的每个阶段，是推进供应链整体碳中和的关键。在每个具体的阶段中，纵向层面企业内部、横向层面企业之间要实现协同配合，才能发挥最大的碳中和社会效益。企业要想实现碳中和目标，就需要在供应链上实现与上下游企业在碳中和各个阶段的协同和配合。

2.4.2 制造业碳排放监测与管理体系

针对制造业碳排放建立 MRV 技术管理体系，MRV 技术管理体系包括三个环节：可监测（Measurable）、可报告（Reportable）和可核查（Verifiable）。其中，可监测是指能够根据已建立的标准，对排放源的数据及排放信息采取的一系列技术和管理措施，如数据监测、获取、分析、处理和计算等。可报告是指能够按照规定程序，以规范的形式和途径向监管机构进行报告，内容包括监测的数据结果和交易情况等。可核查是指能够对企业报送的数据信息进行核实和查证，以判断碳排放企业是否根据要求如实监测，所报送信息是否准确真实。目前，核查主体主要是经过认证的独立第三方机构，核查条件和对象亦应明确。

MRV 技术管理体系是制造业碳交易机制建立的前提和保障，碳交易机制中最大的难点是碳排放额的核定与管控，MRV 技术管理体系既是对减排监测的基本要求，也是衡量配额分配与核定企业履约所依赖的唯一标准，其准确性和可靠性的意义重大，决定着碳交易市场能否顺利运行。

2016 年是我国构建全国统一碳交易机制的关键一年，相关的配套制度都应当在这一年设立并运行到位，MRV 技术管理体系作为碳交易机制运行的前提和技术支撑，也是碳交易监管的核心工具。《巴黎协定》对我国而言，既是促进低碳发展的机遇，也是对我国现行碳交易制度与政策的挑战。我国一直坚持的"发达国家与发展中国家应当承担共同但有区别的责任"这一原则被弱化，我们唯有尽快调整思路，从以下几方面构建 MRV 技术管理体系，才能为迎接国际化减排浪潮的行动保驾护航。

制定国家层面的统一的专门立法，规范 MRV 技术管理体系各环节的运行。我国目前尚无国家层面的统一的专门立法，因此 MRV 技术管理体系的运行只能以试点省市的地方规章制度为依据，这使得各地 MRV 技术管理体系各自为政，缺乏统一的流程和标准。国家发展和改革委员会在比较分析各试点的交易实践后，采纳它们的成熟经验，于 2015 年 7 月起草《全国碳交易管理条例（草案）》。经过广泛征求各地各行业的意见，2016 年 3 月 29 日，该条例的审核稿公布，其中有关于 MRV 技术管理体系的原则性规定，但缺乏操作性，建议制定专门的 MRV 技术管理体系立法，确立与国际接轨的全国统一的 MRV 技术管理体系标准，规范各参与方的行为，包括重点排放单位、核查机构、交易机构、主管部门等，我们可以借鉴欧盟碳交易市场的成功经验。2013 年，欧盟在全体成员国范围内发布《监测和报告温室气体排放量的指南》及《认证与核查指南》，从而统一监测标准，提高监测数据的质量，规范温室气体报告的格式及要求，统一核查的标准及流程，最终稳定了碳交易价格，奠定了欧盟碳交易市场在国际上的优势地位。

MRV 技术管理体系的完整运行环节如下：①由碳排放单位自行完成日常监测，按期制定温室气体清单报告；②经过独立的第三方核查机构进行审查认定，由其出具的核查结论作为支持文件；③将文件提交给碳交易监管部门。这三个环节都需要制定严格的技术标准和执行程序作为制度保障，其中监测规则可以采用碳排放实时监测与实地取样调查相结合的方法，报告环节应当按照碳交易主管部门规定的格式和内容按时编制，核查机构应当按照核查指南规定的统一标准对碳排放情况进行核查。《巴黎协定》要求各缔约方应当遵守统一的国际标准，不再区分发达国家和发展中国家，因此我国在构建 MRV 技术管理体系时，应当参考国际规则，注重与国际 MRV 技术管理体系的融合及接轨。

2.4.3 制造业碳排放碳预算管理体系的构建

我国政府确立截至 2020 年单位 GDP 的碳排放强度较 2005 年的水平下降 40%～45% 的减排目标，这对各级地方政府和企业都构成较为刚性的约束，并驱动其走低碳经济发展之路，积极探索节能减排的新机制。国家和地方的发展和改革委员会为推进碳交易试点与温室气体排放核算和报告开展了一系列工作，但有效地落实碳减排政策规划，需要配套地创新现有管理制度和管理方法，尤其需要利用会计等有效的微观经济管理手段。

制造业碳预算的设计思路不同于政府层面的碳预算，企业作为营利性组织，不仅要对全球气候变化和人类生存环境履行节能减排的社会责任，严格控制和合理安排碳排放量，还要关注因节能减排而使企业增加的成本，以及由碳交易带来的经济利益变化。从低碳经济的发展趋势看，企业在市场的压力之外，增加了碳减排的压力，这两股压力均会通过企业的决策延伸到企业的预算体系。碳预算平衡式将构成企业碳预算编制的基础，是企业规划和控制碳排放和碳减排等管理活动的框架，并贯穿于整个企业碳预算的设计和管理之中。从内容上增加两个部分，一部分是对企业碳排放额度的预算安排，以及因实际排放量和排放额度的差异所产生的碳交易收益或损失；另一部分是因引入低碳技术、节能设备和低碳生产等碳减排活动而产生的成本预算。从流程上看，增加了对碳排放量和碳减排成本所进行的预测和计划，并通过量化指标进行预算控制，再通过绩效考评发现差异，最终追溯到问题环节，进行针对性的优化管理。可见企业的碳减排活动在成本收益的驱动下沿袭企业碳排放的关键路径，与企业各项经营管理活动密切相关。这为碳预算嵌入全面预算管理体系提供了基础，参见图2.13。

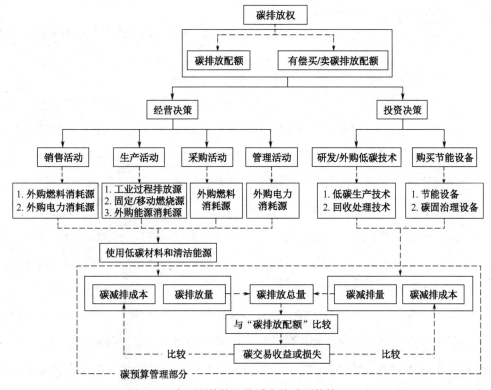

图 2.13　全面预算管理体系中的碳预算管理活动

在已知制造业碳排放配额和市场需求可预测的基础上，可以将全面预算重新分解为四部分，即经营预算、资本预算、碳预算和现金预算。具体的编制流程如图 2.14 所示。

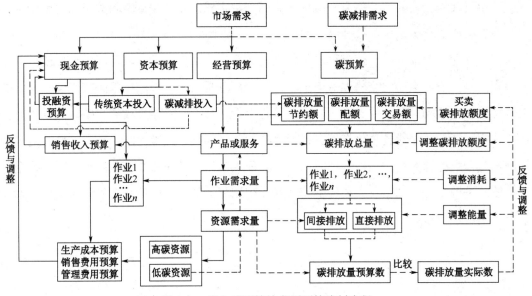

图 2.14　嵌入碳预算的全面预算编制流程

（1）经营预算。按照作业成本法的思想：第一步，将企业的产品或服务细分为各项作业活动的需求量；第二步，进一步预测各项作业的资源需求量；第三步，将资源需求量进行分解并对资源的消耗需求分别进行传统的生产成本预算、销售费用预算和管理费用预算；而新的全面预算体系在此基础上增加了两类资源需求预算：一类为各项作业所消耗的电力、蒸汽（热力）、燃料及生产过程中所产生的碳排放量，这部分通过对碳排放量的核算纳入企业碳预算的碳排放子预算之中；另一类是由于放弃高碳材料或高碳能源，而选择低碳材料或低碳能源会多支付的成本，这是由于经营活动中的碳减排活动而产生的碳减排成本，这部分支出要纳入碳减排子预算之中。

（2）资本预算。嵌入碳预算之后，资本预算环节包含两部分：一部分为传统的固定资产预算、长期投资预算和其他资本性预算；另一部分为企业开展低碳技术研发、节能减排设备购置等碳减排活动而新增的成本，碳减排成本和碳减排量将纳入企业碳预算的碳减排子预算之中。

（3）碳预算。以碳排放量配额、碳排放量预算数、碳排放盈余（超支）之间的恒等关系为基础，综合反映企业的碳排放权和需要交易的排放盈余或超支，以及企业的减排活动安排。碳预算可以细化为碳排放、碳减排（包括碳减排量和碳减排成本）和碳交易等子预算。碳预算是在对企业碳排放量全面规划的基础上所做出的碳排放管理安排，纵向上是区域碳预算配额在企业的由上而下的分解和自下而上的反馈，横向上是部门层面和作业层面碳排放量、碳减排量和碳减排成本的测算与归集。

（4）现金预算。经营预算和资本预算中涉及碳排放和碳减排的活动均会对现金流产生影响，碳预算中的节约额和超支额需要通过碳排放交易市场来平衡。节约额若出售则可以使企业获得现金收益，超支额则需要安排一定量的资金到碳排放交易市场去购买相应的碳排放权配额，这都要在现金预算中事前安排。

碳减排成本是为制造业企业衡量碳减排行为的经济性而设置的关键指标，是碳减排决策的关键变量。可以通过碳预算得出不同排放源的碳减排成本，便于相应的成本效益分析，以合理地规划企业经营和投资过程中的碳减排活动。碳减排成本是通过各碳排放源子类的碳减排量乘以其相应的单位碳减排成本计算和归集得出的，经营活动中的碳减排成本主要来自选择购买低碳材料和清洁能源多支付的采购差价，而投资活动中的碳减排成本主要来自购买节能设备、外购或研发低碳技术产生的额外支出。

2.4.4 制造业碳足迹评估体系的构建

1. 实施制造业碳足迹评估，提升企业声誉

建立和完善碳足迹评估体系，即需要找到合适的测量方法与计算工具，确定评估范围，寻找碳排放源，盘点排放清单，建立与完善碳排放因子数据库，并计算碳排放信息和碳足迹，关注产品整个供应链的排放，实现碳盘查的基本职能。通过建立完善的碳排放监测、统计、考核体系，采用统一的评估标准、权威的第三方检测评估机构等，使得碳足迹评估的结果具有一定的科学性和可比性。

实施碳足迹评估是构建企业碳资产管理体系需要解决的关键问题，通过有效的碳足迹评估，才能获得可靠的数据，分析、计算企业温室气体排放因子所形成的碳排放成本，制

定有针对性的碳减排战略，减少碳排放，提高能源效率。

目前，国际碳足迹标准主要有温室气体核算体系、ISO 14060 系列和 PAS 2050 等。我国尚未出台碳足迹评估的相关标准，因此，应尽快转化和制定适合我国的相关标准，形成完善的标准体系，为建立和完善碳足迹评估体系奠定坚实的基础。在现阶段，我国企业可开展碳足迹评估试点工作，从而着力实施碳足迹评估，提升企业声誉。

2. 实行碳预算和碳会计处理等碳业务创新

站在战略发展角度，碳资产管理的业务创新显得越发重要和迫切。目前，碳资产管理这一概念逐渐被各大公司关注，如沃尔玛、戴尔和 IBM 等都要求供应商披露碳排放权相关信息。

2.4.5　制造业碳交易金融风险管理制度体系的构建

碳交易本质上是一种金融活动，即碳金融。一方面，金融资本直接或间接地投资于创造碳资产的企业与项目；另一方面，来自不同企业和项目产生的碳减排量进入碳交易市场进行交易，并且被开发成碳现货、碳期货、碳期权、碳掉期等金融工具和产品。

碳金融能够提高碳交易市场的交易效率，通过扮演中介的角色，为碳交易供需双方提供必要的信息和资金技术支持，缩短交易时间，降低交易成本；通过提供各种碳金融产品在碳交易市场形成碳资产的定价机制，促进碳交易市场价格的公平和有序竞争。日益多样化的融资方式和金融衍生品能加速低碳技术的转移，分散碳资产价格波动带来的风险。碳金融通过促进碳交易市场的进一步繁荣及新能源巨大市场的发展，使碳排放权成为继石油等大宗商品之后新的国际价值符号，有助于推动交易机制，规避各种可能的风险。企业要想深入碳交易价值链的高端寻求发展，充分挖掘未来碳市场潜力，就应以遵守国际碳交易制度为基本理念，建立适应国情的制造业碳交易金融风险管理制度体系。

目前，基于国内外碳交易市场背景和碳减排目标，国家对低碳经济和相关碳减排项目给予了大力支持，但碳金融功能的缺失对碳交易市场和低碳经济的发展形成了诸多障碍，要提高碳金融的发展水平、促进碳交易机制的完善、统一碳交易市场的形成，就有必要构建一套支持碳交易发展的金融风险管理制度。但制度本身是一种博弈规则，任何一个制度体系的建立都并非孤立运行的，因此关于碳交易的金融风险管理制度的建立不能脱离碳交易市场发展的现实状况和未来趋势，即离不开制度所赖以存在的前提条件。结合建立碳交易金融风险管理制度的目的及国内碳交易市场现状，所要构建的碳交易金融风险管理制度体系首先需要满足以下实际的或假设的前提条件。

（1）国际低碳经济和碳交易市场发展的总体趋势不变，同时国家大力发展低碳经济和碳减排的基本政策始终不变。

（2）碳交易与碳交易金融风险管理制度是相辅相成的，制度的建立是为了交易能够更好地发展，而交易的发展和经验的总结能够进一步完善制度，出于我国碳交易市场现状和追赶国际碳交易市场的紧迫性，不能采取先进行交易后建立制度的发展方式，应采取交易和建立制度同步进行且互相促进的发展方式。

（3）国内碳交易能够顺利进行。我国应尽快确立碳排放许可的法律地位，明确界定碳排放的边界，有合理的奖惩机制，将国家减排目标细化到区域、企业。

（4）企业或项目减排所带来的环境贡献能够内化为经济效益。只有始终保证减排的环境贡献能够转化为参与主体的经济效益，才能对碳交易市场的发展和交易金融制度的有效性提供动力。

（5）中介机构对投资项目的社会效益的关注大于对其经济效益的关注。碳交易金融风险管理制度服务于本身脆弱的国内碳交易市场，要想产生良好的制度效率，在发展初期，需要通过政府扶持和宣传推广等方式尽可能打消中介机构对经济效益的顾虑。

（6）其他条件，如稳定的宏观经济状况、良好的社会制度环境、良好的金融环境、碳交易市场的潜力等。

结合当前国内碳交易市场的特点，要改变国内碳交易市场参与主体，特别是中介机构参与不足的现状，发挥交易平台功能，就需要借鉴国外优秀经验，通过相关金融产品和服务创新的体系来引导。国内碳交易对象的明确和增多、交易方式的多元化及碳交易项目的投资活动都需要相关金融政策法律支持体系来引导。而建立碳交易项目的评估体系，在当前国内企业对于碳交易的环节和交易细则、碳减排交易标准等内容都不太熟悉的情况下，既能规范国内碳交易市场发展，也能提高碳减排项目在国际上获得认证的成功率。当然，碳交易市场多种潜在风险的存在和碳交易市场各参与主体行为的规范性可以通过相关保险体系和监管体系的运行来约束和避免。

综上，所要构建的制造业碳交易金融风险管理制度体系也就基本成形了，其由图 2.15 所示的五个方面构成。构建制造业碳交易金融风险管理制度体系是引导和激发国内碳交易市场和低碳经济健康快速发展的理性选择，符合国际、国内气候形势变化的内在要求，也是维护国家地位和国家利益的必要途径。同时，从我国碳交易市场的发展现状和特点可以看出国内碳交易市场发展已初见雏形，我国进行碳交易风险管理体系建设的制度基础已经具备。

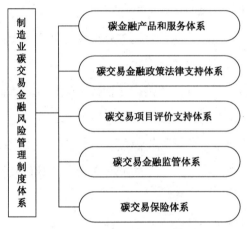

图 2.15　制造业碳交易金融风险管理制度体系

碳中和目标的实现需要无数人经过数十年的付出和努力，其过程必然是曲折的，制造业碳中和的实现对整个碳中和目标的实现意义重大，研究和制定制造业碳中和规则也不是一朝一夕的事情，需要无数次的努力和尝试。

第 3 章

碳中和与工业产品优化设计理论

产品设计可以决定产品的性能及产品对生态环境的影响，产品设计成为有效避免环境污染、节约资源的关键。对工业产品进行优化设计是实现碳中和的必然选择。

3.1 工业产品优化设计相关名词

3.1.1 工业设计

"工业设计"一词是工业化发展的产物，涉及科技、文化、艺术、机械等多方面，是一门综合性的边缘交叉学科。

1980 年，国际工业设计协会（现更名为"世界设计组织"）将工业设计定义为："对批量生产的工业产品，凭借训练、技术、经验及视觉感受，赋予产品以材料、结构、形态、色彩、表面加工及装饰以新的质量和性能。"

美国工业设计师协会（IDSA）认为："工业设计是一项专业的服务性工作，为使用者和生产者双方的利益而对产品和产品系列的外形、功能和使用价值进行优化。"

机械设计是指根据使用要求对机械的工作原理、结构、运动方式、力和能量的传递方式、各个零件的材料和形状尺寸、润滑方法等进行构思、分析和计算，并将其转化为具体的描述以作为制造依据的工作过程。

工业设计是以工学、美学、经济学为基础对工业产品进行的设计。它是 20 世纪初工业化社会的产物，其设计理念从产生之初的"形式随机能"发展到现今的"在合乎各方面市场需求的基础上兼备特色"。

工业产品设计人员的设计构想，应当包括产品的整体外形线条、各种细节特征，还应包括产品的人因工程学。更进一步的工业产品设计会考虑产品的生产流程、材料的自由选择，以及在产品销售中展现出来的产品特色。工业产品设计师必须引领产品开发的过程，提高产品的可用性，使产品更有价值、更低生产成本、更高的产品魅力。

随着科学技术的飞速发展，对产品功能的要求日益增多，复杂性增加，寿命期缩短，更新换代速度加快。因此，产品的设计，尤其是机械产品方案的设计手段必须跟上时代的发展。目前，研究人员对计算机辅助产品的设计绘图、设计计算、加工制造、生产规划已进行了比较广泛和深入的研究，初见成效。2005 年，芝加哥设计高峰会一直在努力阐述这样一个观点，即：设计不是只有外观和风格，而是有着丰富而深刻的内涵，设计人员需要对人、设计组织和自己想要达成的目标有着深刻的理解。例如，我们可以对工业流程和生活方式进行新的设计。2006 年，国际工业设计协会将"工业设计"定义为：工业设计是一种创造性的活动，其目的是为物品、过程、服务及它们在整个生命周期中构成的系统建立起多方面的品质。

工业设计在企业中有着广阔的应用空间。因此，从企业对工业设计的需求层次角度来分析工业设计的内容，对企业更好地运用工业设计来创造更大的价值，有极大的便利。

3.1.2　产品设计

1. 产品设计的定义

产品设计是一个将某种目的或需要转换为具体的物理形式或工具的过程，是把一种计划、规划设想、问题解决的方法通过具体的载体表达出来的创造性的活动过程。在这个过程中，设计人员通过多种元素（如线条、符号、数字、色彩等）组合把产品的形状以平面或立体的形式展现出来。

好的产品设计，不仅能表现出产品功能上的优越性，而且便于制造，生产成本低，从而使产品的综合竞争力得以增强。所以说产品设计是集艺术、文化、历史、工程、材料、经济等各学科的知识于一体的创造性活动，是技术与艺术的完美结合，反映着一个时代的经济、技术和文化水平。

2．产品设计与工业设计的关系

产品设计是工业设计的核心，是企业运用设计的关键环节，它可以将原料的形态改变成更有价值的形态。工业产品设计人员通过对人的生理、心理、生活习惯等一切关于人的自然属性和社会属性的认知，对产品的功能、性能、形式、价格和使用环境进行定位，结合材料、技术、结构、工艺、形态、色彩、表面处理、装饰、成本等因素，从社会、经济、技术的角度进行创意设计，在企业生产管理中，在保证达到设计质量的前提下，使产品既是企业的产品、市场中的商品，又是老百姓的用品，达到顾客需求和企业效益的完美统一。

产品设计是狭义的工业设计，是工业设计的核心。

3.1.3 工业产品设计

工业产品设计是从艺术、美学、工学、经济学的角度出发，对工业产品所进行的设计。因为所有的产品都有造型、色彩搭配、包装等方面的需求，所以说工业产品设计的应用领域其实很广。

工业产品设计可以说是产品设计的一部分。当和那些不涉及技术领域的人交谈时，你甚至可以混用"工业产品设计"和"产品设计"这两个名词。在很多方面，它们都是一样的。因此，也可以说产品设计是工业产品设计的一个子集。当涉及功能开发、技术等方面时，通常需要做产品设计；而不涉及功能开发、技术等方面时，工业产品设计和产品设计做的其实是同一件事情。

3.1.4 工业产品优化设计

工业产品优化设计是对传统的工业产品进行优化、充实和改进的再开发设计。因此，工业产品优化设计应该以考察、分析与认识现有产品为出发原点，对产品的缺点、优点进行客观、全面的分析判断，对产品过去、现在与将来的使用环境与使用条件进行区别分析。

在经济的推动下，市场对于工业产品质量的要求越来越高，传统的设计方法已经不能满足市场需求，不仅过程过于繁杂，而且由于产品设计方式并未完善，有很大可能会导致产品在生产过程中存在新的问题。产品优化技术可以使产品设计方式更加合理，从而确定最佳的设计方案。由此可见，在产品设计中应用产品优化技术，不仅可以提高产品质量，还能够提升产品的设计效率，从而满足市场需求，提高企业的综合竞争力。

工业产品优化设计是对现有产品进行的缺点改良或功能增强，是局部的再设计。设计人员在对工业产品进行优化设计时需要考虑的是，产品的哪些功能需要改良，哪些功能需要增强，产品部件与产品整体的关系如何，产品部件功能的重要程度如何，等等。

随着科学技术的不断发展，相比于传统的产品设计方式，工业产品优化技术在应用过程中更加重视产品设计方法的科学性、产品的性能及设计美感。工业产品优化设计具有前瞻性，例如，在设计初期就对工业产品在设计生产过程中可能出现的问题进行事前分析，从而避免在生产过程中发生隐患。工业产品优化设计具有创新性，例如，在工业产品优化设计过程中，不仅要对产品的静态属性加以考虑，同时还要分析外界因素是否会给产品带来影响。工业产品优化设计具有信息化的特点，例如，可以在工业产品设计的过程中结合先进的计算机技术，使设计过程更加合理、严谨，从而提高产品质量与性能。随着科技的不断发展，工业产品设计过程将会越来越多地加入优化的理论、方法。

3.2 工业产品设计常见的理论和方法

3.2.1 通用设计理论与方法

20 世纪 60 年代以后，"系统科学"的概念和方法的应用快速带动和影响了人们对设计学的研究，使得设计从艺术的范畴转向科学的范畴。国内外许多学者和专家都致力于对设计模式的研究，即着重于设计的过程、步骤和规律，并对设计过程进行系统化的逻辑分析，研究设计人员如何进行设计。不同的国家形成了不同的研究体系和独特风格，其中典型的理论与方法有以下四种。

1. 公理设计理论

20世纪70年代中期，美国麻省理工学院的Nampsuh教授指出，在设计学中存在着若干个如力学中的牛顿定律一样的公理，它们控制着设计活动的诸多方面，遵循这些公理和由之产生的定理和推理，在设计中就可以理性地思维并导向正确的结果。由此，他首次提出了"公理设计理论"。在公理设计理论中，设计世界包含四个域：用户域、功能域、物理域和过程域，如图3.1所示。在域与域之间的映射过程中可以在数学上用定义设计目标和设计解的特征向量表示。早期，设计公理有七条，推论有八条。之后，Nampsuh教授将七条设计公理简化为两条基本公理，即独立性公理和信息公理。2001年，Nampsuh教授对公理设计理论又做了进一步的完善。

公理设计理论中的设计公理及其推论使得原先从经验甚至直觉发展而来的设计准则有了科学的依据，从而为产品设计提供了科学基础和原理指导。目前，公理设计理论的研究、扩展和应用得到了大学、研究机构和工业界的广泛关注和重视。国内学者也开始关注和探讨公理设计理论及其工程应用。

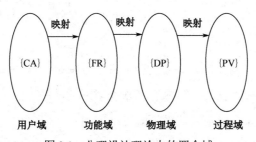

图3.1 公理设计理论中的四个域

随着国内外学者对产品概念设计方法研究的深入，公理设计理论作为设计界的科学准则逐渐成为产品概念设计方法研究的热点，可用于指导产品概念设计人员在设计过程中以系统的设计框架、准确的设计思维及高效的决策方法进行产品概念的创新设计或改进。公理设计理论的一般设计流程如图3.2所示，简单介绍如下。

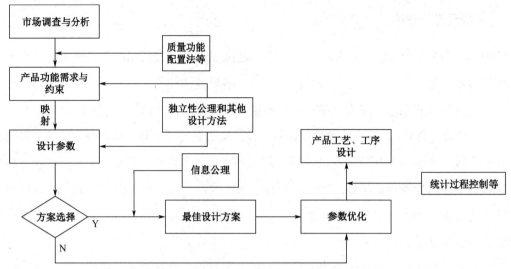

图 3.2　公理设计理论的一般设计流程

（1）目标市场需求信息的获取：通过对目标市场的顾客需求信息进行调研、收集、研究、分析和预测，了解顾客特别关注和真实的需求信息，采集顾客关注的相关产品需求数据信息，并将顾客需求转化成相对应的产品设计要求信息，完成对目标市场需求信息的获取及分析。

（2）以顾客需求为参考，将其转化为产品的设计要求，即将用户对产品的需求转化成相对应的功能要求和约束，以确定与顾客需求相对应的产品功能需求和有待解决的问题，并映射成具体的设计目标，确定后期设计的目标方向。

（3）运用独立性公理与其他定理和推论，分析设计方程及调整设计参数，以解决相关问题，得出可能的设计方案。

（4）通过信息公理挑选出信息量较小的方案，为后续的产品工艺与工序设计做准备。

（5）在确定了最佳设计方案以后，进行产品工艺、工序设计，即实现设计参数与工艺变量之间的映射过程。

2. 普适设计方法

普适设计方法于 20 世纪 70 年代由德国学者 Pahl 和 Beitz 提出，他们通过总结优秀设计过程的经验，以系统理论为基础制定了设计的一般模式，即普适设计方法。该理论建立了设计书在每一个设计阶段的工作计划，这些计划包括策略、规则、原理，从而形成了一个完整的设计过程模型。一个特定的设计可完全按过程模型进行，也可选择进行模型其中的一部分。德国工程师协会在普适设计方法的基础上，制定出标准 VDI 2221 "技术系统和产品开放方法"，其设计流程见图 3.3。

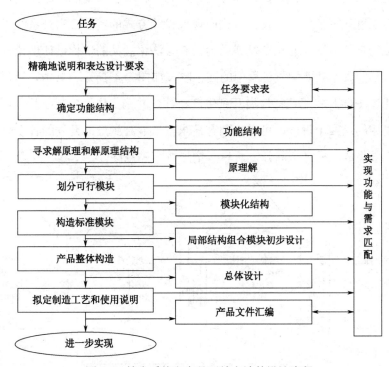

图 3.3　技术系统和产品开放方法的设计流程

普适设计方法在德国得到了发展和完善，为德国的工业发展做出了很大的贡献。

普适设计原则：①公平使用。产品的设计应满足让所有人都能使用这一产品的条件；②灵活使用。设计要迎合广泛的个人喜好；③简单而直观。设计出来的使用方法是容易理解的，而不会受使用者的经验、知识、语言能力及当前的集中程度所影响；④能感觉到的信息。无论四周的情况或使用者是否有感官上的缺陷，都应该把必要的信息传递给使用者；⑤容错能力。设计应该让误操作或意外动作所造成的反面结果或危险的影响降低到最小；⑥尽可能地减少体力上的付出。设计应该尽可能地让使用者有效地、舒适地使用产品；⑦提供足够的空间和尺寸。

3. 质量功能配置方法

日本学者Mizuno和Akao于1966年首次提出了质量功能配置（Quality Function Deployment，QFD）的概念。20世纪80年代后，这一概念传入美国，在并行工程中应用且获得成功，其应用面及重要意义大大地得到扩展和提高。作为一种顾客驱动的产品系统设计方法与工具，质量功能配置代表了从传统设计方式向现代设计方式的转变，它是系统工程理念在产品设计过程中的具体运用，并正在发展成为具有方法论意义的现代设计理论，成为现代设计方法论的典范。质量功能配置过程中的四个阶段如图3.4所示。其中，可以利用HOQ_3规划结果；通过HOQ_4将工艺特性展开到生产特性，并确定质量控制参数。可见，通过质量功能配置过程的这四个阶段，可以将顾客需求依次展开到产品开发的各个阶段，实现技术与市场的有效集成，提高产品开发质量，增加顾客满意度。

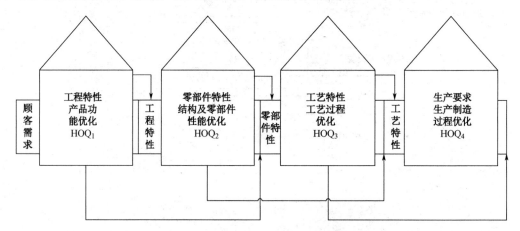

图3.4 质量功能配置过程中的四个阶段

"质量屋"是质量功能配置（QFD）的核心。质量屋是一种确定顾客需求和相应产品或服务性能之间联系的图示方法。为了优化质量屋，科学地确定质量屋各部分信息工程特性的目标值，Wasswermannu最先将优化方法引入质量屋的决策过程，提出了线性规划模型。H.Moskowitz和K.J.Kim考虑到用户需求与工程特性之间的相关性，提出了一个基于质量功能配置的决策模型。该质量屋的特点是通过质量屋中所包含的相关信息，确定顾客需求与工程特性之间的关联函数，以及工程特性之间的自相关函数。质量功能配置受到国内外学者的广泛关注，其理论体系逐渐趋于完善。目前，许多学者将环境、成本的因素加入传统的质量屋中，进一步提高了它的设计科学性与完整性。

一般来说，顾客需求是质量功能配置最基本的输入，获取顾客需求是应用质量功能配置的重中之重，同时也是在实施过程中最为困难的一个环节。质量功能配置通过各种手段获得顾客需求，然后对其进行整理、归纳和剖析，并通过特定的方式展现出来，接着通过质量屋矩阵把顾客需求转变成产品研发生产的各个过程中的要求。这样，质量功能配置便从顾客需求开始，经过四个阶段，用产品规划矩阵、工艺规划矩阵、零件配置矩阵和工艺、质量控制矩阵（也称为"四步分解"），把顾客需求融入产品研发生产的整个过程中。

1）确定顾客需求

企业中的市场调查人员对顾客进行合理的选择后，通过各种途径获得顾客对产品的期望与要求，然后对得到的信息进行归纳、整理及分析，获得较为完整的顾客需求及需求比重。需要注意的是，调查的全面性及真实性，必须避免主观臆断。

2）做好产品规划质量屋

在获得了顾客的需求后，建立产品规划质量屋，把顾客的需求转变为产品研发生产过程中的要求，并且依据顾客需求对这些要求进行竞争性评价，获得最终的技术要求。质量功能配置在具体的产品规划过程中完成下列任务。

（1）确保将消费者需求准确地转变为生产过程中的技术要求；

（2）确定顾客需求和技术需求之间的关系及其程度；

（3）站在顾客的角度并从技术的角度对市场上同类产品进行深层次的评估；

（4）了解并明确所有技术要求之间存在的制约关系；

（5）明确每个技术要求存在的目标值。

3）确定产品设计方案

根据以上两点得到的结果先对产品进行一个大概的设计，然后在所有的设计方案中选出一个最优质的方案。这一过程主要是由企业中的设计部门完成的。需要明确的是，在产品研发生产的整个过程中，企业的各个部门都要积极参与，部门之间要进行良好沟通。

4）零件配置

根据最终选择的设计方案中的技术要求，对那些影响产品组成的零部件及子系统进行选择，并且采取失效模式与 FMEA（潜在的失效模式及后果分析）对故障问题和质量问题进行分析检测，以采取一定的预防措施来确保产品的质量。

5）零件设计及工艺过程设计

经过以上几个过程，产品的初步设计已经完成，下一步需要对产品进行详细设计并完成产品中零部件的设计。选择最适合的工艺实施，把产品工艺过程的设计进行终结。

6）工艺规划

工艺规划是指通过产品规划矩阵，明确得到关键的工艺步骤及特征，保证其按照规划进行。简单地说就是，从产品设计生产环节中选择并确定关键步骤，确保其关键程序。

7）工艺/质量控制

企业相关人员通过质量控制矩阵把得到的工序及相关参数要求转变为具体的质量控制，这当中涉及多种方法，如检验方法等。

4. 产品 7D 设计总体规划理论

2003 年，东北大学的闻邦椿教授对目前众多的设计方法进行了归纳与分类。他指出这些设计方法可以从不同的角度来满足用户对产品广义质量的要求，但是在产品设计中全面采用这些设计方法是不现实的。据此，他选择了对产品广义质量有重要影响的少数几种方法进行设计，提出了一种面向产品广义质量的动态优化、智能优化和可视优化（简称"三化"）的现代机械综合设计法，继而在现代机械综合设计法的基础上提出了 1+3+x 综合设计法。其中，1 是功能优化设计，3 是前面所说的"三化"设计，x 是根据机器的特点和要求所采用的其他设计方法。现代机械综合设计法可以在较大范围内，考虑设计中应该考虑的产品综合质量问题。2007 年，闻邦椿在 1+3+x 综合设计法的基础上，提出了基于系统工程的产品 7D 设计总体规划理论，建立了 7D 总体规划模型（见图 3.5），从设计思想、设计环境、设计过程、设计目标、设计内容、设计方法、质量检验七个方面对产品设计的三个阶段（规划阶段、实施阶段、检验阶段）进行系统规划。

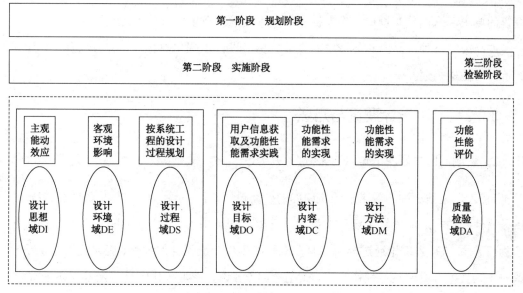

图 3.5　7D 总体规划模型

　　产品 7D 设计总体规划理论旨在克服以往设计的弊病，以满足产品的质量、性能、时间、成本、价格和综合经济效益最优，以计算机辅助设计为主体，以知识为依托，以多种科学方法及技术为手段，从系统工程的角度对设计进行全局把握。

　　产品 7D 设计总体规划理论的具体内容为：①明确设计思想。在科学发展观和自主创新思想指导下完成产品设计工作。②考虑设计环境。如政治、经济、人文环境、技术环境，法律环境、生态环境、资金环境等要求。③拟订设计步骤。对整个设计过程和步骤做全面安排。④确定设计目标。以面向产品的广义质量和实现产品功能和性能的最优化为目标。⑤规划设计内容。采用面向产品功能和结构性能、工作性能和工艺性能三大性能的功能优化设计、动态优化设计、智能优化设计和可视优化设计等。⑥选择设计方法。如动态优化设计法、可视优化设计法、数字化设计法等。⑦检验设计质量。建立产品质量的可靠性评估体系，采用模糊评价法、价值工程评价法等对产品设计质量进行评优，克服产品设计工作中的随意性和片面性，进而提高产品的设计质量，使产品的设计质量得到有效保证。

　　产品设计工作应该贯彻科学发展观和自主创新的指导思想，同时必须对设计的政治、经济、人文、法律、技术、生态及社会环境进行全面考虑，应该符合国家方针、政策和制度等的要求，这也是对设计工作者提出的基本要求。在上述条件下，设计工作者可根据某一类产品或某一种产品的具体情况对设计目标、设计步骤和内容、设计方法及设计质量的评价方法做出规划。

3.2.2　专用设计理论与方法

1. 发明问题的解决理论（TRIZ 理论）

TRIZ 理论是一种高效求解矛盾问题的创新设计方法，能够从不同知识领域为设计人提供矛盾问题的一般原理解。设计人员利用 TRIZ 理论中的分析工具和知识库求解技术矛盾和物理矛盾。TRIZ 理论通过分析工具和知识库提供一般设计原理解，但是没有提供将原理解转化为技术方案的具体变换操作，并且 TRIZ 理论无法形式化定性、定量表述矛盾。

TRIZ 理论主要包含以下五个方面的内容。

（1）产品进化理论：它的主要内容由八个进化法则构成，主要研究内容为通过利用特定的规律对技术系统的进化展开研究。

（2）矛盾解决原理：TRIZ 理论将冲突问题分为技术矛盾和物理矛盾。技术矛盾指两个不同的参数之间出现了不可调和的状态，由矛盾矩阵解决问题。物理矛盾指同一参数需求表现出不同的特性，TRIZ 理论对此给出了四个分离方法以进行物理冲突问题解决。

（3）"物质一场"分析：对需求的设计任务中，将任一确定的功能通过"物质一场"分析模型进行描述，该模型包含两个物质（M1、M2）与一个场（F）三个基本元素。M1 通过场 F 作用于 M2，形成一个功能，通过此模型可对功能进行分析，确认是否存在设计问题，可通过 76 个标准解对其进行处理。

（4）发明问题解决算法（ARIZ 算法）：将 TRIZ 理论中的所有工具进行综合利用，构建模式化的设计过程，是 TRIZ 理论完整的算法。

（5）效应知识库：主要是用来将满足特定功能需求的设计解决方案储存在特定的地方，方便设计人员进行搜索、类比。这与基于概念设计开发的功能数据库一致，都是为了帮助设计人员在研究的早期阶段进行功能、结构的确定及选用替代品。但关键问题是，必须先开发一个大型知识库。TRIZ 理论结构体系如图 3.6 所示。

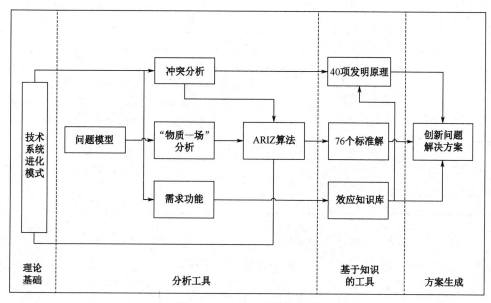

图 3.6 TRIZ 理论结构体系

在基于 TRIZ 理论的概念设计过程中应对出现的冲突进行解决，产生无冲突的设计方案，具体包含以下核心内容。

（1）39 个通用工程参数。TRIZ 理论对于技术冲突的描述提供了 38 个通用工程参数（见表 3.1），利用这 39 个通用工程参数描述工程中出现的所有技术内容。设计人员需要将自己设计的产品中的问题参数进行抽象化描述。

表 3.1 39 个通用工程参数

序号	参数名称	序号	参数名称
1	运动物体的质量	12	形状
2	静止物体的质量	13	稳定性
3	运动物体的尺寸	14	强度
4	静止物体的尺寸	15	运动物体的作用时间
5	运动物体的面积	16	静止物体的作用时间
6	静止物体的面积	17	温度
7	运动物体的体积	18	照度
8	静止物体的体积	19	运动物体的能量消耗
9	速度	20	静止物体的能量消耗
10	力	21	功率
11	应力·压强	22	能量损失

续表

序号	参数名称	序号	参数名称
22	物质损失	31	可制造性
23	信息损失	32	操作流程的方便性
24	时间损失	33	可维修性
25	物质的量	34	适应性、通用性
26	可靠性	35	系统的复杂性
27	测量精度	36	控制与测量的复杂性
28	制造精度	37	自动化程度
29	作用于物体的有害因素	38	生产率
30	物质产生的有害因素		

② 40 项发明原理。Genrich Altshullerr 提出了 40 项发明原理（见表 3.2），用以解决技术冲突问题。经实例验证，这些原理对于设计人员进行发明创造具有较强的指导作用。

表 3.2　40 项发明原理

序号	原理名称	序号	原理名称
1	分割	21	快速通过，减少有害作用的时间
2	抽取（提取·找回·移走）	22	变害为利
3	局部质量	23	引入反馈
4	增加非对称性	24	借助中介物
5	合并·组合	25	自服务
6	普通性·多用性	26	用复制（品）（虚拟物体）
7	用嵌套（俄罗斯套娃）	27	一次性用品（廉价替代品）
8	用配重（质量补偿）	28	替代机械系统
9	预先反作用	29	用气动或液压结构（替代固体部分）
10	预先作用	30	用柔性壳体或薄膜
11	预先应急措施（防范）	31	用多孔材料
12	利用等势	32	改变颜色
13	反过来做（反向作用）	33	使同质性、匀质性
14	曲面化	34	使抛弃或再生部件
15	动态化（或各部分可改变相对位置）	35	改变特征（物理或化学参数改变）
16	部分或超额行动	36	状态转变（物质相变）
17	转变到新空间维度	37	热膨胀
18	机械振动	38	加速氧化（强氧 L 剂）
19	用周期性的行动（作用·脉冲）替代	39	用惰性环境或真空环境替代
20	（保持）有效动作（作用）的连续性	40	用复合材料替代

设计人员首先需要确认改善的工程参数和恶化的过程参数，然后通过下拉清单进行对应参数的选择，即可依对应的发明原理进行分析求解。

2. 大批量定制设计技术

Tseng 提出了大批量定制设计技术的概念，即基于并行流程且针对产品族进行设计工作，以有效满足客户的需求。该设计方法重点关注工程设计的前期阶段，在进行整体概念设计时要考虑设计范围及批量的经济性，重点在于针对产品族结构进行面向产品族的设计，并且需要有效获取用户的个性化需求。大批量定制设计技术将设计过程有效扩展至面向产品全过程的集成设计，通过在产品设计过程中增加标准零件、模块和易定制的零部件所占比例，以提高设计效率并有效降低成本。浙江大学的谭建荣面向国家重大需求，结合国产重要装备和国内企业的特点，提出了多品种大批量定制设计技术、多性能数字化样机设计技术和多参数分析与匹配设计技术，形成了信息化的数字化设计制造系统，实现了大批量定制的高效率低成本设计制造。为解决设计个性化与低成本之间的矛盾提供了技术支撑。

大批量定制基于相似性、重用性及全局性三个原理，通过产品重组、过程重组等手段，减少产品在企业内部客户不可感知的多样性，增加产品在企业外部客户可感知的多样性，将定制产品的生产尽可能地转化为批量生产。保留大批量生产的低成本、高质量、快速等优点，提供个性化产品及服务，从而满足客户的定制需求。其总目标是低成本、高质量、快速地满足客户的个性化需求。

1）相似性原理

在工程系统、生命系统、生态系统、自然系统等社会科学和自然科学领域的各种系统中，存在着大量的相似性。产品本身及其生产过程中也存在着大量相似的信息和活动，如需求相似性、功能相似性、产品相似性、过程相似性等（见图3.7）。通过分析、归纳方法，将不同产品及其生产活动过程之间存在的相似性进行分类、归纳，形成标准或者通用的零部件模块、产品结构和事物的处理过程，为之后的重用提供基础。对于各种产品和各种过程，应识别其中存在的大量相似性并尽可能地加以利用。

2）重用性原理

通过标准化、模块化、系列化等手段，对定制产品、定制服务在零部件及生产过程中存在的重复单元进行充分识别、归纳并加以利用，对定制产品的产品结构及其生产过程进行重组，将定制生产方式转变成批量生产方式，充分利用零部件的附加价值，从而保留了大批量制造的成本、质量、速度优点，并克服了其产品单一化的缺点。大批量定制技术中的零部件重用性还包括零部件回收再制造过程中附加价值的重用。零件的附加价值是指零件从原材料到成品的生产过程中所消耗的能源、设备及劳动力等成本。工业产品尤其是高复杂度、高精密度的金属零件，附加价值占零件成本的90%以上，如果直接采用回炉冶炼等再循环方法，不仅浪费了零件的附加价值，还需要消耗额外的能源、设备及劳动力来使零件变为原材料。

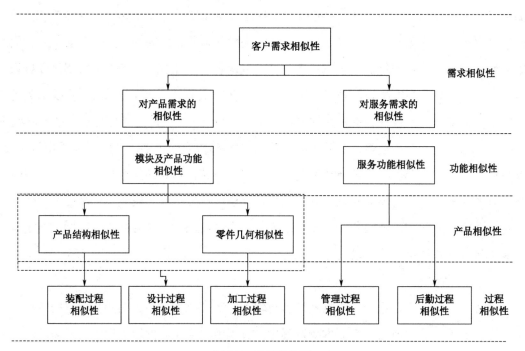

图 3.7　相似性分析

3）全局性原理

大批量定制的目标是降低企业各种生产活动的成本，提高生产效率。因此，不能仅着眼于生产活动中的某个环节、部门、时间点和产品，而是要用总成本的思想，从产品价值链各个环节的整体考虑，以降低企业的总成本。

3. 协同设计

协同设计是指为了完成某一设计目标，由两个或两个以上设计主体（专家），通过一定的信息交换和相互协同机制，分别从不同的设计任务出发共同完成这一设计目标。协同设计是先进制造技术中并行工程运行模式的核心。并行工程要求在产品的设计初始阶段便尽量评估产品生命周期等因素的影响，对产品设计进行多方面评价，以优化产品性能，尽量消除产品的隐患。为了提高设计效率与质量，客观上需要各部门专家有效协同地工作。

协同设计是一种新兴的产品设计方式。在该方式下，分布在不同地点的产品设计人员及每一个用户都能感觉到其他用户的存在，并与他们进行不同程度的交互。协同设计的特点在于产品设计由分布在不同地点的产品设计人员协同完成。不同地点的调用则是通过网络进行设计方案的讨论、设计结果的检查与修改，使产品设计工作能够跨越时空进行。上述特点使协同设计能够较大幅度地缩短产品设计周期，降低产品开发成本，利用常用的形式来构造个性化产品。

协同设计的支撑技术：①网络技术；②CAD 与多媒体技术；③网络数据库技术；④异地协同工作技术；⑤标准化技术。

协同设计的过程具有以下五个特点。

1）分布性

参加协同设计的人员可能属于同一个企业，也可能属于不同的企业。同一企业内部不同的部门可能又在不同的地点，所以协同设计须在计算机网络的支持下分布进行，这是协同设计的基本特点。

2）交互性

在协同设计中，人员之间经常进行交互，交互方式可能是实时的，如协同造型、协同标注；也可能是异步的，如文档的设计变更流程。开发人员须根据需要采用不同的交互方式。

3）动态性

在整个协同设计过程中，产品开发的速度、工作人员的任务安排、设备状况等都在发生变化。为了使协同设计能够顺利进行，产品开发人员需要方便地获取各方面的动态信息。

4）协作性与冲突性

由于设计任务之间存在相互制约的关系，为了使设计的过程和结果一致，各个子任务之间须进行密切的协作。另外，由于协同的过程是群体参与的过程，不同的人会有不同的意见，合作过程中的冲突不可避免，因而须进行冲突消解。

5）活动多样性

协同设计中的活动是多种多样的，除方案设计、详细设计、产品造型、零件工艺、数控编程等设计活动外，还有促进设计整体顺利进行的项目管理、任务规划、冲突消解等活动。协同设计就是这些活动组成的有机整体。

除上述特点外，协同设计还有产品开发人员使用的计算机软硬件的异构性、产品数据的复杂性等特点。对协同设计的特点进行分析，有助于为建立合理的协同设计环境体系结构提供参考。

4. 模块化设计

模块化设计是指在对一定范围内的不同功能或相同功能的不同性能、不同规格的产品进行功能分析的基础上，将产品划分为有机联系的功能模块。基于功能模块的有效组合，形成针对个性化的顾客需求的产品，从而满足市场的产品需求。将产品绿色设计思想和模块化设计方法进行有效的结合，能够同时符合产品的环境、功能需求。通过将两者结合并应用到产品设计中，能够有效缩短产品开发周期，提升产品质量，以应对急速变化的市场环境，此外也可以提高产品的环境友好性。

所谓的模块化设计，简单地说就是将产品的某些要素组合在一起，构成一个具有特定功能的子系统，将这个子系统作为通用性的模块与其他产品要素进行多种组合，构成新的系统，产生多种不同功能或相同功能、不同性能的系列产品。模块化设计是绿色设计方法之一，它已经从理念转变为较成熟的设计方法。将绿色设计思想与模块化设计方法结合起来，可以同时满足产品的功能属性和环境属性。一方面，可以缩短产品研发与制造周期，增加产品系列，提高产品质量，快速应对市场变化；另一方面，可以减少或消除对环境的不利影响，方便重用、升级、维修和产品废弃后的拆卸、回收和处理。

1）模块化设计的特征

（1）独立性，可以对模块单独进行设计、制造、调试、修改和存储，这便于不同的专业化企业分别进行生产。

（2）互换性，模块接口部位的结构、尺寸和参数标准化，容易实现模块之间的互换，从而使模块满足更大数量的不同产品的需要。

③ 通用性，有利于实现横系列、纵系列产品之间模块的通用。

2）模块化设计的优点

（1）对企业产品研发的贡献。

由于模块化推进了创新的速度，使得企业领导者对竞争者的举动做出反应的时间大大缩短。作为一条规则，管理者不得不更加适应产品设计上的各种发展，仅仅了解直接竞争厂商的竞争战略是远远不够的，这个产品的其他模块的创新及行业内部易变的联盟都有可能招致激烈的竞争。模块是产品知识的载体，模块的重用就是设计知识的重用，大量利用已有的经过试验、生产和市场验证的模块，可以降低设计风险，提高产品的可靠性和设计质量。模块功能的独立性和接口的一致性，使得模块研究更加专业化和深入，可以不断通过升级自身性能来提高产品的整体性能和可靠性，而不会影响到产品的其他模块。模块功能的独立性和接口的一致性，使各个模块可以相对独立地进行设计和发展，可以进行并行设计、开发和并行试验、验证。模块的不同组合能满足用户的多样性需求，易于产品的配置和变形设计，同时又能保证这种配置变形可以满足企业批量化生产的需求。

（2）对企业工作效率和成本控制的贡献。

设计和零部件的重用可以大大缩短设计周期；并行的产品开发和测试可以大大缩短设计周期；利用已有成熟模块可以大大缩短采购周期、物流周期和生产制造周期，从而加快产品上市进度；如果划分模块时考虑到企业售后服务的特定需求，同样可以缩短服务周期和耗费资源时间。模块和知识的重用可以大大降低产品设计成本；采用成熟的经过验证的模块，可以提高采购批量，降低采购和物流成本，大大减少由于新产品的投产对生产系统调整的频率，使新产品更容易生产制造，降低生产制造成本；产品平台及平台之间存在大量的互换模块，可以降低售后服务成本。

（3）对企业组织的贡献。

模块化有利于企业研发团队分工，规范不同团队之间的信息接口，进行更为深入的专业化研究和不同模块系统的并行开发；抽象平台和模块的建立，可以实现企业组织结构与产品模块结构之间的交互，使得并行工程拥有实施的根基，工艺、财务、采购和售后服务可以在产品研发早期就介入产品研发项目；标准规范的模块接口有利于形成产品的供应商规范，有利于产业分工的细化。

5．可靠性设计

可靠性设计的基本任务是在故障物理学研究的基础上，结合可靠性试验及故障数据的统计分析，提供实际计算的数学力学模型、方法及实践。把传统设计中涉及的变量均当作随机变量来处理，用概率统计方法进行设计计算，得出更符合实际的设计结果。可靠性设计过程包含方案的设计、对比和评价，有时也包含可靠性试验、研发过程质量控制设计和采用维护规程的设计等工作。东北大学的张义民等基于现代数学力学理论，提出了广义随机有限元法及广义随机摄动法等方法，在此基础上，还提出了机械产品可靠性设计、动态可靠性设计、可靠性优化设计、可靠性灵敏度设计及可靠性稳健设计方法，并开发了用于进行可靠性设计的软件程序库，以提高可靠性分析的效率。

可靠性设计是可靠性工程的重要组成部分，是实现产品固有可靠性要求的最关键环节，是在可靠性分析的基础上通过制定和贯彻可靠性设计准则来实现的。

可靠性设计起源于 20 世纪 40 年代，源于军工电子设备。在 20 世纪六七十年代，随着航空航天事业的发展，可靠性问题的研究取得了长足的进展，引起了国际社会的普遍重视。进入 20 世纪 80 年代后，美国开始把可靠性工作放在与产品性能、成本和开发周期同等重要的位置，并颁布一系列管理措施，推动可靠性技术的研究与应用。日本进一步发展了可靠性技术，在民用电子产品的高可靠性方面取得了世界领先的地位。当前，以可靠性为核心的全面质量管理和质量可靠性保证，正在取代传统意义上以功能为核心的质量工程，产品设计也由单一追求功能的设计，转变为使综合质量与成本费用在全寿命周期内达到平衡优化的设计。可靠性设计包括方案的设计、对比与评价，必要时也包括可靠性试验、生产制造中的质量控制设计及使用维护规程的设计等。目前，进行可靠性设计的基本内容大致有以下四个方面：①根据产品的设计要求，确定所采用的可靠性指标及其量值；②进行可靠性预测；③对可靠性指标进行合理的分配；④把规定的可靠性指标分配到各个零件中。

在可靠性设计过程中应遵循以下五大原则。

（1）可靠性设计应有明确的可靠性指标和可靠性评估方案。

（2）可靠性设计必须贯穿于功能设计的各个环节，在满足基本功能的同时，要全面考虑影响可靠性的各种因素。

（3）应针对故障模式（即系统、部件、元器件故障或失效的表现形式）进行设计，最大限度地消除或控制产品在寿命周期内可能出现的故障（失效）模式。

（4）在设计时，应在继承以往成功经验的基础上，积极采用先进的设计原理和可靠性设计技术。但在采用新技术、新型元器件、新工艺、新材料之前，必须经过试验，并严格论证其对可靠性的影响。

（5）在进行产品可靠性的设计时，应对产品的性能、可靠性、费用、时间等各方面因素进行权衡，以便做出最佳设计方案。

6．概念设计

自 Palh 与 Beitz 于 1984 年在他们所著的 *Engineering Design* 一书中提出"概念设计"这一名词以来，人们对概念设计的研究已有几十年的时间。他们将"概念设计"定义为：在确定任务之后，对其进行抽象化，拟定功能结构，寻求适当的作用原理及其组合等，确定基本求解途径，得出求解方案的设计工作。

在产品设计过程中，概念设计阶段处于产品设计的前期，该阶段的设计自由度是整个产品设计过程中最大的，该阶段不仅对设计师没有太多约束，而且对设计师知识积累的要求也较低，如图 3.8 所示。因此，概念设计阶段存在巨大的机会，可利用的信息比较多，可以较为自由地生成各种方案或概念，对决策的影响较小，如图 3.9 所示。创新机会包括提出全新的产品概念和对现有产品的改进两种。机会发现是一种人机交互的过程，用来发现稀有但重要的机会以做出决策。这里，机会是指在产品设计的特定环境下任何能够产生经济价值的想法，它可以是一个对产品最初的描述、一种新的需求或新的技术，抑或是一个初步需求与可能解决方案的联系。需要注意的是，该定义中强调经济价值的概念，因为一个发明创造只有实现其潜在的经济价值时它才能称为创新。创新设计本质是要创造出更具有价值的新产品或新服务，并与已有产品或服务存在显著性差异，因此创新被认为是概念设计的灵魂。信息是设计人员决策的基础，图3.9表明随着设计变得越来越详细，信息量也随之增加，因此设计过程中的上游阶段做出的每个决策对下游阶段都会产生重大的影响。

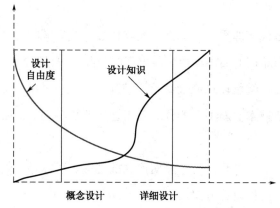

图3.8　设计自由度、设计知识与设计阶段的关系曲线

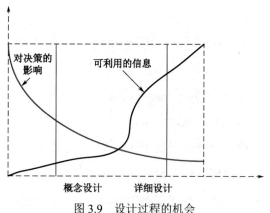

图3.9　设计过程的机会

7. 优化设计

优化设计是从多种方案中选择最佳方案的一种设计方法。它以数学中的最优化理论为基础，以计算机为手段，根据设计人员所追求的性能目标建立目标函数，在满足各种约束

条件的情况下，寻求最优的设计方案。实际上，设计问题一般都可以转化为数学模型，模型中的三个基本要素是设计变量、约束条件和目标函数。优化设计就是在满足一定约束条件的情况下，找出一组设计变量，使目标函数达到极值（极大或极小）。该组设计变量所代表的设计参数就是最优设计方案。优化设计的核心问题是建立数学模型——目标函数和约束函数。目标函数一般是由一些以设计变量来表达的各目标性能，按各自的重要性加权后的和式；约束函数则是限制设计变量的取值范围和描述设计变量之间关系的函数式。实际优化设计问题多是多元非线性函数求极值问题。高等数学中经典的无条件极值问题和条件极值问题是解无约束优化问题和约束优化问题的理论基础。

对于非线性多元目标函数（或约束函数），常采用在极值点附近以泰勒展开公式得到二次项的多项式来逼近，这可使复杂的优化问题得到简化。无约束优化问题中，如果目标函数是一元函数，可用一维搜索的分数法、0.618 法、二次插值法和三次插值法等求解最优结果。如果目标函数是多元函数，其优化方法有两大类：①解析法（间接法）：如梯度法、牛顿法、变尺度法和共轭梯度法等；②直接法：如坐标轮换法、模式搜索法、方向加速法和单纯形法等。约束优化问题中，随函数中设计变量的方次不同，有线性和非线性之分，分别以线性规划和非线性规划方法来解决。近二三十年来，数学规划还发展起来几何规划和动态规划两个分支。几何规划用来处理目标函数；动态规划则用于与时间历程有关的问题的优化设计。

优化设计有传统优化设计和广义优化设计之分。传统优化设计在 20 世纪 60 年代迅速发展起来，在国内已经推广了 20 年，它是最优化技术和计算机技术在计算领域中应用的结果，目前已有若干套较先进的通用优化软件。传统优化设计适用于简单零部件，往往只侧重于某种或一方面性能的优化，且局限于产品技术设计阶段。广义优化设计思想是在 20 世纪 80 年代提出来的，那时人们认识到优化应贯穿设计的全过程，应将人工智能技术融入传统的优化方法中，但由于优化和计算机软硬件技术水平的限制，广义优化设计的一些启蒙思想在当时只能作为一种理想被提出来，其后提出的一些广义优化设计思想分别侧重于某些局部，如在传统优化基础上扩充了方案优化和试验优化思想，强调智能建模和智能寻优等。

冯培恩在其研究中系统回顾和总结了优化设计包括人类智能优化、数学规划方法优化、工程优化和人工智能优化四个阶段的发展过程，提出机械产品广义优化设计进程，包括功能优化、方案设计优化、技术设计优化和结果分析评价等环节，体现了面向产品全系统、全过程和全性能优化、人类智能优化与人工智能优化密切结合的广义优化设计特色。2000年，他在文献中明确了广义优化的优化对象、优化准则、优化范围、优化类型、优化建模、搜索策略、优化过程、研究重点及支撑软件，确立了机械广义优化设计的理论框架。

机械广义优化设计的一般步骤：

（1）明确设计变量、目标函数和约束条件，建立优化设计数学模型；

（2）选择合适的优化方法及计算程序；

（3）编写主程序和函数子程序，上机寻优计算，求得最优解；

（4）对优化结果进行分析。

求得优化结果后，应对其进行分析、比较，看其结果是否符合实际，是否满足设计要求，是否合理，再决定是否采用。在以上步骤中，建立优化设计数学模型是首要的和关键的一步，是取得正确结果的前提。优化方法的选择取决于数学模型的特点，如优化问题规模的大小、目标函数和约束函数的形态及计算精度等。在比较各种可供选用的优化方法时，需要考虑的一个重要因素是计算机执行这些程序所花费的时间和费用，即计算效率。正确地选择优化方法，至今还没有一定的原则。因为已经有很多成熟的优化方法程序可供选择，所以让使用者编写计算机程序已经没有必要了。

8. 动态设计

动态设计是指机械结构和机械系统的动态性能在图纸设计阶段就得到充分考虑，整个设计过程实质上是运用动态分析技术，借助计算机分析、计算机辅助设计和仿真来实现的，以达到缩短设计周期、提高设计效率和设计水平的目的。动态设计的大体过程是：首先，对满足工作性能要求的产品初步设计图样，或对需要改进的产品结构实物进行动力学建模，并做动态特性分析；其次，根据工程实际情况，给出其动态特性的要求或预定的动态设计目标；最后，按结构动态力学的"正""逆"问题求解其结构设计参数或进行结构修改。这种修改需要反复多次进行，直到满足机械结构系统动态特性的设计要求，即设计出满意的机械产品。近年来，国内外科技工作者将非线性动力学理论与方法应用到动态设计中，研究系统的非稳态、非线性、强耦合、高维、多参数等问题，使动态设计向深层次发展。

1）动态设计技术关键

目前，主要采用有限元法（FEM）对结构进行动力学理论建模并做动态特性分析，该方法已有很大的发展，且具有很多有限元软件可供使用，它们被广泛应用于机床、汽车和船舶等机械结构的动力学分析中。机械结构是由许多零部件通过各种方式连接而成的，正确识别各零部件之间结合部的动力学参数，是进一步完善动力学分析和动态设计方法的重要条件。系统阻尼矩阵的确定也会影响动力学模型的精度，进而影响系统动态特性的准确求解。

建立一个与实际相符的机械系统动力学模型，是进行结构动态优化设计的前提条件；选择合适且有效的动态设计方法，是机械系统通过动态设计以达到动态特性要求的重要保证。结构动态设计可分为逆问题和正问题两大类方法。逆问题方法，即用机械系统准确的动态特性要求直接求解结构的设计变量，使系统满足设计要求；正问题方法，即分析各设计参数与动态特性之间的关系，通过对设计参数的修改及结构重分析，使结构的动态特性达到最优。

对于逆问题方法，应用数学领域中的矩阵的逆特征值问题近些年已有很大发展，且许多方法已经应用于结构动态设计中。然而，很多方法获得的优化结果并不是结构的设计变量而是质量和刚度矩阵。实际产品设计中，通过改变结构的设计参数来使质量和刚度矩阵达到预定的值是不可能的。机械产品设计过程中，除有动态性能要求外，还有静态性能及轻质量等要求，这就需要将特征值逆问题与传统的结构静态优化技术结合起来，从而实现一个完整的结构动态设计。怎样将结构设计变量作为优化变量，实现结构动力学逆问题的直接求解，便成为结构动态设计中的关键问题之一。

对于正问题方法，结构动态设计是一个渐进的设计过程，可对结构设计参数进行不断的修改和结构重分析，以满足机械产品动态特性要求。对机械产品进行动态特性分析，判断其是否满足要求，然后进行灵敏度分析，确定对结构动态特性影响较大的设计参数及动态特性随这些参数的变化规律，将这些设计参数作为结构设计变量，以结构动态特性达到最优为目的，不断修改设计变量并进行结构重分析。

最后，找到一组可让结构动态特性满足要求的设计变量。对大型结构进行动态优化设计，优化过程中迭代次数较多时，其设计效率肯定不能满足工程设计要求，所以寻找一个更快速、更准确的结构动态特性重分析模型也是结构动态设计中的关键问题之一。

2）动态设计方法的基本原理

目前，工程实际中运用最多的动态设计方法为基于灵敏度分析和修改结构重分析的动态设计方法。对结构进行灵敏度分析可确定对结构动态特性影响较大的设计参数，然后通过结构重分析得到对设计参数进行修改后的结构动态特性。动态设计方法的基本原理如图 3.10 所示。

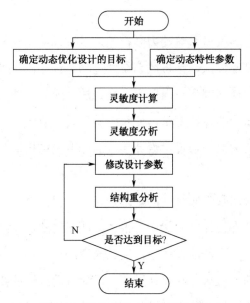

图 3.10　动态设计方法的基本原理

（1）对需要进行动态设计的结构建立符合工程实际的动力学模型，求出结构动态特性，包括结构的固有频率和固有阵型，将其与激振力频率比较以确定动态优化设计的目标。

（2）对动态特性参数进行灵敏度计算，计算出对动态特性影响较大的设计参数，并根据工程实际分析确定这些设计参数的可变区域。

（3）对动态特性参数影响较大的设计参数在其可变范围内进行修改，并找出快速的方法对修改后的结构进行动态特性分析。

（4）若设计参数修改后，结构的动态特性达到设计目标，则动态设计结束。否则，重新进行设计参数修改和结构重分析，直到达到设计目标。

9. 智能设计

智能设计有两种不同的含义，一是用智能方法进行设计，二是对设计的对象实现智能化。用智能方法进行设计是指智能工程这一决策自动化技术在设计领域中应用的结果。它经历了设计型专家系统和人机智能设计系统两个阶段，特别是人机智能设计系统正在探索研究之中，对它的定义和理解都有较大的柔性，因此人机智能设计系统包括的范围较广。华中科技大学的周济教授和于俊教授领导的 CAD 中心研制了 10 余个智能设计系统。在开发实践的基础上，周济教授与查建中教授合作，系统地阐述了智能工程的基本原理和知识处理技术，进而提出了智能设计概念体系与总体框架，深入探讨了智能设计建模理论、方法及设计决策，以及并行设计和分形色设计等智能设计的关键内容。对设计实现智能化是对产品的性能参数及其工作过程进行智能控制与优化，使产品具有优良的工作性能。它应该完成的主要内容有机器操纵系统的设计、状态检测系统的设计、工作参数及工作状态的智能控制与优化、工作过程的智能控制与优化、机器故障的智能检测与诊断五个方面。

1）智能设计的特点

（1）以设计方法学为指导。智能设计的发展，从根本上取决于对设计本质的理解。设计方法学对设计本质、过程设计思维特征及其方法学的深入研究是智能设计模拟人工设计的基本依据。

（2）以人工智能技术为实现手段。借助专家系统技术在知识处理上的强大功能，结合人工神经网络和机器学习技术较好地支持了设计过程自动化。

（3）以传统 CAD 技术为数值计算和图形处理工具。提供对设计对象的优化设计、有限元分析和图形显示输出上的支持。

（4）面向集成智能化。不但支持设计的全过程，而且考虑到与 CAM 的集成，提供统一的数据模型和数据交换接口。

（5）提供强大的人机交互功能。使设计人员对智能设计过程的干预，即与人工智能融合成为可能。

2）关键技术

智能设计的关键技术包括设计过程的再认识、设计知识表示、多专家系统协同技术、再设计与自学习机制、多种推理机制的综合应用、智能化人机接口等。

（1）设计过程的再认识。

智能设计的发展取决于对设计过程本身的理解。尽管人们在设计方法、设计程序和设计规律等方面进行了大量探索，但从计算机化的角度看，设计方法学还远不能够适应设计技术发展的需求，仍然需要探索适合计算机处理的设计理论和设计模式。

（2）设计知识表示。

设计过程是一个非常复杂的过程，它涉及多种不同类型知识的应用，因此单一知识表示方式不足以有效表达各种设计知识。如何建立有效的知识表示模型和有效的知识表示方式，智能设计能否成功的关键。

（3）多专家系统协同技术。

较复杂的设计过程一般可分解为若干个环节，每个环节都对应一个专家系统，多个专家系统协同合作、信息共享，并利用模糊评价和人工神经网络等方法有效解决设计过程多学科、多目标决策与优化难题。

（4）再设计与自学习机制。

当设计结果不能满足要求时，系统应该能够返回到相应的层次进行再设计，以完成局部和全局的重新设计任务。同时，可以采用归纳推理和类比推理等方法获得新的知识，总结经验，不断扩充知识库，并通过自学习达到自我完善。

（5）多种推理机制的综合应用。

智能设计应包括演绎推理、归纳推理、基于实例的类比推理、各种基于不完全知识的模糊逻辑推理等。上述推理的综合应用，可以更好地实现设计系统的智能化。

（6）智能化人机接口。

良好的人机接口对智能设计是十分必要的，对于复杂的设计任务及设计过程中的某些决策活动，在设计专家的参与下，可以得到更好的设计效果，从而充分发挥人与计算机的长处。

10. 绿色设计

绿色设计（是为应对产品的绿色需求而产生的设计方法，也称为生态设计、环境化设计、生命周期设计或环境意识设计等，虽然说法不同，但其含义大体一致），即在产品整个生命周期内，着重考虑产品的环境属性（可拆卸性、可回收性、可维护性、可重复利用性等）并将其作为设计目标，在满足环境目标要求的同时，并行地考虑并保证产品应有的功能、使用寿命、质量等要求。图 3.11 为传统产品设计和绿色设计之间的关系。

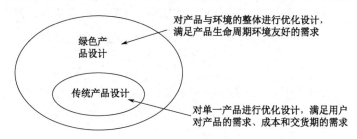

图 3.11　传统产品设计和绿色设计之间的关系

绿色设计是传统产品设计的延伸，它所面向的对象不再是产品本身，而是整个产品系统。产品系统涵盖了产品从原材料获取、设计制造、包装流通、使用维护，一直到拆卸回收和报废处置的整个生命周期。绿色设计从产品系统的层面来考虑资源的消耗及对环境的影响，寻找并采用尽可能合理和优化的结构和方案，使资源的消耗及环境的负面影响降到最低。因此，绿色设计的涉及面更广，包括节能减排设计、产品可回收设计、产品再制造设计、包装运输设计等，这些内涵之间由于在设计方法和理念等方面存在较大的差异，无法融合成统一的技术体系而显得庞杂。同时，绿色设计的需求也比较模糊，更依赖于人的经验。例如，在电子产品的包装设计中，往往要求采用纸质包装来确保环保性，但是只有经验丰富的设计人员才能意识到可以通过点胶取代钟钉，并要求供应商保证点胶成分中不含有害物质来进一步提高产品环保性。而一般设计任务书中很少提出如此明确、细致的需求。绿色设计和传统设计在设计过程、设计目标、考核指标、知识内容、设计成果、设计效益及设计方法学等方面存在着很大的不同，表 3.3 为绿色设计和传统设计的比较。

表 3.3 绿色设计和传统设计的比较

比较方面	绿色设计	传统设计
设计过程	结构化程度低	结构化程度高
设计目标	以需求和环境为目标，比较模糊	以需求为主，较为明确
考核指标	模糊	明确
知识内容	不够成熟、知识分散	比较成熟
设计成果	难以预测	在可测范围内
设计效益	间接	直接
设计方法学	迅速发展中	比较成熟

相比传统设计，绿色设计具有离散性、动态性、模糊性、隐蔽性、集成性及实例性的特点，分析如下。

1）离散性

与传统设计相比，绿色设计无论在知识领域、方法还是过程等方面都复杂得多。绿色设计涉及机械制造、材料、电子技术、化学化工、管理科学、环境科学等诸多学科的知识内容，具有明显的学科交叉特性。例如，松下公司在空调的绿色设计阶段，需要考虑能源利用、材料回收、包装等方面的因素，包括：①改进压缩机效率；②增强热交换效率；③提高电机效率；④使用瓦楞纸包装替代发泡材料；⑤重新设计电子组件，使其轻巧；⑥电路板使用无铅辉锡技术；等等。显而易见，仅仅依靠单一的设计方法或技术难以实现真正的绿色设计，因此绿色设计知识需求面广，知识也因此具有离散性。

2）动态性

传统设计经过多年发展已日趋成熟，设计知识也局限在有限的范围中。例如，在机械产品设计手册中，知识一般只涉及结构设计、传动设计、支撑设计等几个有限主题。而在绿色设计中，新的技术、方法不断涌现，新知识也因此不断出现，知识结构在不断地动态变化。例如，在电子产品的绿色设计中，无铅锡技术的发明使设计人员重点考虑焊接方式，设计人员的知识储备也要扩充以具备这方面的知识。

3）模糊性

所有能提高产品绿色性能的理论、方法、技术都可以划入绿色设计的范畴，这使得绿色设计知识和其他知识存在交集，具有一定的模糊性，难以识别。例如，模块化设计方法旨在使设计和制造过程并行化，方便产品的制造、安装等；而这与绿色设计的目标部分重合，虽然在模块化设计中没有概念和绿色设计直接相关，但是绿色设计知识却包含于其中，因此模块化设计的相关理论、方法也是绿色设计知识的一部分。

4）隐蔽性

绿色设计知识除通过知识文档以理论、方法、准则等形式存在外，产品模型也是承载绿色设计知识的重要载体。传统产品模型描述了产品的功能、行为、结构等方面，缺少对产品绿色特性方面的描述，这使得绿色设计知识隐藏于功能、行为结构之后，不通过细致的分析，绿色设计知识难以显现，因而也难以重用。例如，拆卸优化后的产品结构和普通产品结构并无明显区别，设计人员只有花费大量精力对其进行分析，才能得出与该结构相关的绿色设计考量及绿色设计知识。

5）集成性

产品环境化评价能筛选出优秀的绿色设计方案并指明改进的方向，是绿色设计知识的重要来源，而评价活动中产生的绿色设计知识往往需要集成材料、结构、工艺等载体，脱离这些载体，知识会退化成低价值的数据，因此，集成性是绿色设计知识的重要特点。

6）实例性

实例是绿色设计知识的重要存在形式，它可以用来说明抽象的绿色设计准则，可以把设计中涉及的离散绿色设计知识组织起来，也可以作为知识重用对象，使设计人员省略极为消耗时间、精力的环境化评价活动，直接通过基于案例的推理来评估产品的绿色性能，因此实例性是绿色设计知识的重要特点。

绿色设计知识库涵盖绿色设计各个阶段所需的知识，并且这些知识经过组织整理，应能形成知识网络；同时，能够根据不同的绿色设计应用向设计人员提供特定的绿色设计知识视图，从而建立面向特定活动的知识情境，助其高效地完成产品的绿色设计。例如，设计人员在进行拆卸设计时，知识库须向其适时地提供与设计活动相关的拆卸准则、拆卸模型的建立方法、拆卸工具应用等方面的知识。

11．机电产品绿色设计思想

机电产品绿色设计是在过去只强调经济和技术的传统设计基础上，重点考虑产品环境性能的一种典型的多目标设计过程。绿色设计的目标是在产品的技术、经济、环境等各因素之间寻求平衡及优化。机电产品的绿色设计思想如图3.12所示。按照传统设计生产出的产品报废后，零部件的回收处理比较困难，通常采用焚烧或者填埋这种简单的方式进行处理，从而带来了严重的环境污染。生态环境的日益恶化、能源资源的枯竭等现实问题摆在人类面前，人类不得不寻求一条可持续发展的道路，在这种背景下，产品的绿色设计应运而生，成为当前设计领域的研究热点之一。截至目前，对于绿色设计的提法有很多，虽然各专家学者给出的定义不尽相同，但其核心思想是一致的，即在产品的开发设计阶段就要充分考虑所设计的产品在其生命周期中可能造成的环境影响，并将其作为设计目标之一，从而减小产品给环境带来的负面影响。绿色设计是面向产品生命周期的闭环设计，它包括产品的概念设计、制造加工、使用、回收处理等各个阶段，是一个"从摇篮到再现"的过程。机电产品绿色设计思想对机电产品进行绿色设计的目的简单来说就是要做到降低对自然资源的消耗，增强产品回收重新利用的能力。机电产品的绿色设计是面向产品生命周期的。为了能够使机电产品具有良好的绿色性能，必须在设计阶段就将产品在其生命周期各阶段可能造成的环境问题考虑进来，从而制造出真正意义上的绿色机电产品，这就是机电产品的绿色设计思想。

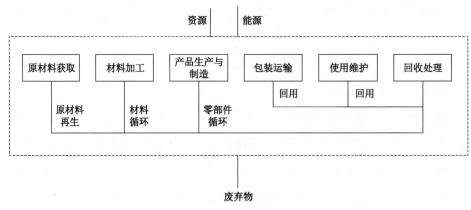

图 3.12　机电产品的绿色设计思想

12. 生命周期设计

产品生命周期的概念最早是由 Leo Alting 从提高产品的环境性能的角度提出的。从环境系统的角度来说，一个较为完整的闭环产品生命周期：原材料—生产制造—运输—消费

—废弃产品回收—再循环处理，如图 3.13 所示。因为产品在各个生命周期阶段都会与环境发生物质或能量的交换，会对环境产生影响，所以产品的环境性能体现在产品生命周期的全过程中。

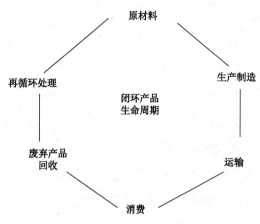

图 3.13　闭环产品生命周期过程

产品生命周期的概念一经提出，就受到了相关研究者的极大关注，随后有了较快的发展。其研究领域也超出了环境问题，形成了广义上的产品生命周期设计。产品生命周期设计从广义上讲，包括所有考虑产品生命周期过程中一个或多个需求的产品设计方法。

广义的产品生命周期设计的发展从面向制造的设计开始，逐渐发展出面向各生命周期的设计及同时考虑多个生命周期的设计。产品生命周期成为发现设计新价值的重要维度。在这一维度上，各国产品设计研究人员根据实践形成了多样的产品生命周期研究方法。

1）面向全生命周期的产品形态设计

产品形态是产品在功能、科学技术及艺术内容等方面的综合体现，是由产品形状、大小、材料、结构、质感、色彩、装饰及加工工艺等因素构成的，并常常以自身独特形式和风格出现在用户面前。对形态进行生命周期分析，有助于设计人员进行具体设计的开展并达到综合较优的设计效果。

面向全生命周期的产品形态设计是指在进行形态设计时综合考虑环境要素在形态中的影响，将环境要求作用于产品形态的影响因素——功能、材料、结构、风格等，使产品形态从设计开始就考虑到材料的使用、后续结构和工艺的实现、色彩和肌理的表现、运输和销售的便捷、使用和维护的方便、回收再利用的实施等。产品形态设计指整个产品生命周期的形态设计，通过形态设计改善产品的性能（包括技术性能、环境性能和情感性能）。这样设计出的产品是满足用户需求、有利于市场推广的，也更加符合环保要求，即具有强大的生命力。

2）面向全生命周期的产品形态设计方法

形态设计与全生命周期设计思想相结合之后有了自身的特点，它已不再是单纯的产品外观形态设计，它受到人类、环境及社会各方面因素的影响和制约，在微观上表现为功能、材料、结构、风格及宜人性五个方面，而这五个方面又是面向全生命周期的。

面向全生命周期的产品形态设计要求在产品形态设计中将产品的环境属性作为一个重要属性加以设计。在实现面向全生命周期的产品形态过程中，将涉及功能的选择与实现、材料的运用等五个影响因素。影响因素关注度是指产品形态设计中五大影响因素在特定产品设计中被关注的程度，它是进行产品形态设计的出发点，是对市场上已有产品或新产品进行全生命周期分析的结果，它的每个因素的具体径向大小直接影响设计人员对设计的重视程度。

对不同的产品进行设计，关注度有不同的表现。通过对关注度的分析及对图示的绘制，可以帮助设计人员进行面向全生命周期形态的设计创意，找到适合的形态突破点，从而有针对性地开展设计活动。在面向全生命周期的产品形态设计中，材料因素（Material）在整个影响因素中的关注度最大，功能因素（Function）和宜人性因素（Comfortable）其次，然后是风格因素（Style），最后是结构因素（Structure）。因此，设计人员在进行产品形态设计时会首先考虑材料因素，通过对材料的使用进行全生命周期分析，可以得出形态实现在材料方面的创新点。例如，更好的绿色材料的使用，可回收重利用材料的使用，单一材料的运用减少有污染材料的运用，等等。对其他方面的考虑，设计人员也会选择重要特点进行设计思考，找出创新点，为完善整个设计做好准备工作。

3）面向全生命周期的产品形态设计流程体系

面向全生命周期的产品形态设计需要以强大的产品信息数据库作为设计基础，而这些产品信息来源于社会、经济、法律、人文、地理等现实环境。面向全生命周期的产品形态设计分为三个阶段：第一，前期准备；第二，形态构思；第三，形态实现。三个阶段的特点：①串行加并行的设计活动是面向全生命周期的产品形态设计活动。从准备到具体实施应多考虑和分析有关影响因素，进而得到更多的设计信息，使后续的设计更加容易。形态设计活动的阶段性并不是十分明确，既是串行的过程，又是并行的过程，通过后续的要求来影响前面的设计。②设计信息来源于产品赖以生存的现实环境，正如前面所说的，产品信息来源于社会、经济、法律、人文、地理等现实环境，它包含了很多领域的知识，是较为复杂的各种各样的数据形式。设计准备阶段中的大量信息就是从现实环境中得来的并且作为设计的前提条件而存在。在形态设计的构思和实现阶段，也需要大量的信息作为支持。③生命周期评价和设计冲突消解技术为设计过程方案的优选和设计冲突的消解提供了解决措施。每个阶段的结束都有相关的评价系统，作为支撑和印证设计正确性的工具。对于设计过程中比较容易进行判断的因素，可以直接以主观判断将之解决，一旦有无法用主观判断解决的因素，可借助相关的评价方法进行过程评价，以得到优选方案。设计过程中的矛盾由创新设计理论中的冲突消解理论来进行分析和解决。

13. 数字孪生设计

最早定义数字孪生的是美国密歇根大学的教授 Michael Grieves，其在 2003 年提出"与物理产品等价的虚拟数字化表达"，并提议将数字孪生与工程设计进行比对，以更好地理解产品的生产与设计，在设计与执行之间形成紧密的闭环。当前时代是数据的时代，数字孪生技术的提出为复杂产品数字化设计提供了新的方向。数字孪生衍生于产品生命周期管理，最初被定义为"与物理产品等价的虚拟数字化表达"。数字孪生技术可有效实现产品生命周期中多源异构动态数据的融合与管理，实现产品研发生产中各种活动的优化与决策。庄存波等对数字孪生技术在产品设计阶段的实施可能性进行了分析，认为首先要有一种自然、准确、高效且能够支持产品设计各阶段的数据定义和传递的数字化表达方法，而基于模型的产品定义技术的出现和成熟为此提供了可能；其次，高精度三维建模技术、准确实时的多学科协同仿真技术及模型轻量化技术可有效支持复杂产品设计阶段的仿真验证与设计迭代决策。

数字孪生是实现智能制造目标的一个重要抓手，为复杂产品设计与制造一体化开发提供了一个有效途径。"数字孪生"这一概念在 2003 年被首次提出，直到 2011 年才引起国内外学者的高度重视，并连续在 2016 年到 2018 年被世界权威的信息技术咨询公司 Gartner 列为当今顶尖战略科技发展方向。洛克希德·马丁公司在 2017 年 11 月将数字孪生列为未来国防和航天工业六大顶尖技术之首。2017 年 12 月，中国科协智能制造学会联合体在世界智能制造大会上将数字孪生列为世界智能制造十大科技进展之一。时至今日，被工业界广泛认可的数字孪生的定义是由 Glaessegen 和 Stargel 在 2012 年给出的："一个集成了多物理性、多尺度性、概率性的复杂产品仿真模型，能够实时反映真实产品的状态。"从该定义中可以延伸出，数字孪生的目的是通过虚实交互反馈、数据融合分析、决策迭代优化等手段，为物理实体增加或扩展新的能力。作为一种充分利用模型、数据、智能并集成多学科的技术，数字孪生面向产品生命周期过程，发挥连接物理世界和信息世界的桥梁和纽带作用，提供更加实时、高效、智能的服务。数字孪生理论强调对产品真实状态的描述，传统的产品数据管理系统虽然能够记录、共享、管理设计图纸、模型和文档，但建立的都是静态、理想化的产品信息模型，并与每个产品的实际加工、装配和检测等动态实例数据存在偏差。如何建立基于数字孪生的产品信息模型来准确描述并管理每个实例产品的真实制造数据，并与设计出的理想化的产品信息模型有机融合是亟待解决的问题。数字孪生理论的出现为复杂产品设计制造一体化提供了有效途径，因为数字孪生的核心就是建立虚拟世界与真实世界的"桥梁"，保证理想虚拟产品设计和真实物理产品制造之间的同步。与传统的复杂产品设计方法有较大不同的是，如何利用高保真建模、高实时交互反馈、高可靠分析预测等数字化手段对复杂产品的理想设计信息与其实际加工、装配和检测等真实制造信息进行一致表达，使得产品设计能够有效支持加工和装配、产品设计制造数据能够实时动态反馈回设计、建立精确反映产品制造状态的信息模型是基于数字孪生的复杂产品设计制造一体化开发要解决的核心问题，也是本书的研究重点。

从管理的角度，结合不同行业产品生命周期的特点，按照顺序将数字孪生归纳定义为产品数字孪生、生产数字孪生和性能数字孪生。

产品数字孪生是由产品实体在虚拟环境中多维建模而来的，是一个集成的多物理、多尺度、超写实、动态概率的仿真模型。借助数据模拟产品实体在物理世界中的行为和状态，在虚拟环境中构建产品实体全要素的数字化映射，通过虚实交互反馈、数据融合分析、决策迭代优化等手段，来模拟、监控、诊断、预测、控制产品实体的形成过程、状态和行为，其原则是虚实融合、以虚控实。产品数字孪生面向产品生命周期的整个过程，通过不断完善自身模型信息的完整度和精度，最终完成对产品实体的完全和精确的描述，为产品创新和优化迭代提供支持。另外，产品数字孪生的概念可以从整体扩展到生产线、车间、工厂及制造资源（人员、设备、物料），也可以从局部延伸到子系统、部件和零件等，这些都可以在虚拟环境中建立起对应的数字孪生体。

生产数字孪生产生于生产能力设计、工艺设计、业务流程设计、生产仿真等生产规划阶段，应用于装配制造、工程安装、工程调试等生产工程阶段，因此也被学者称为业务流程的数字孪生。

性能数字孪生是指物理空间中产品性能在虚拟空间的数字化模型，是产品性能实际数据实时、准确地在虚拟空间的数字化映射。性能数字孪生就是产品实体性能数据的数字化模型化表达。

14. 逆向设计

逆向工程也称反求工程，是一项新兴的产品设计技术。这项技术最初来源于数据检测，也就是通过获取产品表面的三维数据，并将其与原来的数字模型对比，发现问题后进行改进设计。随着产品实物表面数字化方法的推进，涌现出很多扫描精度很高的便携式扫描设备，其中最受企业和高校欢迎的是以角测量系统为原理的光栅式扫描仪及手持式激光扫描仪。这对于逆向工程来说，有了很大的发展，从数据检测慢慢发展为产品设计的辅助方法。但在很长一段时间里，人们对产品的逆向只是进行单纯的仿制，更多的是复制，而对产品真正的设计意图却不得而知，不利于人们对创新性设计思维的发展。

逆向工程是对已有的实物产品进行功能或外观造型反求的一项技术。这项技术很早就应用于制造产品的质量检测及形位公差的检查，通过与数模的对比，从中发现不足、改进设计。现在，这项技术应用于汽车等油泥模型的曲面模型重建，并逐渐演变为对实物模型的 CAD 实体模型的重构及检验。总的来说，产品的逆向设计和正向设计最终都是完成模型的建立，逆向设计更多的是从下游得到产品的信息，然后一步步地进行反求。但是，仅从 CAD 模型的重构来说，逆向设计最终也要回归到正向设计的建模思路和建模方法上。

就当前来说，关于逆向工程技术的大部分研究和工程应用，主要集中于产品的外观造型。一方面，由于产品实物是直接面向消费者的，而外观造型不涉及材料的选用、加工工艺及后期的热处理等，因此，产品实物是较为容易获得的研究成果；另一方面，对于某些产品来说，虽然 CAD 技术发展很早，计算机三维造型设计的应用也很广泛，但这些产品可能由于时间长、文件丢失严重甚至根本没有相应的 CAD 文件，完全由经验生产制造。因此，对于现在的设计人员来说，他们有的只是实物，而要缩短产品的开发周期，对产品进行逆向重构是一个很好的选择。面对日益激烈的市场竞争，逆向工程作为可快速掌握新技术的一种方式，为产品实物实现快速的 CAD 模型的建立提供了很大的便利，使后期进行 CAE/CAM 的分析和制造提高了效率。

逆向工程之所以得到广泛的应用，得益于它的各项关键技术的支撑，特别是产品表面数据的获取及处理技术的飞速发展。首先，最关键的技术是实物表面三维数据的获取。要获取数据，就要用到测量设备，而不同的测量设备采用的测量原理也不同，这也就导致了测量方式的不同。选用不同的测量设备，决定了逆向设计的模型精度、花费成本及逆向时间效率的不同。因此，在逆向工程中，可根据不同的目的去选择合适的测量设备和测量方式。

目前，根据测量方式的不同可分为接触式测量和非接触式测量。接触式测量包括三坐标测量机（CMM）及关节臂测量机，它们的特点是探头直接和物体表面接触，测量精度很高。非接触式测量主要包括基于光学的扫描仪及基于声磁学的扫描仪，最常用的是拍照式三维扫描仪和激光扫描仪，主要特点是测量快速、精确。其次是数据的处理和分割技术。通常，得到的测量数据都存在噪声点和杂点，甚至数据的区域缺失，需要对原始数据进行一定的处理；而且用于构面的数据要有一定的规律性，这就需要对数据进行分割，得到具有一定特征的数据。

最后是模型的重构技术。作为逆向过程中最复杂、最重要的阶段，CAD 模型重构在曲面特征的提取、曲线的拟合重建以及曲面的重构等方面显得尤为重要。而对于基于特征的实体建模来说，实体特征的提取和分析及后期的正向建模方法更值得探讨。重构出来的数字模型能否用于后续的工程分析、创新设计及加工制造等，取决于这一步的成果。

3.2.3 产品设计相关研究对比分析

以上研究基于从不同侧重点与工作原理对产品设计理论及方法进行研究，对于提高产品设计质量与效率具有重要意义。但由于各种设计理论与方法自身的局限性，已有的研究也存在一些问题，进而需要更深入的研究，具体问题如下。

（1）公理设计基于对成功设计实例的深入分析所提炼出的好的设计所应遵守的独立公理和信息公理准则，但还需要对怎样有效获得好的设计及其所需的知识进行研究。

（2）质量功能配置提出了一种有效获取用户需求并集成到产品生产及其质量控制的具体措施中的方法，但尚未涉及引入新知识以满足新需求的系统集成设计的方法。顾客感知是通过市场调研获得的，一旦市场调研不准确，其后的所有分析结果就可能全部出错。而且，顾客的想法和需求瞬息万变，难于精确把握，更增加了获取顾客需求的难度。质量功能配置作为一项综合管理系统和结构化的质量控制方法，要顺应如此快速的市场变化有一定难度。

（3）普适设计方法是优秀设计过程所积累经验的总结，给出了合理的设计进程及设计各阶段的工作方法。在基于垂直式智力资源结构的设计中，该方法提供的经验曾发挥了很大作用，但难于解决水平式智力资源结构下设计带来的新问题。

（4）产品 7D 设计总体规划理论是基于提高产品设计质量的基础上提出来的，它从规划阶段、实施阶段、检验阶段对产品设计提供了理论框架，涵盖内容丰富，但其理论较新，其中具体的设计环节及设计工具还需要进一步加以完善。

（5）TRIZ 理论是在广泛研究发明专利基础上提出的，为解决技术冲突提供思路和案例，但并不是所有的设计知识都可以从专利中获取与集成，设计中所需获取的知识类型及其数量具有多样性。

（6）协同设计主要集中于已有资源如何在产品设计中协同工作。假设企业内、外资源已经存在并能够合格地工作，表明缺乏对资源单元本身的研究。

（7）模块化设计主要关注的是结构和功能集成，而不是知识的集成。在当前分布式资源环境下，越演越烈的新产品竞争实质上是获取新知识能力的竞争。

（8）可靠性设计更多的是关注已有知识的优化问题，并非从知识的角度研究如何获取新知识，以提高产品的创新性与竞争力。

（9）概念设计是产品设计过程中的关键环节，是一个对发散思维和创新思想整合梳理的过程，目前其重点集中在探索和提出适合计算机实现的比较正确且全面的功能描述方法和具有实用性的功能推理方法的研究上。

（10）优化设计的目标是：一方面要满足复杂机械设计对优化效率的要求；另一方面，要让设计人员专心于优化过程中专业内容的规划与决策。

（11）动态设计是一项发展中的新技术，它涉及现代动态分析、计算机技术、产品结构动力学理论、设计方法学、稳定性分析、可靠性分析、非线性动力学等众多学科，目前还没有形成完整的动态设计理论体系。

（12）智能设计是国内外产品设计的主导方向，也是现代机械设备所应该体现的基本内容。对于智能设计，国内外都十分重视，因为产品的智能化会在较大程度上提高产品的性能和质量，提高产品在国际上的竞争力。

（13）绿色设计的设计理念和方法以节约资源和保护环境为宗旨，它强调保护自然生态，充分利用资源，但绿色设计材料受限制，成本较高。

（14）生命周期设计运用系统工程的思想和方法，按照信息系统的生命周期规律划分阶段，明确定义各阶段的活动，自上向下地对系统进行分析设计，保证用户需求的贯彻执行。但是，生命周期分析法开发时间长、成本高，需要用户提供完整的需求，不适用于需求不确定的情况。该方法强调用户的参与，但用户与开发人员的交流不够直接，开发过程较为复杂，不易适应环境的变化。生命周期分析法的开发是分阶段进行的，某阶段出现的错误将被带到下一阶段，并被扩大。

（5）数字孪生设计是一个普遍适应的理论技术体系，可以在众多领域应用，在产品设计、产品制造、医学分析、工程建设等领域应用较多。在国内，应用较广泛的是工程建设领域，关注度较高、研究较热的是智能制造领域。

（16）逆向设计是指设计人员对产品实物样件表面进行数字化处理（数据采集、数据处理），并利用可实现逆向三维造型设计的软件来重新构造实物的三维 CAD 模型。逆向设计普遍应用于产品外观设计，对于数据处理的要求比较高。

上述研究大多是在默认设计知识已经存在的前提下针对产品设计进行的研究，而设计中还有一个重要方面，即以获取新知识为中心。产品设计尤其是创新设计大多侧重于采用此前尚未用过的知识以提高产品的性能与竞争力，在此过程中，许多相关的设计知识是未知的，也是需要获取的。设计成功的关键正是在于通过各种方法与工具最大限度地获取新知识，并通过与设计的集成提高设计的效率与质量。

3.3　低碳设计

碳中和背景下的工业产品优化设计主要考虑的是低碳设计。低碳设计从产品设计源头，以全生命周期的视角，将产品碳足迹、成本、性能作为设计指标要素，即在满足性能、成本的前提下最大限度地降低生命周期各阶段中温室气体排放对环境的影响。将产品设计纳入低碳要素指标，打破了产品原始设计均衡体系，产生各种设计矛盾问题，如常规性能之间的矛盾、常规性能与低碳性能之间的矛盾。此外，由于低碳制造成本的增长，迫使企业改良生产工艺，改进产品设计方案。因此，碳足迹、成本、性能的综合关联性及在低碳设计过程中复杂冲突问题的协调是其研究的核心内容。

产品低碳设计不仅是基于碳足迹的产品设计方案优化，也是面向设计知识演化的产品创新过程。现有知识演化方法主要是基于静态知识的挖掘与显性知识的推理过程，这势必导致对设计需求挖掘得不够充分，造成设计创新目标的偏差和设计周期的延长。可拓知识演化是基于变换的知识演化过程，能够实现隐性知识和显性知识的动态转换与形式化推理。

低碳设计与绿色设计不同，任何一种温室气体的减少都可称为低碳，因此，低碳是用来解决实质性气候问题的，是包含在绿色设计之中的。设计人员在设计产品时，不但要考虑产品的功能、质量、成本等因素，而且还要考虑产品在设计、生产、运输、储存等各个环节的因素，确保产品在使用或制造过程中降低碳的排放量，以此来实现低碳化的设计理念。

我国目前正处在经济转型的特殊时期，必然会导致资源的过度消耗，长此以往会对我国的发展造成不利影响，要解决这类问题，就要使低碳设计理念被人们接受。首先，需要对以往既有的产品进行改良设计，需要设计人员在原材料、功能、结构及环保理念等方面做出改良设计。其次，需要对产品进行精致设计，因为越是粗糙的产品人们越是粗鲁地对待，在某一方面也加速了产品的淘汰速度。换句话说，精致的设计会让使用者更加爱惜，避免不必要的损坏，延长产品的使用寿命。最后，设计产品要遵循适度原则。也就是说，在设计产品时，从它的功能、造型、原材料及包装方面做好既满足其需求，又不会过分夸张的设计。现代设计中，为了增加产品的附加值，一些产品过度包装的现象十分普遍。过度包装不仅会浪费资源，而且还会造成产品各个环节的碳排放量增加，甚至还会造成行业的恶性竞争。此外，不合理的设计还会使产品的功能性、实用性与舒适性大大降低，影响消费者对产品的印象。

低碳设计发展至今，还有一个典型的形式，那就是非物质设计。顾名思义，非物质设计是相对于物质设计而言的，它是信息化的设计，是服务化的设计。所有非物质化的设计都可称为非物质设计。例如，以前人们乘坐火车时需要打印纸质的火车票，而现在则可以刷身份证进站乘车。又如，电子书的出现极大地减少了纸质书的印刷。非物质设计是设计发展进步的一个上升形态，也给人类开创了一种全新的生活方式。

3.3.1　低碳设计的概念

低碳设计是指在设计生命周期的生产、使用和回收等各环节中，着重考虑设计的环境属性（节约能源、减少温室气体的排放和环境污染等），并将其作为主要的设计目标，在实现环境目标的同时，保证设计应有的基本功能、使用寿命和质量等。在现代商业展示设计中应用低碳设计的理念，不仅是一种技术层面的考量，而且是一种设计模式的更新，更重要的是一种观念上的变革。它要求设计人员放弃那些重形式而轻内涵、重艺术而轻技术、重创意而轻实用的做法，将设计的重点放在真正意义上的创新层面，以设计生命周期的减量化、再利用和再循环为原则，通过先进的技术和良好的设计方案来实现节能减排。

低碳主要是指更少的温室气体排放。随着全球经济发展，人口膨胀，以牺牲环境为代价的发展逐渐让人们惊醒，如此的发展代价实在让人难以承受，因此低碳概念应运而生。减少排放二氧化碳的生活叫作低碳生活，低碳生活涵盖了社会生活的方方面面，如低碳社会、低碳经济、低碳消费、低碳旅游、低碳文化等。而低碳时代正是对低碳内涵的集合，所提倡的正是渗透在社会、生活、经济等方面的一种低碳行为方式。

近年来，随着人们环保意识的增强和国家经济的飞速发展，低碳经济也逐渐发展成现代经济的总体趋势。不仅我国政府在支持和鼓励低碳经济的发展，各大企业也在推行低碳经济的发展。在低碳经济这一大环境下，企业要淘汰高能耗、高污染的落后产品而推进节能减排的措施。所谓低碳经济，是提倡低消耗、低污染、低排放的一种更具环保意识的经济模式，是人类社会发展的又一大进步。从实质上说，低碳经济的主旨是提高能源利用率，追求绿色 GDP 是社会发展向新技术、新制度、新观念的一种突破性转变。同时，低碳经济是在可持续发展模式下的一种必然发展潮流，所遵循的是一种协调经济发展和环境保护的双赢经济发展模式，提升环境保护责任，调整经济发展结构，进而发展生态环保的绿色经济。

3.3.2　低碳设计的必要性

低碳设计思想涵盖整个产品设计过程，因此在不影响产品基本属性的情况下，注重产品设计的可回收性和可降解性。低碳设计是当今时代发展的产物，是低碳时代的必然发展趋势，是人们社会文明发展的一大进步。

发展低碳设计可以高效率地利用资源，结合设计产品的属性和功能，对资源和技术进行有效利用。低碳设计降低了产品设计成本和环境成本。例如，建筑工程的绿色设计，通过使用节能的墙体材料可以实现建筑体内的保温节能，太阳能的使用可以进一步降低生活热源的成本，建筑材料可以循环利用进而降低建筑成本及环境成本。另外，低碳设计可以推动落后工艺技术的淘汰速度，使新技术可以更好地得到发展利用。可见，低碳设计是我国可持续发展的一种必然趋势，而低碳设计对未来的环保设计也起到了关键性作用。

低碳设计理念是从源头降低对环境的冲击并保障经济效益的产品设计开发方法，使有形的工业产品、零部件及无形的应用系统、服务等，透过设计来使其更具有环境亲和力。其基本思想是，将污染消灭在萌芽状态，将环境因素和预防污染的措施纳入产品设计阶段，将环境亲和能力作为产品的设计目标和出发点，力求使产品对环境的影响降至最小。

对于工业设计而言，低碳设计的核心是 3R 理论，不仅要减少物质和能源的消耗，减少有害物质的排放，而且还要使产品及零部件能够方便分类回收并重新利用或再生循环。这里的 3R 可以解读为：

（1）减量（Reduction）。①在不影响功能的前提下，减小体积及减少用料；②力求结构精简及外观质朴；③减少高污染的表面处理，用精良的设计达到精美外观的效果；④减少制造和使用时的能耗；⑤去掉不必要的功能。

（2）复用（Reuse）。①提高品质及用户满意度，延长产品使用寿命；②产品功能模块化，使生产、更新、维修的速度加快，有助于提高市场占有率；③挖掘同结构下的应用潜力；④零件标准化，不进行特殊设计，结构要保证零件的更换简单易行；⑤加强售后和维修体系，鼓励二手交易。

（3）回收（Recycling）。①产品必须易于拆分及材料分类；②原料的使用种类尽量单一化，避免不相容材料的复合使用；③标示产品应用的每一种材料，以便在回收时归类。

基于 3R 理论，随着低碳生活方式的推广，当今绿色设计推演出 4R 理念，将回收部分细化为回收与再生两个部分。

（4）再生（Regeneration）。①处理回收材料；②通过结构设计弥补回收材料上的不足；③利用二次材料的特点进行设计；④尽量不添加天然材料。

可以看出，在从 3R 到 4R 的变化中，设计理念从尽量地简化、归类、精减演变成更精细地再生转化。同时，延长使用寿命、提高售后服务质量、挖掘同结构的应用潜力、增强结构设计弥补回收材料性能上的不足、尽量不添加天然材料等原则的出现，意味着从设计源头已经开始关注生产过程中的能量循环和消费过程中节制与延长产品生命周期。

这些微妙的变化意味着低碳生活方式理念的深入和推演。人们逐渐摒弃粗放的生产方式和过度消费的生活习惯，逐渐转向设计生产更为精良的产品，以及注重人性化及后续服务的非物质设计理念。正是这种慢慢渗透的消费观念和生产方式的转变，形成社会整体性的低碳化，从而改善生存环境，为资源与社会的可持续发展积累物质与精神基础。

能源资源匮乏、生态环境破坏是国际社会面临的巨大挑战，世界各国已高度重视绿色发展并将其作为国际共识。2020 年 10 月，中国共产党第十九届中央委员会第五次全体会议强调加快推动绿色低碳发展，持续改善环境质量，提升生态系统质量和稳定性，全面提高资源利用效率。故而，工业绿色竞争力提升已成为经济高质量发展的关键。

工业能够通过生产性服务业提供的专业化投入优化自身要素投入结构，推动产业价值链向环境友好型攀升，带动工业绿色竞争力提升。这是因为生产性服务业能够营造良好的学习氛围及创新环境，有效促进知识及技术的传播。同时，生产性服务业在嵌入工业价值链的过程中，能够有效减少集聚区内的能耗及环境污染，以缓解我国现阶段产能过剩及资源约束等问题。在经济高质量发展目标下，科学地评价生产性服务业集聚对工业绿色竞争力的贡献，有助于实现经济和生态绩效双赢，因此分析生产性服务业能否合理集聚，有效优化多种要素结构，从而实现工业绿色竞争力提升的重要目标，具有理论和现实意义。

绿色竞争力是一种以环境保护、健康安全及可持续发展为特征的，能够使企业获得竞争优势的能力。

3.3.3 低碳设计的未来方向

好的产品与我们的生活息息相关，从人类的需求出发，解决人们在生活中遇到的各种难题，而不是加重我们的负担。在实际的设计中，只有把握好低碳设计的精髓，将产品设计与现有的比较成熟的设计方法相结合，才能更好地实现低碳设计，为社会的科学发展提供思路。首先，设计产品语意方式，产品语意是设计理念与精神的象征，通过产品的设计语言使它的造型语言具有可理解性，提升消费者对低碳产品的认知，增强低碳意识的灌输。利用产品造型设计来引导消费者的低碳行为。其次，时刻提醒人们低碳环保，在生活中，忙碌的人们常常会忽视低碳环保，如果能在人们使用产品的过程中，时刻提醒人们低碳环保，就能有效地降低不环保行为的发生。目前的低碳产品大多数只是从原材料、包装、技术创新等方面进行改进。

早在20世纪初，工业设计领域的设计人员就对低碳设计提出了一种新的设计形式，即简约设计。简约设计提倡的是一种恰到好处的设计理念，反对过度设计、过度包装。简约设计符合低碳设计的理念。根据简约设计理念，运用各种设计手段，将产品的各个要素尽量进行简约设计，运用尽量少的原料、色彩及结构。这会在满足产品实用性的前提下，避免过多使用材料而造成浪费。简约设计同时也是一种精良设计，是设计人员在进行设计时反复推敲、反复思考的结果。简约设计是一种恰到好处的设计。

低碳产品的设计发展趋势是会随着经济社会的发展而变化的，计算机信息技术的发展使我们的社会迈向了后工业化社会，未来设计的发展一定是以信息为中心的发展模式。消费者的需求也从简单地使用需求转化为价值需求及非物质需求。在这种趋势下，未来的设计一定会倾向人文关怀方面，产品设计也会更加注重文化价值及可持续发展价值。低碳设计便是人类人性化与可持续的体现，通过低碳设计来减少资源浪费，促进社会的可持续发展。

低碳设计是我们在设计中不断尝试、不断探索出来的结果，它是一种科学的、合理的、符合人类可持续发展的新型的设计方向，低碳设计不仅是理念和材料的低碳化，其设计语言、设计形式也要简洁化。低碳设计是整个设计界都要考虑的设计原则，社会的可持续发展是设计界乃至整个人类的根本追求，而低碳设计则是人文关怀的人性化体现，通过设计减少碳排放量，减少浪费，促进资源的可持续发展，是我们义不容辞的责任与使命。

3.4 产品低碳设计的内涵

低碳设计以碳足迹为衡量指标，在考虑成本与性能因素的同时满足产品生命周期碳足迹的要求。对于非能耗产品，低碳设计主要关注产品生产制造环节的碳排放量；而对于机电类能耗产品，除了生产制造环节，重点考虑如何降低使用阶段的碳排放量。绿色设计不仅考察产品生命周期的碳排放量，还要考察产品各阶段活动产生的各类有害物质对环境的影响，并以绿色度作为产品绿色设计衡量指标。低碳设计与绿色设计同属于可持续设计范畴，都需要考虑产品生命周期对环境的影响。此外，传统的产品轻量化设计、结构生态化设计既可以归属于低碳设计范畴，也可以归属于绿色设计和低碳设计中碳足迹、成本、性能多要素关联引起的复杂冲突问题，从设计阶段降低产品生命周期碳足迹。

产品设计提倡以用户为中心的设计。低碳设计是以"减碳"为目的的，倡导设计思想应该顺应时代变化，以低碳理念为核心，将环境因素与产品生命周期进行统一考虑，思考碳排放量及对周边环境的影响。

1. 生产环节的低碳设计

产品的生产环节，首先是原材料的选取，那么如何选择生态环保的材料，减少有害物质的产生，就成为设计人员及生产者首要考虑的问题。生态环保材料主要表现为原材料性能优、能耗小、污染少及再利用和可降解率高。例如，传统产品多采用竹子、藤条等植物原料，虽然环保，但是还需考虑运输中材料的抗压性，这些都直接影响产品的功能、结构、质量和使用寿命，只有正确选择材料才能充分发挥其特性。其次是生产环节中产品的结构，简单的结构形式、装配工艺等，能在极大程度上降低碳的排放量。例如，家具中常用的榫卯结构，无须钉子和黏胶，运用巧妙的结构，省工省料。最后是模块化设计，多个单元模块，具有通用性，组合形式灵活多样。产品结构的不合理，会使得产品无法进行拆卸、回收，便会导致垃圾的产生，从而污染环境，造成极大的浪费。因此，在生产环节应尽量使生产过程中的能耗降低，选取对环境污染小的材料，使用简单的装配结构，才能提高产品的生产效率。

2. 流通环节的低碳设计

产品的流通环节主要体现在产品的包装设计、运输环节和销售阶段。人们开始追求产品的整体品质，产品包装也随之追求精美、豪华；大量烦琐、累赘的产品包装充斥在人们的身边。有些能够在实现基本功能的同时，通过其外观、结构体现其他功能。例如，鞋盒，运用可重复利用的鞋袋来代替鞋盒，比传统的包装更节省纸材，而且结合了手提袋的设计，实现一物两用，不仅节约了材料，还减少了运输成本。因此，环保化的包装材料、包装结构、包装功能成为很多设计人员的首要选择。还需要考虑储运空间。例如，减小体积，运用可拆卸、易折叠的连接方式等，减少运输的体积及质量。

3. 使用环节的低碳设计

产品的使用环节包含其使用方式、使用寿命。随着人们生活条件的提高，新产品发布的速度越来越快，旧的产品因为各式各样的原因而被淘汰，从而造成资源的浪费。因此，选择低碳材料，利用低碳能源设计新的使用方式，使产品使用起来更加方便，以用户需求为核心，延长产品的使用寿命，成为使用环节设计人员应该重点考虑的问题。

4. 回收环节的低碳设计

产品的回收环节可概括为旧产品的回收再利用和废弃产品的再处理，降低产品生命周期中不同阶段的碳排放量。因此，设计人员需要在产品设计初期将低碳理念考虑其中，在设计创新的同时维持与生态、自然的和谐共生，运用低碳理念为核心的产品设计原则及方法，实现低碳生活的目标。

3.4.1　产品低碳设计的方法

1. 产品设计引导用户

低碳的设计理念要求设计人员能够通过产品的外观形态、内部结构及功能特征，用低碳环保的方式引导生产制造者、消费使用者减少对资源的浪费，引导用户的低碳行为，降低对环境的影响。每件产品都包含设计人员对于用户需求和实际使用的行为思考，人在接触到产品的同时就通过形态及细节传递产品的使用方式，根据用户的使用习惯，通过形状、大小、材料等设计，引导使用者减少对资源的浪费。

2. 产品的信息化设计

信息化、数字化已成为时代发展的大趋势，逐渐进入人们的生活当中。例如，各大网络商城、微信、支付宝等软件的出现，将本来物质化的东西通过简化、合并等方式进行改进；公交一卡通代替了传统的纸质车票，可反复使用，不仅解决了纸质车票随处乱丢的现象，还实现了无人售票，节省了人力资源，越来越多的人可以通过手机或电脑办公。从有形到无形的转变，从根本上减少了实体产品及人力资源的消耗，减少了对环境的负担，进一步体现了低碳的理念。

3. 产品的优化设计

随着消费观念的变化，产品开始出现较为频繁的更新换代，导致产品的淘汰速度随之加快，降低了产品的使用寿命，从而造成较大的浪费和环境的污染。要避免此类现象的出现，设计人员需要从选材到制造、从功能到结构，全方位地进行精良的设计呈现产品的优良性体现在造型、功能、材质等各个方面，这样才能够使用户使用产品时更小心、用心，从而提高产品的使用率。因此，设计定位要清晰准确，满足定位人群的需求，做有针对性的设计。

4．延长产品的生命周期设计

延长产品生命周期的方法多采用模块化设计。通过模块之间的组合可以形成多种形态的产品，结构方面更是便于拆卸、运输，重组的过程是一件新产品产生的过程，不仅满足了用户动手创造的乐趣，还满足了用户对个性化产品的需求，从而延长了产品的使用周期，达到低碳减排的目的。

5．合理利用低碳能源

节约能源的目标有环保节能和循环再利用，要达到这两点，设计人员首先应做到在产品设计时尽量使用太阳能、风能、地热能、海洋能等清洁能源进行产品开发，以节约地球资源。其次将产品设计简约化，通过材料替换、结构形态的简化、技术的更新、能源的运用等方法，从而做到节约资源，减少生产和使用过程中的碳排放量。

6．废弃物再利用设计

废旧物处理往往会带给环境二次污染。如何将废旧材料再利用并引起用户的共鸣，这是低碳设计需要关注的。这一环节可以让用户参与其中，通过不同的创意创作出不同的产品。

3.4.2　产品碳足迹

产品碳足迹（Carbon Footprint，CFP）在学术上被定义为产品生命周期各阶段活动产生的温室气体排放量。温室气体（Greenhouse Gas，GHG）主要包括二氧化碳、甲烷、氧化亚氮、氢氟碳化合物、全氟碳化合物、六氟化硫等，通过全球增温潜势方法（Global Warming Potential，GWP）转化为二氧化碳当量，因此碳足迹的单位一般用（kg/t）CO_2e 表示。目前，对碳足迹的量化并没有形成统一的计算方法，但各类研究都是基于 ISO 14040 系列标准框架实施产品全生命周期评价（Life Cycle Assessment，LCA）的，包括目标和范围的确定、清单分析、影响评价、解释说明等。

此外，基于 LCA 架构，各研究机构开发了成熟的商业化 LCA 评价软件，主要包括荷兰的 SimaPro、瑞士的 Ecoinvent、德国的 Gabi、美国的 BEES、中国的 eBalance 等。各类的产品 LCA 评价软件不仅包括碳足迹的量化评价，还包括产品生命周期对土地使用的影响、对人类健康的影响，产生的有害物质等对环境影响指标的评价。评价过程需要收集大量的产品技术信息数据，而在产品设计初期，产品的各类属性知识都存在着不确定性。因此，LCA 评价软件一般应用于对已有产品的改进设计中，通过评价识别对环境起主要作用的结构体，进而实施功能、结构的改进工作。

碳足迹的概念相对比较新颖，近年来各组织对它的探究日益增多，但是仍然没有一个标准的定义及核算方法。这里列举被大多数人认同的概念，碳足迹主要包括国家碳足迹、企业（组织）碳足迹、产品和服务碳足迹及个人碳足迹四大层面。国家碳足迹是指整个国家或地区的总体物质与能源的耗用所产生的温室气体排放量。个人碳足迹是指个人在日常生活中的衣、食、住、行所导致的温室气体排放量。产品碳足迹是指在产品制造、使用及废弃阶段，全生命周期过程中产生的温室气体排放量。企业（组织）碳足迹是指在产品制造、使用及废弃阶段，全生命周期过程中产生的温室气体排放量，以及非生产性的活动造成的温室气体排放量。

产品低碳设计模式的研究对未来工业发展的影响。低碳设计是未来设计的一个重要发展方向。做与人分享的设计，创造新的低碳生活方式，是设计产品的二次生命；使用新的操作方式是从产品的概念设计阶段形成低碳设计的有效手段；使用环保新材料、采用模块化设计等都是从产品的制造加工阶段开始使产品更加低碳。工业设计人员应该担当起设计的使命与责任，充当设计的先锋和使用者的表率，引领全球化的低碳产品潮流；应该通过创造性的思维活动，从产品设计的概念阶段和可实现性阶段入手，整合社会资源，优化社会资源配置，创造符合绿色设计需求的产品，促进符合生态环境良性循环规律的设计系统的建立。

设计作为每一个行业的"启动"阶段，对整个行业的发展有重大影响。如果每一个行业都以可持续发展为目标，大力开展绿色设计，提倡绿色设计，这将是实现中国"从制造业大国走向创造业大国"的有效途径，有利于实现全行业的可持续发展。市场经济下，工业企业为了满足不断增长的物质需求，需要开发出品种更多、质量更好、性能更强的产品。

然而，企业追求最高生产利润的本质，"先天性"地决定了其较少会考虑生产中的环境问题，这也导致了掠夺式的资源消耗及废物排放等活动的发生，激化了工业产品与地球资源、环境保护之间的矛盾，最终使人类的发展难以为继。因此，人们提出了可持续发展的需求，要求产品满足节约资源和能源、保护环境、保护人体健康三个需求。需在实际生产活动中，这些需求又衍生出各类次生需求，包括遵守环保法规、应对绿色贸易壁垒、迎合绿色消费等，它们之间的关系如图 3.14 所示。

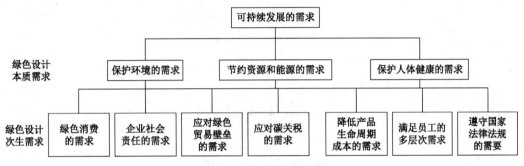

图 3.14　绿色设计需求层次

3.5　低碳设计理论方法

低碳设计在现有设计方法的基础上，在产品设计初期纳入低碳设计要素，实现全生命周期低碳化。因此，传统的设计理论方法仍然适用于低碳设计，本节从系统性设计方法、方向性设计方法及创新设计方法的角度论述当前设计方法研究现状及其在低碳设计领域的应用。系统性设计方法包括通用设计理论及系统布局产品全生命周期具体设计方法。通用设计理论包括 Yoshikawa 的 GDT（General Design Theory，GDT），Grabowski 的 UDT（Universal Design Theory，UDT）；系统布局产品全生命周期具体设计方法主要包括 Pahl 和 Beitz 的系统工程设计方法、AD 设计理论、质量功能配置理论。Tomiyam 从抽象和具体维度、通用和个体维度对设计理论和设计方法进行了分类，论述了各设计方法和理论在教学实践中的应用状况，指出部分设计理论和方法虽然缺乏实践，但可以培养设计人员在整个产品研发设计过程中的系统性意识，有利于实践活动顺利展开。

（1）Pahl 和 Beitz 的系统工程设计方法（见图 3.15）从设计需要和设计问题出发，系统性地论述产品规划、设计研发、生产制造、市场销售、售后维护、回收处理这一全生命周期的工程设计方法，并将设计研发作为整个系统方法的核心，将其划分为设计任务的规划、概念设计、布局设计、详细设计。其中，布局设计从概念设计出发，构建产品结构的总体布局，并从多种设计布局中获取最优的结构方案；详细设计则对结构方案进行细化、具体化，如各局部结构的尺寸参数、材料选择、生产加工参数、成本控制等。

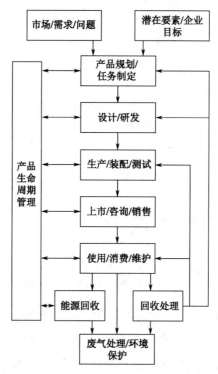

图 3.15　Pahl 和 Bettz 的系统工程设计方法架构

（2）AD 设计理论可归纳为两个公理（功能独立公理、信息最小化公理）、四个域（用户域、功能域、物理结构域、工艺过程域）、各域中的组成元素[用户属性（Customer Attributes，CAs）、功能需求（Functional Requirements，FRs）、设计结构参数（Design Parameters，DPs）、工艺过程变量（Process Variables，PVs）]、zig-zag 各域之间的映射操作。在各域中，对各元素进行分解分层，设定各自的设计目标，AD 设计理论就是在各域中进行设计问题求解的映射过程，通过各域之间 zig-zag 的映射完成各层次从功能需求到结构参数的设计目标，通过反复的求解映射过程实现产品整体设计目标。

（3）质量功能配置 Mizuno 和 Akao 提出的质量功能配置理论（QFD），其出发点是产品设计各阶段都最大限度地满足用户需求。标准的质量功能配置理论包括四个阶段的配置操作：质量配置（构建用户需求与产品质量特征属性、产品结构或部件的映射矩阵）、技术配置（构建产品结构、部件与生产加工技术、制造工艺的映射矩阵）、成本配置（在技术配置基础上评价产品各生产制造环节成本）和可靠性配置（产品失效模式及效果分析）。上述设计矩阵以质量屋的形式给出，在企业实际应用中基本只应用了质量配置的功能。

3.5.1　概念设计阶段的低碳设计方法

产品概念设计是以设计需求为导向，通过建立功能行为关联寻找正确的组合机理，确定基本求解途径，生成设计方案的过程。该阶段对产品技术性能、工程成本、环境指标影响最大，设计方案生成主要受产品的材料选择和基本形质特征的影响。

1. 材料选择

材料是低碳设计与低碳制造的基础，材料的碳排放强度对产品的低碳性能具有显著影响。因此，在设计阶段合理地选择与使用低碳材料，对产品最终的低碳性意义重大，在保证一定机械性能条件下，耐久性材料、易回收、可再制备的材料和新型复合材料应当是替代的首选。Zarandi 等提出一种基于生态设计领域专家知识，将知识转化为决策规则和决策树的模型，以支持指导低碳设计材料选择的初步筛选；Albinana 等建立了一种用于概念设计阶段的材料集成优选框架模型；Sakundarini 等提出轻量化多元材料选择模型；Lewis 等利用离散数据行为预测模型寻找设计空间最优材料方案，而且材料优选过程中应考虑区域差异性；Yoshizaki 等指出，即使设计中同种产品使用相同的零部件，其所产生的温室气体浓度水平也会因材料生产区域不同而有所差异；Zhang 等利用自适应算法求解液压滑块材料与结构耦合优化模型，以支持复杂产品低碳设计。

设计过程中材料的选择往往会影响系统能量流动，能量是生产活动的基础并维持活动的稳定性。由于产品设计与生产过程相互关联，在设计中更加积极地思考潜在关联的能量流动具有重要意义。从产品设计源头考虑降低材料在生产过程中可能需要的高能耗工艺，并使用低碳材料酌情替代，是产品低碳设计的要素之一。例如，某些需要铸造、锻造、焊接、热处理、表面处理的材料往往耗能较高，会造成较严重的环境影响。此外，设计中依据具体情况灵活选用易于设备加工制造的材料能够降低整个生命周期的碳排放。Alkadi 运用面向产品生命周期的设计思想为生产活动的能源需求设计了决策模型，为材料低碳化提供了可行的思路。

从全生命周期角度来看，设计过程中合理选择低碳材料往往会对系统物质流、能量流产生一定影响，需要重点考虑。

2. 基本形质特征

面向低碳设计的特征建模方法用于表达产品的基本形质特征，可使产品设计在其全生命周期内具有较好的信息筛选与传递性。因此，加强设计过程中各种信息载体的设计特征（如基本几何特征、形状特征、约束特征、拓扑特征等）与碳足迹关联关系的研究，能够对产品设计方案进行碳排放初步评估并提供设计改进思路。因此，与碳足迹相关联的特征模型建立、特征识别、特征映射等问题成为研究重点。Gaha 等研究了设计特征中涵盖的工程约束、公差、材料等与环境影响关联的关系；Nian 研究了光伏系统设备制造过程中碳排放与其设计的关联问题；Cao 等分析了机床生命周期碳排放特征，提出了固定碳排放与可变碳排放，并证明了轻量化设计与可以再制造设计可减少固定碳排放，能效与需求匹配可减少变动碳排放。美国国家标准与技术研究院（National Institute of Standards Technology，NIST）通过将机械公差原则引入碳权重的计算，引入"碳权重公差"（Carbon Weight Tolerance Approach，CWTA）概念，运用设计原理、公差分析和公差积累等原则支持碳权重分析。另外，因为设计特征的变化会影响制造工艺、拆卸装配操作和回收方式，所以通过几何形状优化研究和基础尺寸优化研究等实现产品的低碳降耗成为关键。

产品设计方案中设计特征组成的多样性和产品生命周期信息的不确定性，使设计初期阶段的设计参数与碳足迹难以关联和量化，系统性地考虑设计初期产品全生命周期环境问题（"3R"原则），即可回收性（Recycling）、可再制造性（Remanufacturing）和可再生性

（Reuse）存在一定难度，目前大多仍依赖于产品设计人员积累的知识与经验，已经成为该领域研究中的瓶颈问题。

Fukushige 等提出一种在设计初期通过描述生命周期场景来支持设计人员确定产品低碳设计策略的认知设计模型；He 等提出用于概念设计阶段的碳足迹量化模型和低碳概念设计框架，评估了产品生命周期的环境影响；Devanathan 等提出一种面向概念设计阶段的产品半定量低碳设计方法，运用质量功能影响矩阵建立了产品功能与环境的关系，研究表明该方法能够使温室气体排放量减少 20%；徐锋等提出基于低碳约束的产品概念设计思路，给出概念设计阶段碳足迹计算模型和基于低碳约束的产品概念设计方法；He 等考虑产品生命周期中概念设计阶段的数据不确定性，提出一种支持概念设计低碳方案决策的碳足迹模型。

为解决设计初期信息不确定性这一关键点，解析算法（如动态规划、流程情景等）、信息智能（如 BP-神经网络、人工神经网络、模糊规划、灰色关联等）发挥了重要作用。

由此可知，当前需要找到一种将设计特征域与碳排放域关联的方式，从而更好地处理设计早期信息的不确定性，以帮助设计人员理解设计方案中隐含的低碳信息并做出优化改进，这是未来一大重要研究趋势。

3.5.2　结构设计阶段的低碳设计方法

产品结构设计根据功能目标使零部件构成一定的组织形态，生成产品结构树并将各部分编制成一个有机整体，从而确定产品主要零部件结构及装配关系。以结构设计为导向的低碳设计研究在该领域占据很大比重。Song 等提出一种基于零件结构获取产品碳排放物料清单的 g-BOM 方法，使设计人员容易并快速评估低碳产品设计方案，不足之处在于简化了低碳设计中的零件优化替代过程，并且对产品本身的结构限制较大；Zhang 等提出一种基于典型机械结构连接单元的递归碳排放关联求解模型，深入研究了螺纹连接、销、键、铆接和焊接连接等结构设计对产品生命周期碳排放的影响，从机械产品结构设计层面发掘出与碳足迹的关联关系。

近年来，有研究从产品拓扑关系设计的角度分析与量化碳排放。例如，Li 等建立了一种新型几何拓扑结构模型，优化了焊接箱梁结构布局参数，为增强焊接结构机械性能、低碳性能提供了合理且有效的方法；Ramos 等在研究中证明了拓扑结构设计方法简单有效，然而其最优性仍取决于最初的基本结构并受总体结构单元数量的限制。此外，由于在产品设计方案中需要考虑各独立方案在实施时的冲突、结构载体连接的难易程度等复杂关联因素，孙良峰围绕面向低碳的产品结构设计技术展开研究，提出结构关联碳排放信息映射与量化的分层递阶模型。不同结构设计方案会影响产品全生命周期的材料用量、装配方式、回收方式等，多种设计方法如轻量化设计、模块化设计、可拆卸设计、可再制造设计等在低碳设计中发挥了重要作用。

1. 基于轻量化的低碳设计

轻量化设计在保证产品性能与质量的前提下，通过优化产品布局来实现低碳目标，具体包括轻量化材料、轻量化结构、成型工艺优化设计、连接工艺优化设计等，设计方法多用于大型工程机械、航空航天、汽车等领域。Schöggl 等研究了早期设计阶段应用新材料、新零件和新工艺的轻量化设计技术；Bein 等总结了轻质材料技术在欧洲绿色电动汽车项目中的应用。以上研究均说明轻量化设计在未来低碳产品发展中的价值。

值得注意的是，轻量化设计需要综合考虑产品强度刚度、结构稳定性、构件断裂韧性等要求，保障良好的静动态运行特性，以避免出现支柱结构压弯、薄壁结构凸起、局部载荷过大、结构塑性极限、参数谐振等现象。

2. 基于模块化的低碳设计

模块化设计指系统中具备基本功能的零件、组件或部件，通过标准化关联接口相互选择、连接、组合构成产品的方法。模块化设计的意义在于不仅考虑了设计的结构或功能，还提升了产品全生命周期的可拆卸性、可再制造性等。Qi 等依据模块化设计原则提出一种低碳产品技术动态配置应用模型；Su 等提出一种在设计阶段量化评估环境影响的方法，该方法基于遗传算法搜索装配结构和序列，从装配结构、装配顺序和供应链配置进行优化，以减少其全生命周期碳排放；鲍宏等以模块单元构建产品多层次碳足迹分析模型，提出产品碳足迹的结构单元映射方法，并将产品多层次碳足迹分析方法与敏感性分析相结合，探索其在低碳设计方案改进中的应用。另外，基于产品族的模块化设计同样是低碳设计方法之一，组件标准化与组件共享展现出多元性与互换性的特点。Wang 等针对低碳产品族设计关联环境问题提出一种新的规划方法，并验证了其可靠性。面向低碳的产品模块化设计有助于减少碳排放带来的不利影响，缩短产品设计与开发周期，加速产品系列化与标准化进程。

3．基于可拆卸的低碳设计

在产品设计阶段，在满足产品基本功能的前提下，就应充分考虑装配结构是否可拆卸，从而减少拆卸过程消耗的物料与时长，最终达到减少温室气体排放的目的。可拆卸性评估、拆卸深度分析与拆卸序列规划是近年来研究的重点，其作用是保障产品在生命周期终结（End of Life，EOL）阶段降低拆卸回收的时长与物料消耗。Veerakamolmal 等提出基于产品结构分解树的拆卸索引与评估，分析了寿命末端设计对环境的影响问题；Eckelman 等从初级生产使用的各种统计和工业数据源模型分析计算了航空合金金属回收问题，以降低生命周期温室气体排放；Favi 等建立了基于拆卸知识的产品可拆卸性设计准则，分析了设计阶段与寿命末端的环境影响关联关系；Harivardhini 等提出一种集成框架支持产品早期设计阶段的可拆卸性设计决策，以降低设计方案对环境的影响。

随着可拆卸设计研究的不断发展，局部拆卸设计思想可灵活运用于产品低碳设计过程，侧重于产品关键组件易于更换、维护或回收，使设计更为灵活。Smith 等提出了一种局部拆卸序列规划方法，能够降低生态影响，有利于改进产品设计。

4．基于可再制造的低碳设计

通过在设计初期优化材料选择和结构设计，可使产品在寿命末端具备良好的可再制造和再利用性，提高产品服役周期，从产品全生命周期角度增强低碳性能。刘涛等提出面向主动再制造的可持续设计概念；宋守许等分析了主动再制造设计中的产品级设计、零部件级设计和结构级设计，阐述了主动再制造设计的基础理论和基本流程；鲍宏等提出基于发明问题解决理论的主动再制造绿色创新设计方法，对产品设计低碳性能起到了积极影响。

综上所述，面向低碳的产品设计促进了生命周期过程中资源的高效利用，对温室气体减排具有重要意义。设计过程常结合质量功能配置、实例推理、冲突消解、可拓理论、协调设计等方法，针对设计目标、设计条件、设计约束与标准关联进行求解。

3.6 低碳优化设计方法

3.6.1 低碳优化设计问题

低碳优化设计是一个多学科、多变量、多目标且包含不确定因素的决策、协调与优化过程。产品低碳优化设计研究不仅着眼于产品生命周期所产生的碳排放，还会考虑产品的性能与生产成本等因素。另外，由于产品生态化、轻量化、模块化设计影响其在使用维护回收阶段的难度与成本，已成为制约低碳设计综合协调的关键问题之一。

低碳优化设计包括优化问题辨识、模型抽象、设计目标求解与算法选择等。其中，优化问题辨识和模型抽象仍需要设计人员的经验累积，设计目标求解和算法选择已形成系统性研究。在设计目标函数求解中常用约束法、理想点法、min-max 法、功效系数法、目的规划法、多属性效用函数法等。

3.6.2 产品优化设计方法研究

产品优化设计方法已经研究多年，但与低碳设计相结合的研究仍然不足，如何快速选择低碳设计方案，如何在全生命周期视角下准确识别并定位高碳设计单元仍然很困难。低碳设计模型正向多维度、多约束、多目标、高跨度发展，其中设计参数与碳足迹建模、约束条件建立、最优解集取舍、收敛效率与健壮性等成为低碳设计多目标决策过程中需要考虑的主要问题。

下面主要从产品结构设计、配置设计优化，生产制造、调度优化，CAX-LCA 集成优化等方面论述低碳优化方法的研究现状。①产品结构设计、配置设计优化。为满足产品研发生产过程中碳足迹、成本、性能综合效益最高，产品结构设计、配置设计中将多目标优化方法应用于最优方案的求解、遗传算法、粒子群算法、基于熵空间的优化、动态规划方法等。②生产制造、调度优化。从产品生产制造环节（包括加工参数优化、车间生产调度）及产品绿色供应链角度优化产品生命周期各设计要素。③CAX-LCA 集成优化。将现有的计算机辅助系统 CAX 与产品 LCA 方法/软件集成,整合企业生产制造、运输等环节各类信息,消除信息孤岛现象,辅助产品全生命周期的可持续设计与制造。

除上述设计知识表示方法外,还包括状态空间表示法、基于图表示方法、Perti 语义网表示等方法。

设计知识的获取。①设计知识的获取需要研究显性知识的获取方法和隐性知识的获取方法。显性知识的获取一般基于实例库或企业 PDM/PLM 数据库,通过检索方法快速获取需要的知识,因此,许多学者对相关的知识索引、检索方法展开了深入研究。而基于实例库获取知识存在检索的效用问题,以及检索获得的最相似实例无法修改,缺乏对相似实例修改难度的评估。产品隐性知识涉及大量设计原理、设计经验,需要设计人员不断地积累知识,通过沟通交流和学习获取。同时,在产品试验大量数据的基础上,通过数据挖掘、机器学习方法获取隐含在产品内部的隐性知识。Zhao 等采用可拓设计静态分类方法和可拓设计动态分类方法,并结合可拓集合理论挖掘需求动态变换下实例库产品实例演变规律知识;Zhang 等建立了基于拓展功能模型和对象模型的双层知识模型,获取特定领域中的功能设计知识;Ishino 等采用基于序列模式挖掘方法获得的信息值获取工程设计知识;Huang 等集成神经网络自学习能力和模糊逻辑结构化知识表达能力,构建设计与制造过程知识自动获取模型。李雷构建了基于产生式规则的变压器故障诊断专家系统。②面向对象表示方法。基于面向对象的思想,将各类事物表示为对象,每个对象包含其静态结构和一组操作,各对象按"类""子类""超类"构成包含关系。基于面向对象的知识表示方法的封装性好,模块化程度高,便于设计知识的高效重用。Wang 等结合面向对象的专家系统,开发了基于规则推理的压力安全系统实时故障诊断平台。Khanet 等针对不同领域本体知识的匹配问题,提出了 MBO(Mediation Bridge Ontology,中介桥梁本体论)方法,利用基于面向对象的设计模式及本体协同设计模式为匹配工具提供可拓展和重用的知识要素。Khanet 等采用面向对象的方法表示结构分析领域的实例知识,并应用于实例推理系统中。Jezek 等将基于面向对象模型的语义架构映射到语义网语言的表达,通过底层结构的编程获取潜在的数据信息。③本体表示方法。本体是共享概念模型的明确的、形式化的规范描述。将设计活动中各设计对象、过程等内容抽象出概念模型,采用确定的语义进行计算机统一处理,实现整个设计活动各类知识的共享、集成与重用。Witherell 等提出优化本体的概念,并构建基于知识的本体优化（ONTOP ontology for Optomzation）计算工具，应用于工程优化。ONTOP 包含标准优化技术、形式化的方法定义工具、传统优化过程中未记录的优化原理、设计人员优化假设等知识；通过本体技术，明确表达领域应用知识，方便系统优化过程中知识的共享与交互。张善辉等提出一种基于本体的机械产品设计知识嵌入方法，解决设计过程中模型、标准等知识重用率低的问题；研究设计知识的嵌入机制，以满足自定义式知识嵌入和推送式知识嵌入的需求。以上基于面向对象和本体的方法虽然能够形式化地表述设计知识，但是缺少与之对应匹配的设计冲突问题协调理论方法的集成研究，使形式化的设计知识只停留在表述层面，无法实现设计知识的演进。④基元表示方法。可拓学基元模型形式化定性、定量表示基础设计知识，通过对知识基元的拓展推理、变换操作及基于关联函数的变换结果评价，生成基元封装表示的可拓知识，并将其应用于可拓知识演化全过程。Feng 等用物元、关系元、事元分别表征机械概念结构的特征信息、连接约束信息和拓扑结构变换信息，并在此基础上建立可拓复合元模型，描述产品零件信息知识，提高计算机辅助概念设计中设计知识的重用效率。王体春等提出一种基于公理化设计的复杂产品设计方案可拓配置方法，通过设计实例建立公理化设计的复杂产品设计框架，结合可拓变换、可拓数据挖掘技术，给出复杂产品设计方案可拓配置模型与算法的实现过程。现代产品设计是在已有设计知识的基础上继承、创新而实现的，探索产品设计过程中设计知识的演化规律对知识重用起到关键作用。

3.6.3　产品低碳设计的内涵

设计的本质是对产品设计活动的知识表述。设计活动包括用户对产品的需求分析、功能分析、产品概念设计、布局设计及详细设计。通过将设计活动知识转换为制造活动信息，实现产品的生产制造。因此，产品设计阶段的知识获取质量及知识形成效率直接影响产品制造质量和产品研发制造周期。

设计活动中，设计人员对产品设计知识的重用效率并不高，一方面受知识检索的质量和效率的影响，另一方面是知识重用模型的低效。知识重用模型不仅包括嵌入企业产品知识平台中的产品属性特征参数、结构模型、设计原理及相应计算方法等显性知识，更应增加设计人员长期积累的经验知识和还未发掘的产品隐性知识，以及设计过程中产品设计的背景知识。对隐性知识的重用与显性知识的重用同样重要，在某种程度上，隐性知识的辅助作用可以提高产品设计的质量。对于缺乏设计经验的设计人员来说，虽然显性知识可以提高其设计效率，但这只是对已有设计知识转移的常规设计。在显性知识的基础上建立隐性知识重用模型，让设计人员获取产品基本设计参数的同时获知前人的设计思想、设计原理、当时的设计背景知识等，可以使设计人员更好地了解产品从需求分析到完成整体设计的设计流程，犹如前任设计人员与当前设计人员在整个设计过程中不断地进行设计思想的交互，更好地激发设计人员在当前设计环境下的产品创新设计。

低碳设计可拓推理、变换知识都是经验性的隐性知识。建立可拓知识重用模型，获取和重用设计过程映射推理知识、结构变换知识。构建基于需求—功能—行为—结构的可拓推理知识重用模型，研究各设计要素之间的映射推理过程，分析获取该过程中的原理性、经验性等隐性知识，并保存于知识元。构建面向结构重构的可拓变换算法模型，分析模块元特征属性量值、模块元特征属性、模块元变换下可拓变换及传导变换规则的演变规律，获取修改规则，构建修改实例库。以检索获取的真空泵相似实例作为知识重用研究对象，验证可拓知识重用模型的可行性。

低碳设计是以面向环境的技术为原则所进行的产品设计。低碳设计包含产品从概念形成到生产制造、使用、废弃后的回收、重用及处理处置的各个阶段。它要求在产品整个生命周期内着重考虑产品的环境属性，并将其作为设计目标，在满足环境目标要求的同时，具有产品应有的功能、使用寿命、质量等。

低碳设计是低碳产品生产的关键环节，因为在产品功能和基本要素确定的情况下，产品的结构布局、材料选择、加工工艺、质量、成本、交货时间、可制造性、可装配性、可维修性，以及人、机、环境之间的关系，甚至使用的便利性、能耗及产品的可循环性等，原则上都在产品设计阶段就已确定，而后续的修补工作都是对设计结果的完善。

3.6.4 低碳设计的主要内容

低碳设计的主要内容包括：

（1）材料选择与管理。低碳设计要求设计人员要改变传统选材程序和步骤，选材时不仅要考虑产品的使用条件和性能，而且应考虑环境的约束准则，了解材料对环境的影响，要尽量选用无毒、无污染及易回收、可重用、易降解的材料。在材料的管理上要求不能将含有有害成分的材料和含有无害成分的材料混放在一起。达到生命周期的产品，对于可利用部分要充分回收利用，对于不可利用部分要及时进行处理，使其对环境的影响降低到最低限度。

（2）产品的可回收性。低碳设计在产品设计初期就充分考虑其零部件材料的回收可能性、回收价值大小、处理方法、处理工艺等问题，最终达到零部件材料、资源和能源的最大利用，并对环境污染为最小。这种设计思想和方法应采取以下措施：①选择便于回收重用的材料；②采用模块化结构设计，以便更换报废的模块；③采用易拆卸的结构；等等。

（3）产品的可拆卸性。低碳设计具有良好的装配性能和拆装性能，已成为低碳设计研究的热点。不可拆卸不仅会造成大量可重复利用的零部件材料的浪费，而且废弃物处置不好还会严重污染环境。可拆卸性要求在产品设计初期就将可拆装性作为结构设计的一个评价标准，使所设计的结构易于拆卸和便于维修，并有利于零部件材料的循环再用、再生或降解。其设计准则是：①尽量将各元件结合成模块；②减少拆卸工作量，减少所用材料的种类，采用兼容材料；③连接结构应易于去除或破坏，减少紧固件数量，尽量采用相同的紧固法；④表面要易于抓取，尽量避免非刚性零件；⑤对不同材料进行标识，避免二次处理；⑥减少多样性，尽量利用标准件，最大限度地减少紧固件的种类。

（4）产品的低碳包装。低碳包装对产品的整体形象、产品竞争力等具有重要影响，低碳包装已成为产品整体低碳特征的一个重要内容。低碳包装设计包括优化包装方案和包装结构，应选用易处理、可降解、可回收重用或循环再生的包装材料。

低碳产品的成本分析由于在产品设计初期就必须考虑产品的回收、拆装和重复利用的成本，甚至还要考虑相应的环境成本等，这就造成了成本上的差异。因此，做设计决策时应进行低碳成本分析，以便设计出的产品"低碳程度"好，且总成本低。

3.6.5 低碳设计要点

低碳设计要点如下。

（1）减少产品设计和产品使用过程中的能耗。

在产品设计和产品使用过程中，必然会产生大量的能源消耗，而低碳环保的主旨之一就是降低能源消耗，因此低碳设计的主要任务就是通过合理化设计，减少产品设计和产品使用过程中的能源消耗。例如，某些大型建筑的设计人员通过对建筑的外形和内部进行合理规划，从某些方面减少能源消耗，如建筑设计角度的变化可以增加太阳的照射度，减少电能的消耗，起到了节能减排的作用，同时还保证建筑整体的功能属性，并且兼具相应的艺术性。

（2）低碳设计中资源的合理利用。

① 清洁能源的利用。太阳能、风能、光能等都是资源丰富的清洁能源，因此在设计过程中要充分利用清洁能源，并将产品设计和清洁能源的利用有效结合在一起，如可以利用太阳能、风能发电等。

② 回收利用旧材料。在产品设计过程中，可以回收利用旧材料，这样不仅可以提高资源的利用率，也可以节约资源，还可以更加充分地利用设计材料。例如，可以对拆除后剩余的设计材料进行加工和改造，进而更好地对材料进行回收利用，达到低碳设计的目的。

③ 可再生材料的利用。在产品设计过程中，可以利用可再生材料，这样不仅可以减少资源的投入，还可以减少人类过度开采自然资源引发的生态问题。例如，在建筑中增加可再生材料的使用，这样不仅可以减少建筑成本，节约资源，还可以减少对环境的影响。

（3）降低环境负荷。在进行低碳设计的过程中，应时刻注意产品设计对环境造成的影响，尽可能减轻产品对环境的破坏。在进行产品设计时，不仅要考虑产品设计的经济价值，同时还要考虑产品设计的生态价值，对于产品设计材料的选择，也要尽可能选择对生态环境影响较小的材料。另外，还可以通过合理预算，减少设计材料的浪费和材料垃圾的产生。

（4）采用灵活多变的设计方法，随着低碳概念的引进，用户的需求也随之发生了变化，因此在进行低碳设计时，要考虑用户需求，并随着用户需求的改变采用灵活多变的设计方法，提升产品对用户需求的适应性，提高产品的使用寿命，同时提高产品设计对资源的利用率，减少对环境的影响。

3.6.6　低碳设计的主要体现

低碳设计有别于从功能上入手，在强度上保证，以满足人的需求和解决问题为出发点的传统设计。低碳设计是着重考虑产品环境属性（自然资源的利用、环境影响及可拆卸性、可回收性、可重复利用性等），并将其作为设计目标来进行产品设计的一种全新的设计方法。现阶段，机电产品的低碳设计与制造主要包括以下几个方面。

（1）注意机电产品低碳设计的原材料的选择与管理。机电产品低碳设计首先要考虑的是生产机电产品的原材料必须是易回收、可重用、易分解、能再生的，而且是对环境无害的材料。目前，机电产品所使用的材料大部分是钢、铁及其合金，这些是可回收利用的。但是，也有一些新兴材料，如工程塑料、玻璃钢及一些非金属材料等，是不易分解的或对环境有害的物质。因此，低碳产品设计对材料科学的发展也提出了要求：要从环保的角度出发研究新型材料，开发出适合低碳产品设计的低碳材料。除合理选材外，还要加强材料管理。

（2）加强产品的可回收设计。产品可回收设计是在产品设计初期充分考虑其零件材料的回收可能性、回收价值大小、回收处理方法、回收处理结构工艺性等与回收性有关的一系列问题，最终达到零件材料资源最佳利用和能源损耗的最小，并对环境污染最小的一种设计思想和方法。可回收设计包括以下四个方面的主要内容：可回收材料及其标志；可回收工艺与方法；可回收性经济评价；可回收性结构设计。

（3）控制废气、废渣、废液（切削液）的排放。机电产品的原材料在生产过程中，不同程度地有各种废气、废渣、废液的排放，这些有害气体、液体及固体微粒的排放，对环境污染非常严重。低碳设计从根本上倡导研制开发新的清洁能源，在保证其正常用途的前提下，确保其对环境污染最小。同时，也应该做好废气、废渣、废液的清洁工作，大力发展环保技术，确保其进入自然时，对环境的危害最小。

（4）低碳产品的成本分析。低碳产品的成本分析与传统的成本分析不同。由于在产品设计初期，就必须考虑产品的回收、再利用等性能，因此，成本分析时，就必须考虑污染物的替代、产品拆卸、重复利用成本、特殊产品相应的环境成品等。因此，在每一设计决策时都应进行低碳产品成本分析，以便设计出的产品"低碳程度高且总体成本低"。

（5）产品的装配与可拆卸性设计。现代机电产品不仅应具有优良的装配性能，还必须具有良好的拆卸性能，而且拆卸设计已成为目前低碳设计研究的主要热点。可拆卸性要求在产品设计的初期就将可拆卸性作为结构设计的一个评价准则，使所设计的结构易于拆卸，维护方便，在产品报废后可重用部分能充分有效地回收和重用，以达到节约资源和能源，保护环境的目的。可拆卸性要求在产品结构设计时改变传统的连接方式，代之以易于拆卸的连接方式。可拆卸结构设计有两种类型：一种是基于成熟的结构连接方法，如螺栓连接、键连接及过盈配合等；另一种则是基于计算机的目的设计方法。

（6）产品包装设计和外形设计。低碳产品包装设计和外形设计已成为产品整体低碳特性的一个重要内容，低碳包装设计的内容包括：优化包装方案和包装结构，选用易处理、可降解、可回收重用或循环再生的包装材料。传统的设计只注重功能和可靠性方面的问题，不是很重视外观和色彩，基本保持固定的单一的老面孔，不能做到与时俱进，缺乏鲜明的时代感和个性特点，这些是不符合低碳设计要求的。低碳设计在力求功能和内在质量完善的同时，需要通过造型、色彩方面的艺术技巧和手段，营造低碳视觉环境。造型美观、色彩醒目，必定更能吸引用户。

第 4 章

服务碳中和的工业产品生产优化设计企业管理模型

在国家碳中和目标的推动下，绿色低碳发展成为现代企业发展的必然趋势。工业产品的设计和生产需要在相应的企业发生。服务碳中和的工业产品生产优化设计企业管理模型成为工业产品低碳设计、低碳生产执行的重要基础，能够改善创新技术和各个部门之间的配合，使得工业产品优化设计可以把所得到的资源充分利用起来，从而推动低碳设计创新的技术顺利转化为产品。

4.1 制造业企业低碳实践工具评价与集成模型构建

截至目前，尽管许多研究人员和产业界人士都已经认识到低碳制造之间能够产生优化作用，但是围绕该主题的概念仍然凌乱，无条理性和系统性可言。

因此，亟须开发一个集成的方法来评估低碳实践对组织绩效的影响，确定不同实践方法对绩效的影响，从而为企业在推进低碳过程中了解和选择不同的实践工具组合提供参考。

低碳生产是通过识别和消除制造过程中的非增值性活动来实现浪费最小化的，是被广泛接受认可的制造模式之一，能够提高运营效率、盈利能力和灵活性三个方面的组织运营效益。同时，制造业企业也实现了能源的节约和避免了产品生产过程产生过多的废弃物等，在成本降低的同时也消除了制造过程所带来的环境负面影响。

随着环境视角在企业战略和消费者偏好中越来越重要，制造业企业在其管理议程中开始越来越多地关注产品制造、物流、消费和报废处理过程中所造成的环境影响问题。有一个重要问题是，制造业企业如何在促进经济、社会和环境可持续发展的同时，解决快速满足客户需求和企业运营符合严苛的环境法规要求的两难困境。因此，节约能源、消除环境污染，是实现可持续发展过程中企业应当履行的社会责任。低碳制造是可持续发展的一个重要组成部分，是 21 世纪制造业的可持续发展模式。低碳制造还是一种系统化、经济化、综合化的技术方法，其目标是处置消除产品设计和材料选择、制造、使用和废弃处置等各环节中的所有废物流。

低碳实践的应用有利于减少环境污染，建立持续发展的氛围，消除企业导入和应用污染控制新技术的障碍，强调在生产效率提升的基础上，节约资源和能源，减少污染、给企业增加价值。

现在大部分的文献主要关注两个方面，一个方面是低碳制造实践与供应链绩效之间的关系；另一个方面是低碳环境绩效的影响关系。然而，Garza-Reyes 在低碳-低碳制造文献回顾的基础上，突出强调低碳的具体实践方法工具对组织运行效率和消除环境影响等研究的局限性和不确定性，需要更多的定量研究来填补这个空白。

用低碳理念定义的制造过程存在八大废物。本文强调低碳废物之间的相关性和消除它们的相应方法工具，运用网络分析法建立不同的低碳实践方法工具对实施绩效的影响层次结构，并评价低碳系统方法工具消除制造过程对企业产品生产过程效率的提升和能源优化的重要性权重影响，建立低碳实践工具集成框架结构模型。

4.1.1 低碳实践工具多目标模型的建立

1. 低碳实践工具网络分析模型

制造业企业为提高经营效率和客户满意度，使产品和服务更具有竞争力，可以通过实施低碳制造来缩短制造周期和成本，并且对产品质量和交货期等进行持续改进优化。Singh 等通过案例研究发现，企业实施 SMED 技术能够减少产品切换过程中的设备准备时间，同时也发现该方法和其他低碳工具。公司的低碳实施实现生产过程效率提升的影响因素用四个标准进行评估，包括成本降低，质量改进，缩短周期时间，提高交付能力。但这些影响因素不是相互独立的，而是彼此之间存在相互影响，如质量和交付能力的改进，必然会增加成本，周期时间的缩短能够降低成本等，它们彼此之间存在着相互依赖的关系。低碳实践工具网络分析模型参见图 4.1。

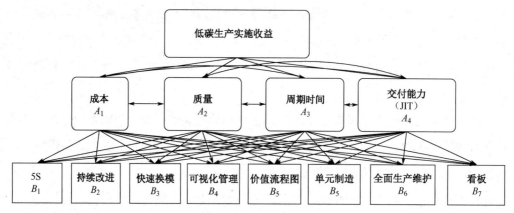

图 4.1　低碳实践工具网络分析模型

2. 低碳实践工具评价网络分析模型

低碳制造是一个综合考虑环境影响和资源消耗的现代制造模式。其目标是使产品能够从设计、制造、包装、运输、使用到报废处理的整个生命周期中，对环境负面影响最小，资源利用率高，使社会经济效益和社会效益协调优化。

与低碳实践工具网络分析模型相似，低碳实践工具评价网络分析模型（见图 4.2）（简称"低碳模型"）也考虑到通过实施低碳实践获得的能源节约、减少废弃物等来进行构建分析模型。低碳制造绩效的评判因素一般是采用废水减排、减少固体废物、减少排放和降低能源消耗。基于不同的文献和专家判断，选择了以下低碳实践工具进行研究，如环境管理系统、生命周期评价、面向环境设计、环境排放控制和影响补救、低碳供应链实践技术、自然资源优化使用等。

3. 低碳—低碳实践集成网络分析模型

目前的文献对"低碳—低碳实践"及其"集成能够产生的绩效优势"有大量的研究，

但是对于企业组织在动态的市场环境中明确不同的低碳实践方法工具，实施对企业的生产效率和能源优化产生影响的作用关系进行的相关研究少。低碳精益绿色层次分析模型见图4.3。

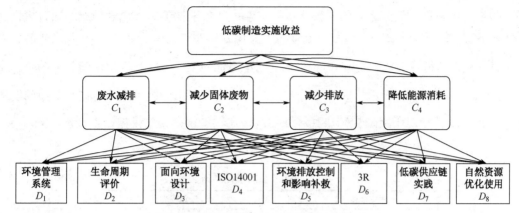

图 4.2 低碳实践工具评价网络分析模型

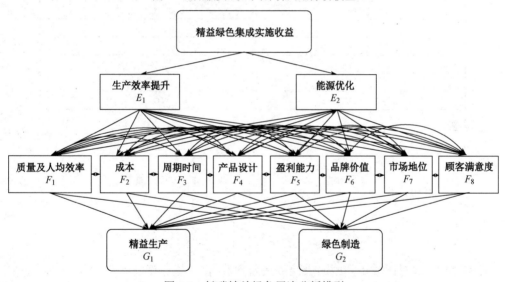

图 4.3 低碳精益绿色层次分析模型

4.1.2 低碳实践工具多目标模型的评价

多准则决策（MCDM）方法被广泛应用于比较和评估多个相互冲突的标准中。在本节，网络分析法（Analytic Network Process，ANP）和复杂比例评价法（COmplex PRoportion ASsessment，COPRAS）被应用于模糊制造环境下的低碳实践工具的评价。本节具体以低碳实践工具多目标模型为例，阐述评价过程。

基于模糊网络分析法（Fuzzy Analytic Net Process，FANP）计算各准则/方案属性的权重。先不考虑属性或元素之间的依赖关系，计算并建立各准则/方案属性的成对比较模糊关系矩阵 $\tilde{W}_a$。令 $W_i(i=1, 2, \cdots, n)$ 为一个属性，$\tilde{a}_{ij} (i, j=1, 2, \cdots, n)$ 为属性 W_i 与 W_j 之间的相对重要性，从而获得成对比较矩阵 $\tilde{W}_a$。计算准则层属性的重要性使用三角模糊数（Triangular Fuzzy Number，TFN）表示。本节采用 TFN，TFN 是一种有效处理不确定信息决策问题的工具，在各属性相对于上一控制层某属性的两两比较过程中构建模糊语言变量，如表 4.1 所示。

表 4.1　FANP 中的模糊语言变量

语言变量	三角模糊数（TFN）
非常差（VP）	(0,0,0.1)
差（P）	(0,0.1,0.3)
中下（MP）	(0.1,0.3,0.5)
中等（M）	(0.3,0.5,0.7)
中上（MG）	(0.5,0.7,0.9)
好（G）	(0.7,0.9,1)
非常好（VG）	(0.9,1,1)

基于专家判断，利用语言变量某一属性所建立的成对比较模糊矩阵 $\tilde{A}$，模糊矩阵具体计算如下：

$$\tilde{X} = \begin{bmatrix} 1 & \tilde{a}_{12} & \cdots & \tilde{a}_{1n} \\ \tilde{a}_{21} & 1 & \cdots & \tilde{a}_{2n} \\ \vdots & \vdots & \ddots & \vdots \\ \tilde{a}_{n1} & \tilde{a}_{n2} & \cdots & 1 \end{bmatrix} = \begin{bmatrix} 1 & \tilde{a}_{12} & \cdots & \tilde{a}_{1n} \\ \tilde{a}_{12}^{-1} & 1 & \cdots & \tilde{a}_{2n} \\ \vdots & \vdots & \ddots & \vdots \\ \tilde{a}_{1n}^{-1} & \tilde{a}_{2n}^{-1} & \cdots & 1 \end{bmatrix} \tag{4-1}$$

式(4-1)中,成对比较矩阵中的属性值互为倒数,在具体计算过程中,当 $\tilde{a}_{ij} = (\tilde{a}^L{}_{ij}, \tilde{a}^M{}_{ij}, \tilde{a}^U{}_{ij})$ 时,那么元素 $\tilde{a}_{ji} = (\tilde{a}^L{}_{ji}, \tilde{a}^M{}_{ji}, \tilde{a}^U{}_{ji}) = \tilde{a}^{-1}{}_{ij}$,其中,$\tilde{a}^L{}_{ji} = 1 - \tilde{a}^U{}_{ij}$,$\tilde{a}^M{}_{ji} = 1 - \tilde{a}^L{}_{ij}$,$\tilde{a}^U{}_{ji} = 1 - \tilde{a}^M{}_{ij}$。那么，属性 $\tilde{A}_i$ 的模糊平均重要性 $\overline{A}_i$ 为：

$$\overline{A}_i = \frac{1}{n} \sum_{j=1}^{n} a_{ij} = \left(\frac{1}{n} \sum_{j=1}^{n} a^L{}_{ij}, \frac{1}{n} \sum_{j=1}^{n} a^M{}_{ij}, \frac{1}{n} \sum_{j=1}^{n} a^U{}_{ij} \right) \tag{4-2}$$

属性 $\tilde{A}_i$ 的模糊重要性权重 $\tilde{w}_{A_i}$ 为：

$$\tilde{w}_{A_i} = \left(\tilde{w}^L_{A_i}, \tilde{w}^M_{A_i}, \tilde{w}^U_{A_i} \right) = \frac{\overline{A}_i}{\sum_{i=1}^n \overline{A}_i} = \frac{\left(\frac{1}{n} \sum_{j=1}^n a^L_{ij}, \frac{1}{n} \sum_{j=1}^n a^M_{ij}, \frac{1}{n} \sum_{j=1}^n a^U_{ij} \right)}{\overline{A}_1 + \overline{A}_2 + \cdots + \overline{A}_n} \tag{4-3}$$

最后，根据模糊均值法对属性 $\tilde{A}_i$ 的权重去模糊化，获得明确的权重值 w_{A_i}：

$$w_{A_i} = \frac{w^L_{A_i} + w^M_{A_i} + w^U_{A_i}}{3} \tag{4-4}$$

相对于准则层的其他属性因素，计算准则层每个属性因子的内部仍然依赖于矩阵。相对于某一属性因素，剩余属性因素之间的两两比较过程中，专家基于语言变量判断构建相应的矩阵，同样用 TFN 表示，从而获得依赖关系比较矩阵 $\tilde{W}_b$。

计算准则层各评价属性因素相互依存的优先顺序，通过计算 $W_{factors} = \tilde{W}_a \times \tilde{W}_b$ 获得。

基于专家判断构建底层方案层的模糊矩阵，并计算相应的两两比较相对权重，用 TFN 表示，构建的矩阵为 $\tilde{W}_{sub-factors}$。

计算最底层方案层各单个方案的总重要度，并进行排序，可以计算得出总权重 $\tilde{W}_{sub-factors(global)} = \tilde{W}_{factors} \times \tilde{W}_{sub-factors}$。

本节以低碳模型为例进行具体的评价分析。首先，运用网络分析法对图 4.1 进行分析，在查阅相关文献及专家给的建议基础上对矩阵各因素按照表 4.1 进行打分，并按照网络分析法基本步骤和模糊矩阵计算公式（4-1）、（4-2）、（4-3）、（4-4）进行计算，得出层次结构评价准则属性 A 对于目标层相对重要度矩阵为：

$$W_{L-b} = (A_1, A_2, A_3, A_4)^{\mathrm{T}} = (0.093, 0.339, 0.182, 0.386)$$

通过计算层次结构评价准则属性 A 之间相互依赖关系去模糊数，最终比较矩阵为：

$$W_{L-b} = \begin{bmatrix} 1 & 0.093 & 0.153 & 0.176 \\ 0.230 & 1 & 0.240 & 0.312 \\ 0.333 & 0.297 & 1 & 0.281 \\ 0.276 & 0.441 & 0.4431 & 1 \end{bmatrix}$$

故层次结构评价准则属性 A 相对于目标层最终的相对重要度归一化后为：

$$W_{L-factors} = W_{L-a} \times W_{L-b} = (0.220, 0.525, 0.422, 0.641)$$

其相对重要度归一化后为：（0.122, 0.290, 0.233, 0.355）

运用网络分析法对低碳实践方法工具针对上层某要素（准则）两两比较构建判断矩阵。重要度计算和一致性检验结果归一化后各元素的相对重要度汇总表如表 4.2 所示。

B 层要素的总权重可计算得出：

$$B_1=0.122×0.047+0.290×0.100+0.233×0.034+0.355×0.182≈0.107$$

同理可得：

$B_2=0.140$；$B_3=0.150$；$B_4=0.050$；$B_5=0.135$；$B_6=0.106$；$B_7=0.245$；$B_8=0.67$

B 层的综合重要度为（0.107，0.140，0.150，0.050，0.135，0.106，0.245，0.067）。

表 4.2 的结果表明，评价属性标准中"及时配送与交货"获得的最大的权重影响为（0.355），最小权重影响为（0.122），以及不同的低碳生产实践方法工具对组织低碳绩效产生的影响权重。

表4.2　低碳模型各层次元素相对重要度汇总表

B ＼ A	A_1 0.122	A_2 0.290	A_3 0.233	A_4 0.355	B_i
B_1	0.047	0.100	0.034	0.182	0.107
B_2	0.095	0.298	0.065	0.075	0.140
B_3	0.306	0.052	0.141	0.182	0.150
B_4	0.047	0.052	0.066	0.039	0.050
B_5	0.177	0.051	0.168	0.168	0.135
B_6	0.049	0.028	0.137	0.168	0.106
B_7	0.095	0.316	0.355	0.166	0.245
B_8	0.183	0.103	0.034	0.020	0.067

同样应用网络分析法对图 4.2 进行分析，构建判断矩阵，按照上述低碳模型同样的计算方法，同理可得：在判断矩阵符合一致性的情况下，C 层次各元素对总目标的相对重要度为（0.101，0.062，0.518，0.319），C、D 层次各元素的相对重要度汇总表如表 4.3 所示。

表4.3　低碳模型各层次元素相对重要度汇总表

D ＼ C	C_1 0.101	C_2 0.062	C_3 0.518	C_4 0.319	D_2
D_1	0.045	0.030	0.036	0.047	0.040
D_2	0.048	0.053	0.036	0.095	0.057
D_3	0.138	0.134	0.143	0.306	0.194
D_4	0.398	0.386	0.357	0.183	0.307
D_5	0.028	0.027	0.122	0.177	0.124
D_6	0.236	0.245	0.201	0.047	0.158
D_7	0.028	0.029	0.069	0.095	0.071
D_8	0.079	0.097	0.035	0.049	0.048

同理计算得：D 层的综合重要度为（0.040，0.057，0.194，0.307，0.124，0.158，0.071，0.048）。由最终的综合权重可以看出，减少排放是低碳制造模型最重要的准则，其次是降低能源消耗，而减少固体废物则得到最小加权。在组织低碳实践过程中所实施运用的方法工具中 ISO 14001 的作用是非常重要的，其次是低碳制造工具环境设计（DFE）和 3R。

同理对图 4.3 进行分析可得：在判断矩阵符合一致性情况下，E、F 层次各元素权重及子准则总权重如表 4.4 所示。

表 4.4　低碳模型准则层各因素权重及子准则总权重

F ＼ E	E_1	E_2	E_i
	0.667	0.333	
F_1	0.104	0.287	0.165
F_2	0.037	0.032	0.035
F_3	0.036	0.063	0.045
F_4	0.184	0.295	0.221
F_5	0.060	0.032	0.051
F_6	0.188	0.064	0.147
F_7	0.045	0.061	0.050
F_8	0.346	0.167	0.286

由表 4.4、表 4.5 可知，客户满意度（0.286）在提高企业生产效率和提供环境友好型产品方面扮演着重要的角色，而产品设计（0.221）则决定了每个人的环境意识。与生产效率提升方面的绩效对企业成为低碳企业方面做出更高的贡献（0.667）相比，能源优化占整体模型绩效的 0.333 权重。产品设计、顾客满意度和质量及人均效率三大因素的权重影响组织的总体绩效。虽然绿色制造的 G_2 与提高精益生产 G_1 所做出的贡献几乎相等（分别为 0.52 和 0.48），但是绿色制造主要影响产品的及时配送、交货和质量（见表 4.2），而且绿色制造有助于提高品牌的价值和市场地位（顾客满意度）（见表 4.5）。

表 4.5　低碳制造模型方案层元素相对重要度汇总表

	生产效率提升（0.667）				能源优化（0.333）				G_i
	质量及人均效率	成本	周期时间	产品设计	盈利能力	品牌价值	市场地位	客户满意度	
	（0.165）	（0.035）	（0.045）	（0.221）	（0.051）	（0.147）	（0.050）	（0.286）	
G_1	0.75	0.667	0.75	0.5	0.667	0.25	0.333	0.5	0.522
G_2	0.25	0.333	0.25	0.5	0.333	0.75	0.667	0.5	0.478

4.1.3　低碳实践工具多目标模型的效度检验

FANP 分析结果在很大程度上取决于专家的判断能力。本节利用 Fuzzy-COPRAS 评价方法来合理客观地评价备选方案影响权重是否具有稳定性和一致性，获得的结果具有稳定性和确定性。

首先，定义专家评判的 Fuzzy-COPRAS 中的模糊语言变量，提供给决策团队的模糊语言变量三角模糊数，如表 4.6 所示。

表 4.6　Fuzzy-COPRAS 中的模糊语言变量

语言变量	三角模糊数（TFN）
非常低（VL）	(0,1,3)
低（L）	(1,3,5)
中等（M）	(3,5,7)
高（H）	(5,7,9)
非常高（VH）	(7,9,10)

其次，构造模糊决策矩阵。备选方案的偏好评级用语言变量 TFN 来表示，各种准则属性 C_j $(j=1,2,\cdots,n)$ 下的方案 A_i 的水平等级的矩阵 $\tilde{X}$ 如下。

$$\tilde{X} = \begin{array}{c} \\ A_1 \\ A_2 \\ \vdots \\ A_i \end{array} \overset{\begin{array}{cccc} C_1 & C_2 & \cdots & C_j \end{array}}{\begin{bmatrix} \tilde{x}_{11} & \tilde{x}_{12} & \cdots & \tilde{x}_{1n} \\ \tilde{x}_{21} & \tilde{x}_{22} & \cdots & \tilde{x}_{2n} \\ \vdots & \vdots & \ddots & \vdots \\ \tilde{x}_{m1} & \tilde{x}_{m2} & \cdots & \tilde{x}_{mn} \end{bmatrix}}, \quad i=1,2,\cdots,m; j=1,2,\cdots,n$$

(4-5)

$$\tilde{x}_{ij} = \left(x_{ij1} \cdot x_{ij2} \cdot x_{ij3} \right) \begin{cases} x_{ij1} = \min_k \left\{ x_{ijk1} \right\} \\ x_{ij2} = \dfrac{1}{k} \sum_{k=1}^{k} x_{ijk2} \\ x_{ij3} = \max_k \left\{ x_{ijk3} \right\} \end{cases}$$

式（4-5）中：$\tilde{x}_{ijk}$ 为第 K 个决策专家基于准则属性 C_j 对备选方案 A_i 的语言变量的评价 TFN，$\tilde{x}_{ijk} = \left(x_{ijk1}, x_{ijk2}, x_{ijk3} \right)$。

再次，将得到的模糊决策矩阵去模糊化获得精确值。采用重心法将模糊权重转化为精确的数值权重，该方法是计算各维度模糊权重最佳非模糊效用值的最简单实用的方法。计算公式为：

$$x_{ij} = \frac{\left[\left(x^{U}_{ij} - x^{L}_{ij}\right) + \left(x^{M}_{ij} - x^{L}_{ij}\right)\right]}{3} + x^{L}_{ij} \tag{4-6}$$

规范化决策矩阵（f_{ij}）。决策矩阵的规范化是通过将每个数值条目除以每个数值所在列中最大的条目来计算的，以消除不同度量单位的异常，从而使所有的标准都是无量纲的。

计算加权归一化决策矩阵（$\hat{x}_{ij}$）。模糊加权归一化值的计算方法是评价属性指标的权重（$W_{factors}$）乘以标准化决策矩阵（f_{ij}）：

$$\hat{x}_{ij} = W_{factors} \times f_{ij} \tag{4-7}$$

将加权归一化后的无量纲数值分别按照可取的优化方向最大化与最小化的值分别进行求和，P_i 为优化方向最大化求和值，R_i 为优化方向最小化求和值，即：

$$P_i = \sum_{j=1}^{k} \hat{x}_{ij}$$
$$R_i = \sum_{j=l+1}^{m} \hat{x}_{ij} \tag{4-8}$$

计算每个方案（方法工具和实践范式）的综合评定值（Q_i），即：

$$Q_i = P_i + \frac{\sum_{i=1}^{n} R_i}{R_i \sum_{i=1}^{n} \frac{1}{R_i}} \tag{4-9}$$

最后，确定最优性准则值 K 及相对评分值 N_i，通过 Q_i 值求出每个方案（方法工具和实践范式）的综合性能评分，以 Q_i 的最大值为基准，同时也为最优性准则值 K=100，求出其他指标的相对分值 N_i：

$$N_i = \frac{Q_i}{Q_{max}} \times 100 \tag{4-10}$$

根据综合评定值对每个方案（方法工具和实践范式）进行排序比较。

结合 Fuzzy-COPRAS 评价方法的步骤，对图 4.1 进行分析，构建相应的矩阵及计算结果。使用表 4.6 中的模糊语言对低碳生产范式中的八种实践方法工具的属性进行评价，建立模糊决策矩阵 $\tilde{X}_{Lean}$，根据式（4-5）转换成语言模糊数表示，得到模糊决策矩阵 $\tilde{X}_{Lean}$，如表 4.7 所示。

表 4.7 使用模糊数表示的决策矩阵

	B_1	B_2	B_3	B_4	B_5	B_6	B_7	B_8
A_1	(5,8.31,10)	(1,5.12,9)	(0,3.25,7)	(1,3.78,9)	(3,6.76,10)	(3,6.89,10)	(1,4.24,9)	(0,3.2,7)
A_2	(3,6.78,10)	(0,3.56,7)	(1,4.76,9)	(3,7.21,10)	(5,8.34,10)	(3,7.21,10)	(1,3.65,7)	(1,3.25,7)
A_3	(5,7.52,10)	(1,4.23,7)	(0,3.21,7)	(5,7.79,10)	(0,3.21,7)	(1,5.23,9)	(3,5.87,9)	(1,4.21,9)
A_4	(3,5.21,9)	(1,5.16,9)	(1,4.57,9)	(1,4.34,9)	(1,4.89,9)	(1,4.87,9)	(1,4.78,9)	(0,3.2,7)

运用式（4-6）对模糊决策矩阵去模糊化，结果如表 4.8 所示。

表 4.8 去模糊化后的决策矩阵

	B_1	B_2	B_3	B_4	B_5	B_6	B_7	B_8
A_1	7.77	5.04	3.42	4.59	6.59	6.63	4.75	3.40
A_2	6.59	3.52	4.92	6.74	7.78	6.74	3.88	3.75
A_3	7.51	4.08	3.40	7.60	3.40	5.08	5.96	4.74
A_4	5.74	5.05	4.86	4.78	4.96	4.96	4.93	3.40

对表 4.8 中的决策矩阵进行归一化处理，并根据式（4-7）将归一化后的值乘以相应属性的权重，得到最终加权归一化决策矩阵，如表 4.9 所示。

表 4.9 加权归一化后的决策矩阵

	优化方向	B_1	B_2	B_3	B_4	B_5	B_6	B_7	B_8
A_1（0.122）	最小	0.208	0.140	0.195	0.123	0.124	0.178	0.124	0.176
A_2（0.290）	最大	0.205	0.233	0.409	0.425	0.507	0.419	0.414	0.407
A_3（0.233）	最小	0.217	0.217	0.304	0.449	0.367	0.393	0.461	0.382
A_4（0.355）	最小	0.112	0.410	0.093	0.003	0.001	0.011	0.001	0.034

运用式（4-8）、式（4-9）、式（4-10）计算 P_i、R_i、Q_i、N_i 的值，并对实践方法工具进行排序，结果如表 4.10 所示。

表 4.10 低碳层次模型 8 种实践方法工具对绩效影响的排名结果

	B_1	B_2	B_3	B_4	B_5	B_6	B_7	B_8
P_i	0.205	0.233	0.237	0.192	0.207	0.205	0.4144	0.204
R_i	0.537	0.767	0.591	0.575	0.493	0.581	0.586	0.593
Q_i	0.278	0.306	0.310	0.265	0.280	0.277	0.487	0.277
N_i	56.97	62.79	63.59	54.44	57.53	56.92	100.00	56.86
排名	5	3	2	8	4	6	1	7

由表 4.10 的结果显示，利用 Fuzzy-COPRAS 评价方法与网络分析法评价低碳层次模

型 8 种实践方法工具对绩效影响的结果具有一致性。同理，也可以得到低碳制造模型及低碳制造集成模型的结果具有一致性。由此可以确定所有三个层次分析模型的效度分析的结果表明和证实了模型的稳健性和获得的结果的推广。

4.1.4 制造业企业低碳实践工具集成模型构建

目前，对于大多数制造业企业通过生产效率提升、能源优化来保持竞争优势、提升市场占有率、提高顾客满意度、降低碳排放等实现设定的经济效益、环境效益和社会效益目标，一个非常重要和关键性的决定就是实施低碳集成战略。因此，在这样一个战略决策过程中，有必要通过多层次决策和中间决策层将低碳制造战略优化融合和企业的经济、环境和社会可持续发展目标的影响联系起来。

1. 低碳系统实践工具集成框架模型构建

低碳模型的 FANP 结果为了解低碳实践方法工具实施提供了一些关键的管理见解。在低碳层次模型中，TPM（全面生产维护）是最有分量的低碳实践方法工具，能够为消除停机等待、故障维修等引起的时间损失，设备性能导致的产品质量优化改善起到重要的作用。显然，TPM 通过对机器设备的有计划的预防性和预见性维护策略确保设备运转的高效性，提升生产效率。Kaizen（持续改善）和 5S 管理与 TPM 一道实施能够快速识别和消除八大浪费，实现成本降低，而 SMED（六十秒即时换模，简称快速换模）和 KANBAN 在缩短生产周期和改善快速交货方面起到非常重要的作用。准时配送及交货（JIT）和保证产品质量是组织实现低碳实施效果最重要的决定要素。

因此，低碳集成能够作为管理者协调实施运营和环境实践过程中的路线图，在提高企业制造过程效率的同时不损害生态环境追求生态效率，并成功实现可持续制造。鉴于 FANP 分析结果，建立低碳系统实践工具集成框架模型图（见图 4.4），能促使组织同时实现效率提升和能源优化的目标。

在低碳系统实践工具集成框架模型图中，TPM、持续改善、5S 管理和 SMED 是提高公司低碳水平的最佳低碳实践。TPM 通过预测和预防设备维护策略，使设备效率最大化。

持续改善保证持续改进的文化氛围和改善共识，实现全员参与，通过消除浪费来降低成本和提高质量。5S管理为启动改进过程提供了有效的起点，并且只需要较少的投入。SMED可实现小批量生产，促使库存减少和生产柔性提高，进而实现生产效率提升、资源节约。管理者应率先实施这些方法，以提高交货时间和产品质量，这有助于提高顾客的满意度。

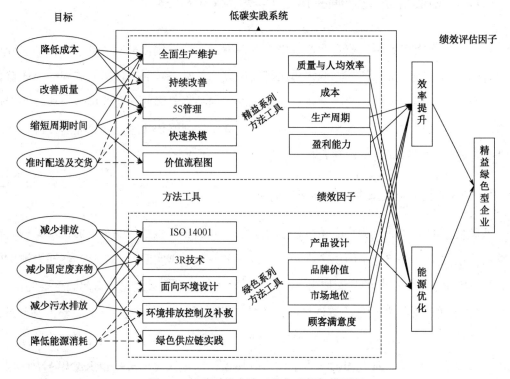

图4.4　低碳系统实践工具集成框架模型图

2. 低碳系统集成管理模型构建

可根据低碳实践工具的影响权重建立低碳的实践系统集成模型，但今天，制造业企业都在开发、调整和形成独具特色的企业运作最佳实践和理念。一般而言，一个现代的、注入低碳元素的低碳计划或XPS，有利于环境管理和工作场所安全。制造业企业都是以从公司特定生产系统（XPS）上升到经营管理思想的形式定制自己的最佳改进方案。本节通过文献评论、工厂参观考察、制造业企业案例调查和低碳相关分析，建立了低碳系统集成管理模型，其核心就是低碳屋（见图4.5）。

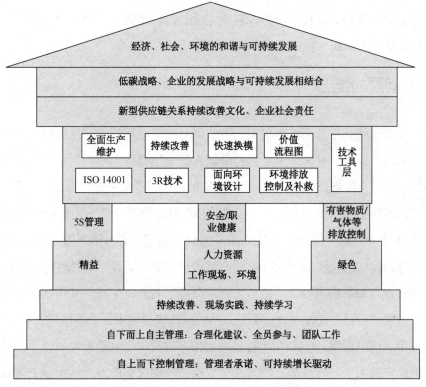

图 4.5　低碳系统集成管理模型——低碳屋

图 4.5 中，各环节之间的集成和融合，指导制造业企业内部行动，建立核心竞争力，实现可持续发展。

4.2　基于改进的低碳价值流程图整合低碳实践

制造业企业正在努力追求更加环保的工艺流程和产品，因此越来越需要在环境友好性和效率提高之间取得平衡。这可以通过同时集成和实施低碳实践来实现。为了实现这一目标，提出了一种改进的低碳价值流程图模型，该模型使用碳效率和碳排放作为评估指标。该模型从七种废物的角度确定了生产过程每个阶段的时间流、能量流、物料流和运输流的集成水平，并将其转换为碳排放流。提议的框架模型可以可视化和评估制造过程的绩效，并帮助克服与集成和实现低碳实践相关的挑战。此外，建立了碳效率的数学模型，以分析和计算所有类型的废物的碳排放流量，以确定改善消除废物的机会。通过对生产金属冲压件的制造单元进行案例研究，证明了该方法的有效性。

4.2.1 问题的提出

当前，要求现代制造业系统不仅要低碳，而且要低碳可持续。低碳概念专注于消除浪费、降低成本以及提高质量和效率。可持续概念的提出确保了环境友好的产品和工艺，同时考虑到经济和社会限制。Garza-Reyes 对低碳概念进行了文献综述，建立了低碳概念图，使用低碳方法解释了概念图，并结合了低碳性能指标，分析了低碳的影响组织绩效。

为了实现这一目标，提出的方法采用并简化了现有文献中使用的某些方法。它基于 Dües, Tan 和 Lim 以及 Ng, Low 和 Song 的文献进一步展开研究，研究目标可以概括如下。

（1）在常规 VSM 的基础上，通过考虑碳效率，将低碳生产与低碳制造相结合，提出修正的低碳价值流程图（GMVSM）模型。同时，该模型使用行业案例进行验证。

（2）使用该模型框架，GMVSM 可以确定生产过程每个阶段的时间流、能量流、物料流和运输流的集成水平。将这些转换为碳排放量，以碳效率作为评估指标来可视化和评估现代制造业的绩效。

（3）建立了以碳效率为评价指标的数学模型，对七种低碳废弃物的碳排放量进行了分析和计算，以确定改善废弃物的机会。这些不仅可以用于诊断目的，而且可以用于碳效率预算和节能措施。而且，可以在未来的状态图中计划、实施，可视化跟踪和记录改进措施。

4.2.2 修正的低碳价值流程图（GMVSM）模型建立

生产现场通常存在制造过剩浪费、库存浪费、搬运浪费、加工浪费、动作浪费、等待浪费、不良品浪费七大浪费。虽然 EPA 提出了七大浪费与环境影响之间的关系，但目前多数文献仅从生产管理层面关注七大浪费，对于分析并量化七大浪费所产生的碳排放研究目前较少。因此，本文提出改进的价值流程图，集时间流、能量流、物料流、运输流、碳排放流于一体，将生产过程中的生产设备碳排放、物料碳排放、运输碳排放、存储碳排放可视化，分别量化了生产中增值碳排放和非增值碳排放，以碳效率为评价指标建立数学模型；分析并量化了七大浪费所产生的碳排放。

价值流是低碳生产的理论基础，是一个产品或服务通过其生产工序所要求的全部活动，包括给产品增加价值和不增加价值两部分。

如图4.6所示，MVSM由传统价值流程图的标准符号和增加的物料流、能耗流、运输流、碳排放流组成。图中各类流线低端代表产品的非增值部分，即无用的时间、成本及资源等；各类流线顶端代表产品的增值部分，即可用于评估和计算的有用消耗价值流。

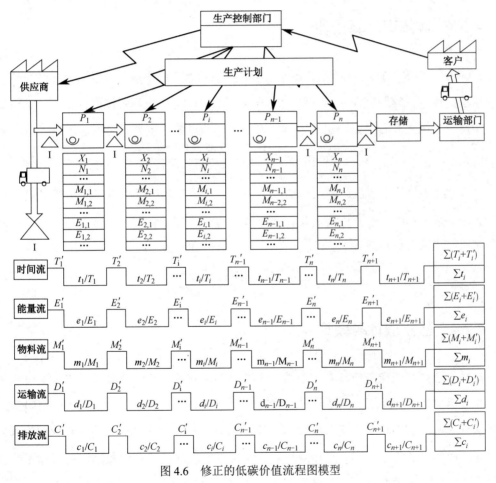

图4.6 修正的低碳价值流程图模型

图4.6中，P_i：第 i 个加工过程；X_n：第 n 个加工过程所需操作人数；N_i：第 i 个加

工过程的所需设备数；$M_{i,j}$：第 i 个加工过程对第 j 种物料的消耗量；$E_{i,j}$：第 i 个加工过程中第 j 种能源的消耗量；T_i'：第 i 个加工过程前的非增值时间；T_i：第 i 个加工过程的非增值时间；t_i：第 i 个加工过程的增值时间；E_i'：第 i 个加工过程前的非增值能耗；e_i：第 i 个加工过程的增值能耗；E_i：第 i 个加工过程的非增值能耗；D_i'：第 i 个加工过程之前的非增值运输距离；d_i：第 i 个加工过程的增值运输距离；D_i：第 i 个加工过程的非增值运输距离；C_i'：第 i 个加工过程前的非增值碳排放；c_i：第 i 个加工过程的增值碳排放；C_i：第 i 个加工过程的非增值碳排放。

4.2.3　碳效率计算模型

2000 年，世界可持续发展委员会提出了"生态效率"的概念，即创造更多的价值并减少对环境的影响，这与低碳生产相吻合。在本研究中，将碳效率用作评估指标，通过制造系统实现一定的生产目标而产生的碳排放来衡量环境影响。该公式可以表示为：

$$C - \text{efficiency} = \frac{\text{增值产品或增值"服务"}}{\text{碳排放量}} \tag{4-11}$$

假设式（4-11）中增值产品或增值"服务"的计量与生产过程所需的增值时间（t_{va}）成正比，k 是未知的常数，碳排放量包含了生产过程中原材料消耗、设备使用、物料移动和存储所产生的总碳排放（C_{total}）。因此，式（4-11）可表述为：

$$C - \text{efficiency} = \frac{k \cdot t_{va}}{C_{total}} \tag{4-12}$$

4.2.4　碳排放计算模型

机械制造系统的碳排放具有多源性，主要包括物料碳、能源碳以及制造工艺过程中所产生的直接碳排放。因此制造过程产生的碳排放主要是由于原材料、生产设备、运输设备、存储设备能源等的消耗所产生的碳排放。生产设备能耗包括空载能耗 E_{idle} 和载荷能耗 E_{load} 两部分。在生产流程中，需要运输原材料、零部件等，物料移动的碳排放只考虑了产品的运输，运输碳排放主要受运输距离的影响。本研究中存储过程造成的碳排放主要是由照明等引起的电能消耗。

结合提出的修正的低碳价值流程图，公式（4-12）中碳排放量的计算公式为：

$$C_{\text{total}} = C_{\text{va}} + C_{\text{nva}} \tag{4-13}$$

式（4-13）中：C_{total} 为生产单件产品的总碳排放量；C_{va} 为生产单件产品的增值碳排放量；C_{nva} 为生产单件产品的非增值碳排放量。其中，

$$
\begin{aligned}
C_{va} &= \sum_{i=1}^{N} C_i^{va} = \sum_{i=1}^{N} \left(C_i^m + C_i^E \right) \\
&= \sum_{i=1}^{P} \sum_{j=1}^{N} \left(Q_{i,j}^m \cdot EF_{i,j}^m \cdot M_{i,j} \right) + \sum_{i=1}^{P} \sum_{l=1}^{S} \left(E_{\text{idle}} + P_{i,l} \cdot t_{i,l}^{va} \right) \cdot EF^{\text{elec}}
\end{aligned}
\tag{4-14}
$$

式（4-14）中：C_i^{va} 为单件产品第 i 个加工过程的增值碳排放量；C_i^m 为单件产品第 i 个加工过程的原材料增值碳排放量；C_i^E 为单件产品第 i 个加工过程的设备能耗产生的增值碳排放量；$Q_{i,j}^m$ 为单件产品第 i 个加工过程消耗的第 j 种原材料的质量；$EF_{i,j}^m$ 为单件产品第 i 个加工过程消耗的第 j 种原材料的碳排放系数；$M_{i,j}$ 为单件产品第 i 个加工过程消耗的第 j 种原材料的材料利用率；$E_{i,l}^{\text{idle}}$ 为第 i 个加工过程使用的第 l 种设备的空载能耗；$P_{i,l}$ 为单件产品第 i 个加工工过程使用的第 l 种设备的额定功率；$t_{i,l}^{va}$ 为单件产品第 i 个加工工过程使用的第 l 种设备的有效工作时间（增值时间）；EF^{elec} 为电能的排放系数。

$$
\begin{aligned}
C_{\text{nva}} &= \sum_{i=1}^{N} C_i^{\text{nva}} = \sum_{i=1}^{N} \left(C_i^{nm} + C_i^{nE} \right) + \sum_{w=1}^{R} C_w^T + C^I \\
&= \sum_{i=1}^{P} \sum_{j=1}^{N} \left[Q_{i,j}^m \cdot EF_{i,j}^m \cdot \left(1 - M_{i,j} \right) \right] + \sum_{i=1}^{P} \sum_{l=1}^{S} \left(E_{i,l}^{\text{idle}} + P_{i,l} \cdot t_{i,l}^{\text{nva}} \right) \cdot EF^{\text{elec}} + \sum_{w=1}^{R} E_w^T \cdot EF^{\text{elec}} + E^I \cdot EF^{\text{elec}}
\end{aligned}
$$

$$\tag{4-15}$$

式（4-15）中：C_i^{nva} 为单件产品第 i 个加工过程的非增值碳排放量；C_i^{nm} 为单件产品第 i 个加工过程的原材料非增值碳排放量；C_i^{nE} 为单件产品第 i 个加工过程的设备能耗产生的非增值碳排放量；C_w^T 为单件产品第 w 段运输距离的碳排放量；C^I 为单件产品在存储过程消耗的碳排放量；$t_{i,l}^{\text{nva}}$ 为单件产品第 i 个加工过程使用的第 l 种设备的无效工作时间（非增值时间）；E_w^T 为第 w 段距离运输单件产品能耗；E^I 为单件产品存储过程能耗。其余的变量解释同式（4-14）。

4.2.5　制造系统七大浪费碳排放计算

尽管七大浪费中并未直接包含有害物质的排放等环境影响，但这并不表明七大浪费与环

境影响之间没有关系，因此企业在消除七大浪费的同时也能从中获得环境效益。Greinacher 等的研究显示，七种传统形式上的低碳废物在产生的同时可能与能源和材料浪费相匹配，产生相应的环境影响。低碳浪费产生相关的环境影响见表4.11。

从式（4-14）和式（4-15）可知，增值碳排放和非增值碳排放均由原材料、加工设备、运输、存储四部分碳排放组成。浪费会不同程度地导致原材料、加工设备、运输、存储产生多余的碳排放，因此由浪费产生的碳排放计算如下：

$$
\begin{aligned}
Y^v &= \left(\Delta C_m^v \cdot Y_m^{v_k} + \Delta C_E^v \cdot Y_E^{v_k} + \Delta C_T^v \cdot Y_T^{v_k} + \Delta C_I^v \cdot Y_I^{v_k} \right) \cdot \eta^v \\
&= \left[\left(\Delta Q_m^v \cdot \mathrm{EF}_m \right) \cdot Y_m^{v_k} + \left(E_{\mathrm{idle}} + P \cdot \Delta t^v \right) \cdot Y_E^{v_k} + \Delta E_T^v \cdot \mathrm{EF}^{\mathrm{elec}} \cdot Y_T^{v_k} + \Delta E_I^v \cdot \mathrm{EF}^{\mathrm{elec}} \cdot Y_I^{v_k} \right] \cdot \eta^v \\
&= \left[\sum_{i=1}^{P} \sum_{j=1}^{N} \left(\Delta Q_{m_{i,j}}^v \cdot \mathrm{EF}_{i,j}^m \right) \cdot Y_m^{v_k} + \sum_{i=1}^{P} \sum_{l=1}^{S} \left(E_{i,l}^{\mathrm{idle}} + P_{i,l} \cdot \Delta t_{i,l}^v \right) \cdot \mathrm{EF}^{\mathrm{elec}} \cdot Y_E^{v_k} + \right. \\
&\quad \left. \sum_{w=1}^{R} \Delta E_{T_w}^v \cdot \mathrm{EF}^{\mathrm{elec}} \cdot Y_T^{v_k} + \Delta E_I^v \cdot \mathrm{EF}^{\mathrm{elec}} \cdot Y_I^{v_k} \right] \cdot \eta^v
\end{aligned}
$$

（4-16）

式（4-16）中：Y^v 为第 v 种浪费产生的碳排放量，v=1,2,3,4,5,6,7；ΔC_m^v、ΔC_E^v、ΔC_T^v、ΔC_I^v 分别表示第 v 种浪费中原材料、加工设备、运输过程、存储过程产生的碳排放量；$Y_m^{v_k}$、$Y_E^{v_k}$、$Y_T^{v_k}$、$Y_I^{v_k}$ 分别表示第 v 种浪费对原材料、加工设备、运输过程、存储过程是否产生影响，$k = \begin{cases} 0, & \text{第} v \text{种浪费对碳排放不产生影响} \\ 1, & \text{第} v \text{种浪费对碳排放产生影响} \end{cases}$；$\Delta Q_m^v$ 为第 v 种浪费导致的多余原材料使用量；Δt^v 为第 v 种浪费导致加工设备多余的加工时间；ΔE_T^v 为第 v 种浪费导致运输过程的多余能耗；ΔE_I^v 为第 v 种浪费导致存储过程的多余能耗；$\Delta Q_{m_{i,j}}^v$ 为第 v 种浪费导致每件产品第 i 个加工过程消耗第 j 种原材料的质量；$\Delta t_{i,l}^v$ 为第 v 种浪费导致每件产品第 i 个加工过程使用的第 l 种设备的加工时间；η^v 表示当 v=1 时，η^v 代表制造过量的零件数，当 v=4 时，η^v 代表次品数，当 v=2,3,5,6 时，$\eta^v = 1$。

4.2.6　案例应用

以生产金属冲压件的制造单元的生产过程为例。每日生产需求为920件，由不锈钢制成，厚度为0.5毫米，质量为51.9克。生产线采用双班制，每班次的有效班次为7.67小时。

金属冲压零件的生产包括五个主要工序，每个金属冲压件的加工周期时间如图 4.7 所示，零件之间通过自动托架运输。因此，每个金属冲压件的节拍时间为 60s。生产金属冲压件的制造单位当前的修正的低碳价值流程图模型现状如图 4.8 所示。钢的碳排放系数为 7.048 CO_2e/kg，在本研究中取值为 $2.41CO_2e/kg/kw·h$。

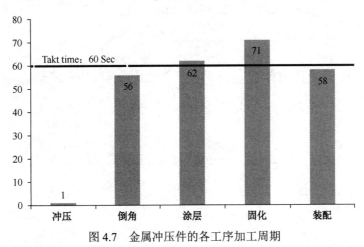

图 4.7　金属冲压件的各工序加工周期

1. 当前产品制造价值流程状态图和现状分析

该产线采用推动式生产，其缺陷是：用大量的在制品保证生产不间断地进行，导致工序间在制品库存的堆积以及生产周期的延长，90%以上的非增值时间都是由过量的在制品库存引起的；当预先安排的作业与实际需求脱节的时候，导致零件大量堆积；每道工序按照自己的节拍生产，未考虑整体价值流，形成"孤岛"作业；各工序间的长距离运输使得运输碳排放量达到 $0.976kgCO_2e$；质量管理仍停留在传统质量检验阶段，集中以事后抽样或事后检验为主，质量控制未前移到供应商前端，产品质量源头控制薄弱，导致总装生产线一次装配合格率不高，使得不良品产生不必要的碳排放。金属冲压件生产线的 GMVSM 现状如图 4.8 所示。

从图 4.7 的时间流可以看出，非增值时间为 629520s，而增值时间只有 248s。增值时间/非增值时间的比例 0.03%。碳排放流中总碳排放为 $65.504kgCO_2e$，其中，非增值碳排放为 $42.108kg\ CO_2e$，增值碳排放为 $23.396kgCO_2e$。由于该制造过程处于确定的系统中，因此式

（4-12）中的 k 设为 1，当前碳效率为 2.87s/kg CO_2e。综上所述，该制造单元存在着制造过剩浪费、库存浪费、运输浪费、不良品浪费、生产线不平衡等问题。

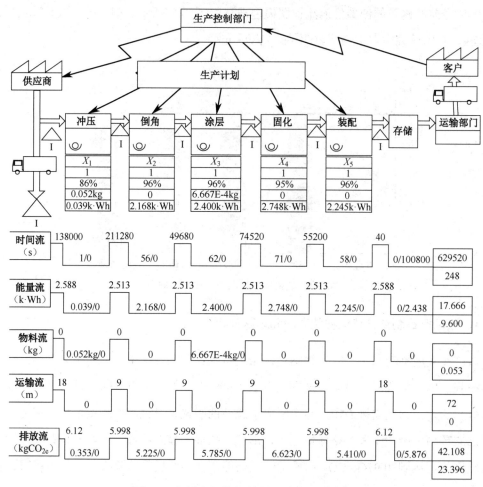

图 4.8　金属冲压件生产线的 GMVSM 现状

2. 改善后的状态价值流程图及碳效率分析

低碳生产和低碳制造方法被用于解决金属冲压件生产中存在的问题。为了优化废物以改善碳效率指标，采用了被广泛使用的方法来改善制造过程，即快速换模（SMED）方法、"5Why"分析和连续流处理，以减少制造过程的周期时间，减少大量库存并消除过程转换/运输时间。

为了达到理想的状态，建议通过实施低碳工具对流程进行改进。目前，大多数公司都使用了相同类型的低碳工具：5S 管理用于设置、清理和标准化工作场所，可以避免操作员的移动；蜂窝制造用于将工作场所和机器进行分组，并且可以在兔子追逐单元中使用连续流处理来实现目标；SMED 对于减少机器设置时间和提高生产率非常有效；TPM 用于改善机器维护，并可以减少特别是由于故障引起的机器停机。特别是，已实现以下改进：

（1）通过实施用于连续流处理的单元制造来实施修改后的设施布局。

（2）通过与实际周期时间与计算确定的节拍时间进行比较，从而确定并改善瓶颈。

（3）通过使用超市拉动系统和构建看板系统，减少了进料至交货生产的时间和大量库存。

（4）减少了生产过程（尤其是冲压过程）每个阶段的转换时间，以提高设备的可用性。

（5）协助供应商进行质量管理，以提高进货质量。

（6）在生产过程的每个阶段都建立 5S 和 TPM 管理体系，对环境产生积极的影响。

为了优化当前冲压件生产线的废物并改善碳效率指标，表 4.11 列出了改善事件等和环境收益。

表 4.11　改善事项、目标、方法工具和环境效益

问题点	改善项目	目标	方法/工具	环境收益
作业人员经常需要走很长一段距离才能拿起和装载 WIP 以及在倒角、涂层、固化、装配过程中为非连续流动作业产生大量库存	实施修改后的设施布局	实现连续流作业,减少大量库存,缩短行走距离、时间、生产周期	采用单元式连续流加工,采用 U 型生产线	运输距离缩短 27m,减少大量库存和运输,循环时间短,以减少排放
喷漆,固化时间大于生产节拍（60s/件）,会引起生产的不均衡	识别和改进瓶颈	工序作业时间缩短到 60s 的节拍时间	方法分析（方法、标准工作设计）;5S 管理活动, TPM 活动	减少因生产过剩、库存、等待、缺陷等产生的相关负面环境影响
冲压与单元式生产之间的节奏不平衡,导致原材料以及工序间的库存堆积、产生量过剩浪费	减少工序之间物流时间、等待时间和大量库存	只生产需要的产品,减少大量库存 只订购需要的产品,减少大量库存	实施超市拉动系统,建立看板系统 执行每天的订单和原材料的交付	减少与环境影响有关的生产过剩和库存,现场管理变得相对简单,库存超市的设置取消了多余的运输距离
由于转换时间长,机器在每个生产阶段的可用性更低	减少每个阶段的转换时间	减少产品转换时间	实施 SMED 作业改善,执行 5S 管理和 TPM 活动	降低生长准备和等待时间节约能源消耗

续表

问题点	改善项目	目标	方法/工具	环境收益
供应商提供的原材料质量低劣	供应商的质量改进活动	供应商的质量改进活动	执行 QCC 活动，协助供应商实施低碳管理体系	减少与环境影响相关的缺陷、时间和库存浪费
现行的经营管理模式存在的问题	所有现场管理人员和工人的低碳生产活动	各阶段建立 5S、TPM、ISO 14000 管理体系，确保环境效益	提供一些低碳工具（5S、TPM、ISO 14000）来帮助车间减少浪费及对环境的影响	减少垃圾的错误分类收集，减少工作场所的油脂和溶剂、抹布、泄漏，减少灰尘和烟气的排放

这些改进在图 4.9 中进行了标记，该图显示了为金属冲压零件生产线开发的改进的 GMVSM 模型。增值时间约为 237 s；但是，非增值时间从 629520 s 减少到 220800 s。经过改进，减少了生产线产生的废物，如库存、运输成本和缺陷，并消除了由这些废物引起的

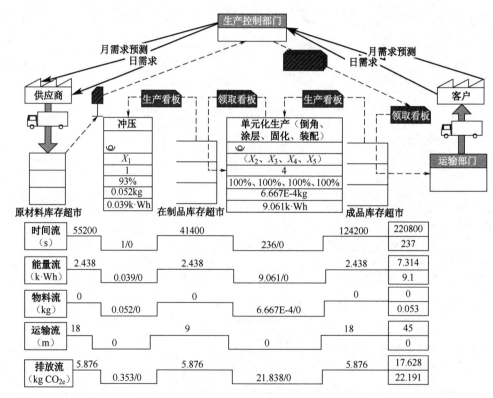

图 4.9　金属冲压件生产线改善后的 GMVSM

不必要的碳排放。根据式（4-16）可计算得出，由产生过量废物、库存废物、运输废物和缺陷引起的碳排放量分别为 30131.84 kg CO_2e, 17.626 kg CO_2e, 0.976 kg CO_2e 和 903.955 kg CO_2e。表 4.12 显示了金属冲压件改善前后的 GMVSM 度量指标。

表 4.12　金属冲压件改善前后的 GMVSM 度量指标

指标	改善前	改善后	改善比例（%）
增值时间（t_{va}/s）	248	237	4.4
运输距离（m）	72	54	25
非增值时间（t_{nva}/s）	629520	220800	64.9
增值碳排放（C_{va}/kg CO_2e）	23.396	22.191	5.2
非增值碳排放（C_{nva}/kg CO_2e）	42.108	17.628	58.1
碳排放总量（C_{total}/kg CO_2e）	65.504	39.819	39.2
碳效率（$C-efficiency$/s/kg CO_2e）	2.87	5.952	107.4

4.3　基于人员整合视角的低碳制造优化模型构建

人（员工）在企业组织运营过程中的效率和有效性是衡量可持续性的指标。本书从人员整合的视角开发了一个框架模型，以解决低碳制造在制造业企业实现优化和可持续运作。利用网络分析法（ANP）和解释结构模型化技术，制造业企业在实施低碳实践过程中，通过建立跨部门目标评价-共同的动态低碳指数和深度分析涉及人（组织）的障碍因素进行建模，实现人员（组织）的横向和纵向整合。这一框架模型有利于促进人（组织）的深度融合，为低碳优化发展打下了坚实基础。

4.3.1　问题的提出

低碳理念通过消除产品/服务制造过程中的浪费来实现提高整个制造过程的效率、质量和降低成本。低碳生产有一系列实践方法工具来减少制造过程领域中的浪费，消除带来的环境负面影响，节约资源和能源，提高效率和效益。同时，低碳制造中的 3R 技术（Reduce、Reuse、Recycle）也显示了与低碳方法相似的特征属性，企业在实践低碳理念消除浪费和持续改进环境的同时，在设计过程中采用低碳环保设计，制造过程中使用可回收利用的零部件，在消费过程对消费者和生态环境无害以及消费后能进行回收处理等，以提供更清洁的产品和服务。

因此，在第一阶段，我们将使用网络分析（ANP）技术开发一个共同的目标来协调所有部门的重点。在第二阶段，解决纵向问题，即低碳实施障碍和人力资源管理的关键影响以及这些因素之间的相互作用。识别和审查这些关键成功因素之间的关系，将使管理人员能够更加深入地了解障碍的动态，有助于消除这些已识别的障碍，为低碳的实施打下坚实的基础。

4.3.2　人员横向整合目标模型构建低碳共同指数

在过去的几十年里，生产模式发生了很大的变化，现在的制造业企业已经通过采用各种低碳实践来提高产品和过程的环境友好性、效率和效益性。制造业企业正面临越来越大的压力，要求它们变得更环保、更负责任。

本节内容就是运用网络层次分析技术进行开发人员横向低碳指标—跨部门共同指数目标模型构建，从横向的角度来整合，通过一个共同的绩效度量，通过集体的联合或优化整合。

1. 指标体系

制造业企业在推进实施低碳实践过程中，员工被视为宝贵的资产。员工是组织生存和发展的支柱和骨干，没有员工的承诺和充分支持，组织任何的管理变革计划和低碳实践改善项目的有效性将受到限制和抵制，人是驱动变化和改进的主要主题，需要被激励和管理。

本节通过文献研究，咨询制造业企业低碳主管、生产计划主管和企业运营主管，最后确定了四个关键的主要度量标准（成本、环境、社会、内部流程和员工参与）这是跨部门共同指标的绩效决定因素。然后，确定了构成支持低碳实践各种活动的五个主要领域的评价体系（见表4.13）。采用网络分析法对各级指标进行赋权。低碳实践实施的障碍见表4.14。

表4.13　评价体系——主准则和次准则

1级（目标—共同指数，Goal-Unified Index）	2级（主准则）	3级（次准则）
	经济（Economic，EC）	资源能力（EC1）
		降低财务风险（EC2）
		降低总成本（EC3）
	环境（Evironmental，EN）	空气污染（EN1）
		噪声（EN2）
		CO_2排放（EN3）
		生态系统影响（EN4）
	社会（Social，SO）	顾客关系管理（SO1）
		质量（SO2）
		员工工作安全（SO3）
		社会责任（SO4）
	内部流程（Internal Precess，IP）	资源计划（IP1）
		改善项目（IP2）
		效率提升（IP3）
		员工生产率（IP4）
		员工工作态度（IP5）
	成长与学习（Growth and Learning，GL）	员工培训（GL1）
		信息交换（GL2）
		员工知识共享（GL3）
		增强劳动力技能（GL4）

表4.14　低碳实践实施的障碍

编　号	障　碍	描　述
1	缺乏低碳思维	低碳理念是获取环境、经济和社会效益的一种心态
2	竞争与不确定性	当企业在不确定的环境中运行时，竞争将变得更加难以应对，从而导致严重的问题，例如库存过多
3	来自客户的压力和客户的不参与	面向客户需求和供应链合作伙伴参与的低碳产品设计是低碳的成功基础
4	人力资源素质低	对于任何寻求成功的组织来说，人力资源都是最重要的资源之一。员工在组织运作过程中的效率和效力是可持续性的指标
5	高层管理人员的利润压力和缺乏管理层的真正支持	管理人员的承诺和坚定支持在实施低碳项目，分配资源和激发员工士气方面发挥着关键作用
6	缺乏沟通系统和IT支持	低碳实施的每个阶段，IT设施都被视为非常重要的沟通和信息传输平台
7	非有效方法	员工对低碳原则失去控制，转而采用传统的运营方式
8	缺乏KAIZEN环境	员工对低碳原则失去控制，转而采用传统的运营方式

续表

编 号	障 碍	描 述
9	缺乏支持和鼓励的文化、激励机制	组织文化可以通过激励和鼓励员工及供应链成员采用低碳理念来帮助组织实现长期和短期目标
10	集中在知识和信息传递方面	有效沟通的媒介和渠道
11	团队管理不善，缺乏跨职能团队	实施低碳概念在本质上是多功能和多学科的工作；但是，这些工作需要利用团队管理原则进行管理
12	管理层缺乏共识	如果没有高级管理人员的共同愿景，员工就无法明确管理的目标和方向。知识和信息无法准确，高效和有效地传递。
13	缺乏专业知识的培训项目、计划	缺乏适当设计的培训项目和计划可能会阻碍员工熟悉适当的低碳过程
14	项目实施过程	根据运营要求和客户要求成立问题解决小组或自发地改善团队
15	非低碳行为	企业项目的某些目标重叠，从而导致工作冗余和资源浪费。现有的一些实践也是无效的，并且是低碳生产的绊脚石
16	时间和资源管理不力	时间管理效率低下可能导致资源未得到最佳利用，也无法进行计划控制和执行
17	资金限制	对于在初期阶段进行更多资金投资以从实施低碳理念中获取经济、社会和环境利益至关重要

2．ANP 的运算过程

如图 4.10 所示，ANP 的层次模型主要划分为两个层次：由问题目标及决策准则构成的控制层；由控制层支配的所有元素构成的网络层，其内部元素可能相互影响。通过该方法求取指标权重值的具体步骤流程如图 4.11 所示。

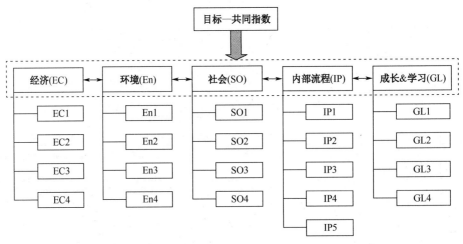

图 4.10　内部融合 ANP 层次模型

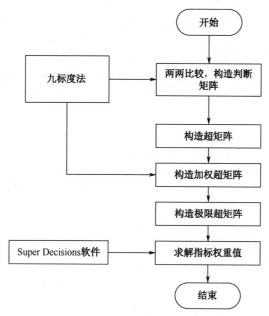

图 4.11 基于 ANP 的指标赋权流程图

3. 低碳指数解释

通过 ANP 计算出来的总权重值——共同指数，显示制造业企业实现可持续运营过程中的企业低碳实践所产生的绩效结果。它可以用作为组织在实施低碳实践过程中聚焦和融合各部门不同目标的基准。

4.3.3 人员纵向整合目标模型识别低碳实践实施障碍

制造业企业的管理者可以提前识别低碳实施过程中与人员相关的关键瓶颈因素，可以合理安排时间和资源，取得最大的竞争优势。本研究首先识别低碳概念实施中涉及的关于人的障碍因素；建立这些障碍之间的二元关系；生成一个层次模型，以理解障碍的动态，这将有助于消除这些已识别的障碍，以有效实施低碳。因此，本研究利用解释结构模型（ISM）技术检验这些因素之间的相互作用，实现人员纵向整合的目标要求。

本文中运用 ISM 技术主要步骤是：首先，识别并列出一系列影响低碳实施的关键障碍要素；其次，确定要素两两之间的关系和开发一个系统构成要素其自身相互作用的二元关系来表示挑战之间的成对关系的自相互作用结构性矩阵；再次，构建初始可达性矩阵和最终可达性矩阵，是检查各要素间二元关系的传递性；最后，基于最终可达性矩阵执行水平分区、级位划分和建立层次关系模型，并将低碳实施的障碍要素分组进行关系动态分析。

1. 障碍要素识别

通过大量的文献研究和来自制造业企业低碳项目和生产运行方面的高级经理人员、研究学者所组成的决策团队，通过头脑风暴法对制造业企业实施低碳的障碍要素进行确认识别。主要障碍和挑战显示在表 4.18 所示。

2. 建立自相互作用结构性矩阵

通过确定制造业企业实施低碳 17 个障碍要素后，还需用利用 ISM 技术确定各障碍要素之间存在的关系，来构建障碍要素之间的结构自相互作用矩阵（Structural Self-Interaction Matrix，SSIM）。用了四个符号表示的两障碍要素之间影响方向和关系的类型。使用的四个符号具体是：

V 为行要素影响列要素；

A 为列要素影响行要素；

X 为行列两要素相互影响；

O 为行列要素无直接影响。

制造业企业实施低碳实践 17 个障碍之间的关系经过两两比较，基于上面四个符号代表他们之间的 SSIM 已经开发出来了，见表 4.15。

表 4.15　实施低碳实践障碍的结构自相互作用矩阵（SSIM）

S. no.	1	2	3	4	5	6	7	8	9	10	11	12	13	14	15	16	17
1	—	O	O	X	A	A	O	A	A	V	X	O	A	V	O	O	A
2		—	A	O	V	V	O	V	V	O	O	O	O	O	O	O	V
3			—	V	V	O	X	V	O	V	O	O	V	O	O	O	V
4				—	A	A	A	A	A	A	X	A	A	V	A	A	A
5					—	V	A	V	V	V	V	A	V	A	V	A	V
6						—	A	X	X	V	V	A	X	A	A	A	A
7							—	V	V	V	V	A	V	V	O	O	V

S. no.	1	2	3	4	5	6	7	8	9	10	11	12	13	14	15	16	17
8								—	V	V	V	A	V	V	A	A	A
9									—	V	V	A	X	V	A	A	A
10										—	A	A	A	X	A	A	A
11											—	A	A	V	A	A	A
12												—	V	V	O	V	V
13													—	V	A	A	A
14														—	A	A	A
15															—	V	V
16																—	V
17																	—

3. 构造初始和最终可达性矩阵

根据表 4.15 中要素间的二元关系构造初始可达矩阵（A），矩阵中的元素 $A=(\alpha_{ij})_{n\times n}$，则其定义为：

$$\alpha_{ij}=\begin{cases}1, & S_iRS_j或（S_i，S_j）\in R_b(S_i对S_j有某种二元关系)\\ 0, & S_iRS_j或（S_i，S_j）\notin R_b(S_i对S_j没有某种二元关系)\end{cases}$$

据此，实施低碳实践障碍的初始可达矩阵如表 4.16 所示。

表 4.16　实施低碳实践障碍初始可达矩阵

S.no	1	2	3	4	5	6	7	8	9	10	11	12	13	14	15	16	17
1	1	0	0	1	0	0	0	0	0	1	1	0	0	1	0	0	0
2	0	1	0	0	1	1	0	1	1	0	0	0	0	0	0	0	1
3	0	1	1	1	1	0	1	1	0	1	0	0	0	0	0	0	1
4	1	0	0	1	0	0	0	0	0	1	1	0	0	1	0	0	0
5	1	0	0	1	1	1	0	1	1	1	0	0	0	0	0	0	0
6	1	0	0	1	0	1	0	0	0	0	0	0	0	0	0	0	0
7	0	0	1	1	1	1	1	1	0	0	1	0	0	0	0	0	0
8	1	0	0	1	0	1	0	1	1	1	1	0	0	1	0	0	0
9	1	0	0	1	0	0	0	1	1	1	1	0	0	0	0	0	0
10	0	0	0	0	0	0	0	0	0	1	0	0	0	0	0	0	0
11	1	0	0	1	0	0	0	0	1	1	1	0	0	1	0	0	0
12	0	0	0	1	1	1	0	1	1	1	1	1	0	1	0	1	1
13	1	0	0	1	0	0	0	0	0	1	0	0	1	0	0	0	0
14	0	0	0	0	0	0	0	0	0	1	0	0	0	1	0	0	0

续表

S.no	1	2	3	4	5	6	7	8	9	10	11	12	13	14	15	16	17
15	1	0	0	1	1	1	0	1	1	1	1	0	1	1	1	1	1
16	0	0	0	1	1	1	0	1	1	1	1	0	1	1	0	1	1
17	1	0	0	1	0	1	0	1	1	1	1	0	1	1	0	0	1

在构造了初始可达矩阵后，接下来就是要研究最终可达矩阵的建立。所谓最终可达矩阵考虑了传递性的影响，就是表示了系统要素之间任意次传递性二元关系。传递性就是指间接关系，即如果障碍 C 导致障碍 D，障碍 D 则会导致障碍 E。实施低碳实践障碍最佳可达矩阵如表 4.17 所示。

表 4.17　实施低碳实践障碍最终可达矩阵

S. no.	1	2	3	4	5	6	7	8	9	10	11	12	13	14	15	16	17
1	1	0	0	1	0	0	0	0	0	1	1	0	0	1	0	0	0
2	1	1	0	1	1	1	0	1	1	1	1	0	1	1	0	0	1
3	1	1	1	1	1	1	1	1	1	1	1	1	1	1	0	0	1
4	1	0	0	1	0	0	0	0	0	1	1	0	0	1	0	0	0
5	1	0	0	1	1	1	0	1	1	1	1	0	1	1	0	0	1
6	1	1	1	1	1	1	1	1	1	1	1	1	1	1	0	0	1
7	1	1	1	1	1	1	1	1	1	1	1	1	1	1	0	0	1
8	1	0	0	1	0	1	0	1	1	1	1	0	1	1	0	0	0
9	1	0	0	1	0	1	0	1	1	1	1	0	1	1	0	0	0
10	0	0	0	0	0	0	0	0	0	1	0	0	0	1	0	0	0
11	1	0	0	1	0	0	0	0	0	1	1	0	0	1	0	0	0
12	1	1	1	1	1	1	1	1	1	1	1	1	1	1	0	1	1
13	1	1	1	1	1	1	1	1	1	1	1	1	1	1	0	0	1
14	0	0	0	0	0	0	0	0	0	1	0	0	0	1	0	0	0
15	1	0	0	1	1	1	0	1	1	1	1	0	1	1	1	1	1
16	1	0	0	1	0	0	0	1	1	1	1	0	1	1	0	1	1
17	1	0	0	1	0	1	0	1	1	1	1	0	1	1	0	0	1

4. 级位划分

通过对最终可达矩阵性分析，确定了每个障碍的可达集、先行集和两者之间的相交集。将可达集与相交集完全相同的障碍要素确定为 ISM 的层次结构的最高级要素，从表 4.18 可以清楚地看出，"Knowledge and information transfer" 和 "Projects implementation" 被定义为第一级（即最高级）。将整个系统要素的最高级要素去掉，再求剩余要素集合的最高要素。依次迭代进行，直到每个障碍的级别都被识别出来。

表 4.18　实施低碳实践障碍的级位划分

S. no.	$R(S_i)$	$A(S_i)$	$C(S_i)$	L_i
1	1、4、10、11、14	1、2、3、4、5、6、7、8、9、11、12、13、15、16、17	1、4、11	ii
2	1、2、4、5、6、8、9、10、11、13、14、17	2、3、7、12	2	vi
3	1、2、3、4、5、6、7、8、9、10、11、12、13、14、17	3、7、12	3、7、12	vi
4	1、4、10、11、14	1、2、3、4、5、6、7、8、9、11、12、13、15、16、17	1、4、11	ii
5	1、4、5、6、8、9、10、11、13、14、	2、3、5、7、12、15、16	5	v
6	1、4、6、8、9、10、11、13、14	2、3、5、6、7、8、9、12、13、15、16、17	6、8、9、13	iii
7	1、2、3、4、5、6、7、8、9、10、11、12、13、14、17	3、7、12	3、7、12	vi
8	1、4、6、8、9、10、11、13、14	2、3、5、6、8、9、12、15、16、17	6、8、9、13	iii
9	1、4、6、8、9、10、11、13、14	2、3、5、6、7、8、9、12、13、15、16、17	6、8、9、13	iii
10	10、14	1、2、3、4、5、6、7、8、9、10、11、12、13、14、15、16、17	10、14	i
11	1、4、10、11、14	1、2、3、4、5、6、7、8、9、11、12、13、15、16、17	1、4、11	ii
12	1、2、3、4、5、6、7、8、9、10、11、12、13、14、16、17	3、7、12	3、7、12	vi
13	1、4、6、8、9、10、11、13、14	2、3、5、6、7、8、9、12、13、15、16、17	6、8、9、13	iii
14	10、14	1、2、3、4、5、6、7、8、9、10、11、12、13、14、15、16、17	10、14	i
15	1、4、5、6、8、9、10、11、13、14、15、16、17	15	15	vi
16	1、4、5、6、8、9、10、11、13、14、16、17	12、15、16	16	vi
17	1、4、6、8、9、10、11、13、14、17	2、3、5、7、12、15、16 17	17	iv

5. 建立递阶结构关系模型

根据表 4.18 中的最终可达性矩阵进行级位划分的结果，将所有的 17 个障碍要素已有的层次结构进行排列，并将所有障碍要素实际意义转化为 ISM 模型。最终得到的 ISM 模型如图 4.12 所示，该模型具有层次结构性和关系方向性。

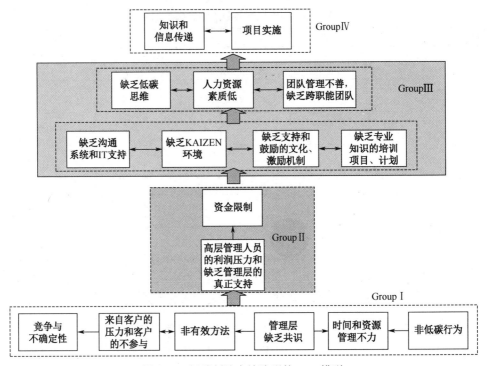

图 4.12 低碳制造实施障碍的 ISM 模型

6. 障碍要素关系动态分析

对制造业企业低碳实践实施过程中的障碍要素进行关系动态分析。为了方便分析，可以将 ISM 模型中的不同层级的障碍要素划分为不同的区域。第一组由障碍要素（2、3、7、12、16、15）组成。第二组由障碍要素（5、17）组成。最后，所有的障碍都集中在"项目实施"和"知识和信息交流"上，即不利结果。制造业企业低碳项目实施不顺利或者没有产生预期的效果，会造成员工抱怨，跨部门之间产生矛盾和冲突，影响部门之间、员工和员工之间的沟通。

制造业企业跨部门建立起来的低碳实施共同指数能够调整和聚焦不同部门的行动目标。不同部门的员工在企业实施低碳战略的时候，为实现部门的工作目标、与企业目标、跨部门目标相匹配而使用一个统一的指标。如果员工的关注点是一致的，那么不同部门之间就会有更多的凝聚力。同时也能够让更多的人了解低碳，参与到低碳实践项目中来。

4.4 基于 DEMATEL 方法的低碳制造优化驱动因素影响分析

本节试图通过确定并考虑集成实施低碳的驱动因素，重点在于通过文献综述和专家意见选择低碳制造一体化的驱动力因子。并通过 MCDM 方法从环境、社会和经济等角度，对制造业企业进行低碳集成优化的驱动因素排名，从定量的角度发现和确定不同驱动因素的驱动影响力和被影响力，即驱动力强度的大小。

4.4.1 驱动因素评价指标体系的构建原则

根据复杂系统理论和管理决策理论，低碳制造集成优化驱动因素评价指标体系的构建应遵循科学性原则、系统性原则、可比性原则、实用性原则、独立性原则和目标性原则。具体如下。

科学性原则。所选择的指标体系应尽可能全面、合理地反映其本质特征，建立指标体系时必须有先进、科学的理论做指导，指标体系都是对客观实际的真实描述。同时，指标体系只有符合一致性、独立性和整体的完备性，所建立的指标体系才能科学并且全面地反映出决策目标的要求。

系统性原则。系统性原则是指在评价指标体系中所涵盖的指标数量的多少，指标体系的结构形式应以能够全面、系统地反映系统目标为原则，应从整体角度建立指标体系。

可比性原则。可比性原则是指所构建的指标必须能够反映被评价对象的共同属性。尽可能采用国内、国际标准或为业界所公认的概念，评价内容也应尽可能剔除不确定性因素和特定条件下环境因素的影响。

实用性原则。实用性原则是指所选择的指标必须含义明确、数据规范、繁简适中、计算简便易行，还要求选择的指标要有层次性、重点性。

独立性原则。独立性原则是指在指标体系中，同一层次的各项指标之间应保持相互独立，不能相互隶属和相互重叠。

目标性原则。目标性原则是指所设计的指标体系必须能够全面地体现选择目标，能充分反映出以目标为中心依据的基本原则。目标性原则不仅要求指标体系中各项指标必须与目标保持一致，而且还要求指标体系中各项具体指标间的一致性。

4.4.2 驱动因素指标体系的构建与分类辨识

研究低碳制造集成实施产生优化效应还需要外源驱动要素，包括股东、上下游企业、消费者、竞争者、社会公众和政府机构，要素可以作为划分评价指标的四个层面（或者说评价指标可以划分为四类）。

遵循低碳驱动强度评价指标体系的构建原则，是建立在充分借鉴并整合发展现有研究成果提及的低碳驱动强度评价指标的基础上的。上述指标可由图 4.13 予以说明。

图 4.13　低碳制造集成驱动因素的分类

图 4.13 中的各项评价因素指标的具体含义如下。

1. 内部驱动因素

管理者及企业内部基于外部压力或基于自身对开展低碳制造等管理效益的认识，直接驱动自身内部的低碳化，或者内部员工基于环境效率成本等意识的自发行动或自身经济环境利益诉求，驱动企业低碳化。

员工意识及培训（D_1）：企业内部员工对低碳理念的认识以及接受程度和企业对内部员工提高低碳意识的培训情况。

高层管理者的意识及承诺（D_2）：高层管理者对企业开展低碳化管理带来长远竞争优势的认识和做出的公开支持及其承诺。

集成战略规划与沟通（D_3）：低碳生产、环境保护等被高层管理者纳入规划的情况、中低层管理者对开展低碳的认可支持程度和企业内部部门之间为改善低碳管理而进行合作。

持续改进（D_4）：利用低碳工具持续改进和解决内部问题，并不断消除浪费、提高效率、降低成本等，以增加业务的可持续性，降低低碳的七大浪费。

业务流程再造与变革（D_5）：低碳思维是简化组织流程的实用方法，低碳工具帮助企业遵循和使用全球公认的方法和标准来促进企业业务流程的精简、适合组织低碳变革的要求。

技术更新升级（D_6）：利用能源和资源高效的先进技术，使生产技术、设备性能和产品性能等符合环保要求和同行业领先水平。

全员参与及员工授权（D_7）：制造业企业试图建立低碳企业，这就需要全体雇员在所有业务职能上分担责任，所有员工对业务操作中出现的问题进行评审并提出建议想法共商解决，同时企业要激励和授权员工在日常的业务活动中开展低碳项目改善活动，并提供制度、资金等支持。

组织文化（D_8）：提供和营造一个积极的支持低碳行动的工作环境和氛围，开放、包容和接纳新思想、新管理模式的动态性的企业文化形态。

2. 经济与市场驱动因素

通过差异化的"低碳"竞争策略，驱动企业节约成本，快速向顾客提供低碳化的产品以满足市场需求。

节约成本（D_9）：减少能源和资源消耗及消除一切不产生附加价值的工作方法。即使该工作增值，可花费的时间和资源精力也不能超过最低界限。

竞争优势（D_{10}）：通过产品低碳概念，维持市场竞争优势状况，同时通过节省成本、优化产品质量和快速响应顾客需求使公司具有竞争优势。

3. 政策驱动因素

政府机构等对企业低碳化的驱动作用主要表现强制驱动和行业性的规范，行业认证等行业壁垒等，企业内部制定的相关激励制度用来促进各部门及员工积极推进和落实低碳相关的战略、制度和计划等。

政府制定的法律法规（D_{11}）：政府对环境保护的相关法律法规，对企业污染控制，垃圾填埋税、排放标准等措施要求。

专业的认证管理体系（D_{12}）：ISO 9000 质量管理体系、ISO 14000 环境管理体系、OHSAS 80000 职业健康安全管理体系和 ISO 50000 能源管理体系等制度的采用、实施、完善和认证等促进企业不断地向低碳化方向前进。

激励机制（D_{13}）：政府机构对企业所在行业管理人员和企业开展低碳管理奖惩的力度。

4. 消费者与社会其他利益相关者驱动因素

消费者利用其手中的"货币选票"通过价格、响应速度和低碳消费等驱动企业的低碳—低碳化。社会公众通过提高公众环境意识、监督政府履行环境管理义务、促使企业开展低碳化管理等方式形成企业低碳化的公众预期，进而间接地驱动企业的低碳化。

低碳品牌形象（D_{14}）：通过低碳产品树立良好市场形象的认识，以及产品的生态商标或者品牌形象的有利程度和消费者对企业低碳商标的认可程度等驱动企业低碳化。

公众压力（D_{15}）：企业所在的地方社区、供应链上的其他合作伙伴、企业股东、非政府组织、媒体等对企业进行监督等。

4.4.3　驱动因素驱动强度影响评价的构建方法

1．评价方法模型选取原因

低碳驱动因素的影响评价指标之间可能会存在关联影响关系。制造业企业低碳驱动强度评价指标是否重要主要取决于其性质或功能对促进企业开展低碳化管理的激发程度，而在复杂网络中指标/因素的重要程度就是该指标连接其他指标/因素而使其具有的显著性效果。

2．DEMATEL 方法步骤

DEMATEL（Decision-making Trial and Evaluation Laboratory, DEMATEL）方法主要使用图论理论，以构造图的矩阵演算为中心进行。

不妨设由制造业企业低碳驱动因素强度评价指标组成的集合为 $\Re = \left\{ \gamma_n \middle| n = 1, \cdots, N \right\}$，其中，$\gamma_n$ 表示第 n 个评价指标，N=15。基于 DEMATEL 方法构建低碳驱动因素的强度评价指标体系的方法步骤如下：

（1）绘制低碳驱动因素评价指标之间的关联关系有向图。

（2）在绘制低碳驱动因素评价指标之间的关联关系有向图的基础上，判断各因素之间影响关系的强弱度，并用矩阵表示。针对两因素之间存在的直接影响关系，由决策专家群组按照 1-3 标度法（影响程度与标度值对应关系为：强↔3，中↔2，弱↔1，无直接关系↔0）共同确定出影响程度评价值 k。将系统各要素的直接影响强度值表示成矩阵形式 $\boldsymbol{M} = \left[\chi_{ij} \right]_{m \times n}$，即为直接影响矩阵。该矩阵中的各元素表示各影响因素之间关系的密切程度。

（3）为分析各因素之间的间接影响关系，需要求综合影响矩阵 $\boldsymbol{M}''$，见式（4-17）。

$$\boldsymbol{M}'' = \boldsymbol{M}' + \boldsymbol{M}'^2 + \cdots + \boldsymbol{M}'^n = \frac{\boldsymbol{M}'\left(\boldsymbol{I} - \boldsymbol{M}'^n\right)}{\left(\boldsymbol{I} - \boldsymbol{M}'\right)} = \boldsymbol{M}'\left(\boldsymbol{I} - \boldsymbol{M}'\right)^{-1} \tag{4-17}$$

式中，$\boldsymbol{M}'$ 由式（4-17）计算所得，$\boldsymbol{I}$ 为单位矩阵。

$$\boldsymbol{M}' = \frac{\chi_{ij}}{\max\left(\sum_{j=1}^{n} \chi_{ij}\right)} \tag{4-18}$$

（4）计算低碳驱动因素之间驱动强度的原因度（$R_i - C_i$）与中心度（$R_i + C_i$）。

由综合影响矩阵 $\boldsymbol{M''} = \left[t_{ij} \right]_{n \times n}$ 可以计算出各因素指标的影响度 R_i 与被影响度 C_i，见式（4-19），进而可以推知用于表示各因素在所有评价指标中作用大小（重要程度）的中心度 $m_n = R + C$ 以及用于表示内部构造的原因度 $r_n = R - C$。

$$R_i = \sum_{j=1}^{n} t_{ij} \qquad C_j = \sum_{j=1}^{n} t_{ij} \qquad\qquad (4\text{-}19)$$

①影响度为 $\boldsymbol{M'}$ 的每行元素之和，为该行对应元素对所有其他元素的综合影响值，称为影响度。②被影响度为 $\boldsymbol{M'}$ 的每列元素之和，为该列对应元素受其他各元素的综合影响值，称为被影响度。③中心度为每个元素的影响度与被影响度之和称为该元素的中心度，它表示了该元素在系统中的位置，所起作用的大小。④影响度与被影响度之差称为该元素的原因度。⑤原因要素为原因度>0，表明该元素对其他要素影响大，称为原因要素。⑥结果要素为原因度<0，表明该元素受其他要素影响大，称为结果要素。通过上述计算，我们可以根据影响度和被影响度判断出每一个影响驱动低碳的因素对低碳实施起驱动作用力大小的影响程度，再根据中心度判定出各个指标在低碳驱动体系中的重要程度。

4.4.4 基于 DEMATEL 方法的因素影响强度计算及结果分析

1. 因素影响强度计算

为了能够有效构建供应链低碳驱动强度评价指标体系，邀请两组（每组各 3 位）熟识低碳领域的相关专业人士，其中一组是从业多年的实践派专家，另一组是从事多年教学的学院派专家。由两组各具特色的专家在共同研讨的基础上，一起参与低碳驱动因素驱动强度评价指标体系的构建。按照前文所给出的指标体系的构建方法，让两组咨询专家依据他们的知识在相互研讨的基础上，绘制驱动强度评价指标之间的影响关系有向图和直接影响矩阵。

根据上文所确定的指标体系，应用 DEMATEL 方法，首先建立上述各因素之间的直接影响矩阵，如表 4.19 所示。如果因素 N_i 与因素 N_j 有直接影响，则相应的第 i 行第 j 列元素为不同的数字，根据影响程度的大小为 1~3，如没有直接影响关系，相应的元素为 0。

表 4.19　低碳驱动因素驱动强度初始化直接影响矩阵

	D_1	D_2	D_3	D_4	D_5	D_6	D_7	D_8	D_9	D_{10}	D_{11}	D_{12}	D_{13}	D_{14}	D_{15}
D_1	0	0	0	3	0	0	3	2	3	2	0	0	0	0	0
D_2	3	0	3	2	3	3	3	2	1	1	0	2	0	2	0
D_3	1	0	0	2	2	1	1	1	1	1	0	1	0	1	0
D_4	0	0	0	0	1	1	1	1	3	3	0	1	0	2	0
D_5	0	0	0	3	0	0	3	2	1	2	0	2	0	0	0
D_6	2	0	0	3	0	0	0	0	3	3	0	1	0	0	0
D_7	2	0	0	3	0	0	0	3	3	3	0	1	0	1	0
D_8	0	0	0	2	0	2	0	2	0	1	0	1	0	1	0
D_9	0	0	0	0	0	0	0	0	0	3	0	0	0	3	0
D_{10}	0	0	0	0	0	0	0	0	0	0	0	0	0	3	0
D_{11}	1	3	3	1	0	3	0	0	0	0	0	0	0	0	0
D_{12}	3	2	2	3	3	3	2	2	1	2	0	0	0	2	0
D_{13}	0	3	2	3	0	3	3	1	2	0	0	0	0	0	0
D_{14}	0	0	0	0	0	0	0	2	0	0	0	0	0	0	3
D_{15}	0	3	3	1	0	0	0	0	0	0	2	2	2	2	0

　　按照前文选择方法中的步骤，首先构造并测度低碳驱动因素驱动强度的初始化直接影响矩阵（见表 4.19）及综合影响矩阵（见表 4.20），然后通过计算各评价指标的影响度与被影响度推知它们的中心度和原因度，最后利用中心度指标对各项评价指标进行相对重要性排序（见表 4.21）。

表 4.20　低碳驱动因素驱动强度综合影响矩阵

	D_1	D_2	D_3	D_4	D_5	D_6	D_7	D_8	D_9	D_{10}	D_{11}	D_{12}	D_{13}	D_{14}	D_{15}	R_i	C_i	R_i+C_i	R_i-C_i
D_1	0.015	0.03	0.03	0.154	0.018	0.009	0.141	0.113	0.165	0.146	0.001	0.019	0.001	0.062	0.007	0.86	0.85	1.71	0.01
D_2	0.171	0.013	0.135	0.206	0.170	0.152	0.200	0.171	0.152	0.177	0.002	0.131	0.002	0.169	0.020	1.87	0.57	2.44	1.30
D_3	0.059	0.007	0.007	0.131	0.101	0.055	0.077	0.081	0.089	0.105	0.001	0.063	0.001	0.087	0.010	0.87	0.71	1.58	0.16
D_4	0.017	0.007	0.007	0.036	0.055	0.050	0.061	0.071	0.148	0.170	0.001	0.055		0.133	0.016	0.83	1.84	2.67	-1.01
D_5	0.028	0.009	0.010	0.173	0.031	0.021	0.154	0.125	0.096	0.153	0.001	0.103	0.001	0.065	0.008	0.98	0.84	1.82	0.14
D_6	0.090	0.005	0.006	0.147	0.015	0.013	0.026	0.027	0.157	0.176	0.001	0.051		0.059	0.007	0.78	0.91	1.69	-0.13
D_7	0.093	0.007	0.007	0.162	0.027	0.015	0.039	0.156	0.167	0.188	0.001	0.059	0.001	0.110	0.013	1.05	1.28	2.33	-0.23
D_8	0.018	0006	0.007	0.120	0.097	0.014	0.108	0.040	0.080	0.095	0.001	0.061	0.001	0.83	0.010	0.74	1.32	2.06	-0.58
D_9	0.001	0.003	0.003	0.004	0.002	0.002	0.002	0.013	0.002	0.124	0.001	0.003	0.001	0.138	0.017	0.31	1.52	1.83	-1.21
D_{10}	0.001	0.002	0.003	0.002	0.002	0.002	0.002	0.012	0.002	0.003	0.001	0.002		0.123	0.015	0.17	1.91	2.08	-1.74
D_{11}	0.080	0.123	0.138	0.106	0.037	0.149	0.044	0.041	0.060	0.068	0.000	0.032	0.000	0.046	0.005	0.93	0.10	1.03	0.83

续表

	D_1	D_2	D_3	D_4	D_5	D_6	D_7	D_8	D_9	D_{10}	D_{11}	D_{12}	D_{13}	D_{14}	D_{15}	R_i	C_i	R_i+C_i	R_i-C_i
D_{12}	0.166	0.087	0.098	0.233	0.167	0.151	0.161	0.165	0.148	0.210	0.002	0.054	0.002	0.172	0.021	1.84	0.82	2.66	1.02
D_{13}	0.050	0.125	0.100	0.202	0.044	0.153	0.170	0.100	0.165	0.107	0.001	0.043	0.001	0.078	0.009	135	0.10	1.45	1.25
D_{14}	008	0.019	0.021	0.026	0.015	0.014	0.017	0.096	0.015	0.027	0.010	0.019	0.010	0.026	0.123	0.45	1.51	1.96	-1.06
D_{15}	0.057	0.152	0.167	0.138	0.060	0.105	0.073	0.109	0.076	0.165	0.082	0.122	0.082	0.157	0.019	1.56	0.30	1.86	1.26

表 4.21　低碳驱动因素驱动强度相对重要性排序表（基于中心度）

驱动因素	影响度	被影响度	中心度	原因度	中心度排序
持续改进（D_4）	0.830	1.840	2.669	-1.010	1
专业的认证管理体系（D_{12}）	1.838	0.819	2.657	1.019	2
高层管理者的意识及承诺（D_2）	1.872	0.567	2.438	1.305	3
全员参与及员工授权（D_7）	1.047	1.277	2.324	-0.230	4
竞争优势（D_{10}）	0.174	1.915	2.088	-1.741	5
组织文化（D_8）	0.739	1.318	2.058	-0.579	6
低碳品牌形象（D_{14}）	0.447	1.507	1.953	-1.060	7
公众压力（D_{15}）	1.562	0.301	1.863	1.261	8
节约成本（D_9）	0.314	1.524	1.838	-1.209	9
业务流程再造与变革（D_5）	0.978	0.842	1.820	0.136	10
员工意识及培训（D_1）	0.856	0.853	1.709	0.003	11
技术更新升级（D_6）	0.780	0.905	1.685	-0.125	12
集成战略规划与沟通（D_3）	0.872	0.710	1.583	0.162	13
激励机制（D_{13}）	1.348	0.104	1.452	1.244	14
政府制定的法律法规（D_{11}）	0.930	0.104	1.034	0.826	15

2．计算结果分析

综合影响矩阵中的行的和，即每个因素的综合影响度，而列的和表示该因素的被影响度，行的和与列的和之差称为该因素的原因度，表示该因素与其他因素的因果逻辑关系程度，原因度大于 0 表明该元素对其他要素影响大，称为原因要素。原因度小于 0，表明该元素受其他要素影响大，称为结果要素。通过综合影响矩阵分析，从表 4.21 中可以得出影响低碳实施的原因因素（原因度大于零的因素）重要程度由大到小依次是高层管理者的意识及承诺（D_2）、公众压力（D_{15}）、激励机制（D_{13}）、专业的认证管理体系（D_{12}）、政府制定的法律法规（D_{11}）、集成战略规划与沟通（D_3）、业务流程再造与变革（D_5）、员工意识及培训（D_1），图 4.14 为驱动因素的原因度分布图。

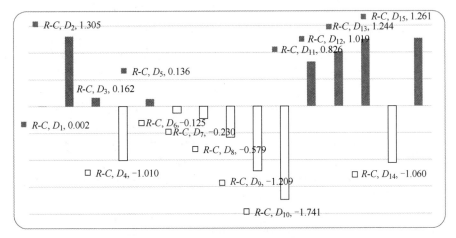

图 4.14　驱动因素的原因度分布图

由此可以看出，高层管理着的意识及承诺（D_2）的原因度最大。其次是公众压力（D_{15}）、激励机制（D_{13}）、专业的认证管理体系（D_{12}）、政府制定的法律法规（D_{11}）和集成战略规划与沟通（D_3）等。当然，公众压力（D_{15}）、激励机制（D_{13}）、政府制定的法律法规（D_{11}）这些关键因素也是企业外部的压力为了促使企业更好地扩大市场份额，回应政府、社会、非正式组织的外部声音，建立低碳品牌和竞争优势的外部促进因素。专业的认证管理体系（D_{12}）、集成战略规划与沟通（D_3）是企业实施低碳制造系统的内部压力和行动指南，为了实现高层管理者制定的低碳战略和管理体系的认证要求，促使企业在内部实施低碳措施，实现经济效益、环境效益和社会效益的整合统一。

结果因素（原因度小于零的因素）重要程度由大到小依次是：竞争优势（D_{10}）、节约成本（D_9）、低碳品牌形象（D_{14}）、持续改进（D_4）、组织文化（D_8）、全员参与及员工授权（D_7）、技术更新升级（D_6）。结果因素是由于受到其他因素的影响而对低碳的实施产生的影响，因此可追根溯源找出最原始的影响因素来加以控制，从根源上实现低碳，使企业实施得以顺畅、便捷，并能产生收益。

行的和与列的和之和被称为该因素的中心度（如图 4.15 所示的驱动因素的中心度分布图），表示该因素在系统中的重要性程度，通过综合分析这些因素，可以得出各个因素对低碳的重要程度，从而找出重要的因素。从表 4.21 中可以得出中心度的重要程度由大到小依次为持续改进（D_4）、专业的认证管理体系（D_{12}）、高层管理的意识及承诺（D_2）、全员参与及员工授权（D_7）、竞争优势（D_{10}）、组织文化（D_8）、低碳品牌形象（D_{14}）、公众压力（D_{15}）、节约成本（D_9）、业务流程再造与变革（D_5）、员工意识及培训（D_1）、技术更新升级（D_6）、集成战略规划与沟通（D_3）、激励机制（D_{13}）、政府制定的法律法规（D_{11}）。

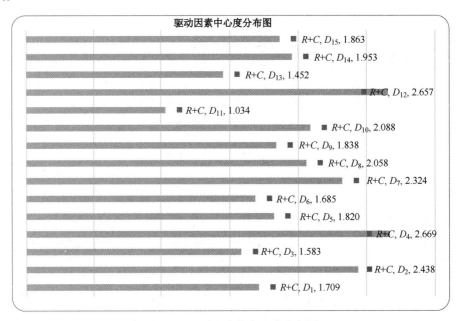

图 4.15　驱动因素的中心度分布图

因此，制造业企业实施低碳制造系统能否获得成功，并取得相应的经济、环境和社会效益的关键问题主要集中在以下四点：①制造业企业必须在内部活动过程中持续改进。②制造业企业在企业内部实施低碳措施。③高层管理在企业导入和实施低碳管理模式上发挥着重要作用。④充分发挥政府机构的激励驱动作用。

4.5　基于 CMM 模型的低碳制造集成优化模型构建

企业实施低碳系统需要一套完整的指导方针，包括企业实施低碳系统水平的能力标准和改进路径。因此，在软件行业信息化的基础上，本研究借鉴软件能力成熟度模型（Capacity Maturity Model，CMM）的成功经验，结合低碳管理系统实施的特点，对实施低碳系统的企业层面能力成熟度模型（CMM）进行评价，即通过建立概念框架，对一个用于低碳构建和系统集成的优化模型进行评价,主要用于评价制造业企业低碳系统集成的程度和成熟度。

4.5.1 制造业企业低碳优化成熟度模型

根据 CMMI（CMM Integration）提出的阶梯结构,低碳成熟度可分为五个层次。基于 CMMI 模型的成熟度模型也被提出,但是它们的工作以一种非常初步的方式提出了成熟度的概念。它们之所以成熟,是因为它们的主要目的是建议企业需要实施实用的工具,减少低碳浪费。创造一个主观的横向类比。本文提出的成熟度模型与 CMMI 模型高度一致,因此定义如下。

没有企业内部环境可以支持第 1 级（初始混沌）的低碳改进过程。企业对大多数低碳及其与低碳潜力共存的认识有限,高级管理人员尚未建立内部效率、成本和环境问题的管理或指导方针,企业不能采用低碳的做法。由于这些制度缺乏低碳意识,大多数人的沟通水平不高,需要员工个人英雄主义才能取得好的结果和规范制度。改进是孤立的,而且没有文档。改善的结果只是短期的,效果很难重复。

第 2 级稳定管理,因为企业管理标准化进程监测及其制造过程中重现。认识到低碳生产意义,开展低碳行动。改进措施是有限的,主要是由法规、客户反馈和对业务问题的紧急解决方案的需要驱动的。企业也意识到关键的低碳工具,包括管理和改善生产场所(制造车间)的必要性。

第 3 级标准化定义,低碳生产过程可以更好地整合、理解和记录。采取了更多的措施,包括更具体的指标,并制定了消除任何废物的预期行动。低碳和绿色系统可以共存,但实践之间几乎没有整合。低碳和绿色行动是分开进行的,并且意识到低碳和绿色实践都可以为公司增值,高层管理人员制定主要的环境指标和与过程特殊性有关的指标使浪费和过多的资源消耗在运营水平上下降,低碳绿色成为过程驱动力,并且与员工就低碳绿色主题进行的内部交流,衡量实现目标的进度,建立了部分可视化管理机制。

第 4 级量化优化,量化改进目标,并将其与运营目标保持一致。数量统计水平从其中的生态和环保的行动被视为最重要的管理,定期开展并凭借强劲的自上而下和自下而上的认识,实现一个目标所采取的行动不应与他人的相互冲突。

对所有员工进行培训，促进员工积极参与，并促进流程改进。制定和监测指标，衡量和控制业务，不断监测废物低碳来提高性能，使之完全符合目标和需求，让企业了解这些系统的性能的低碳生产，以便预测系统的性能和低碳。

第 5 级（创新级），低碳生态目标是共生实现的。了解所有行动的直接和间接相关性，量化和定期审查所有低碳目标，以反映运营目标的变化，从而能够提高其积极影响。企业不断高效地进行持续优化，意识到各级共同利益的预期和积极行动，有效地监控所有低碳工具，实现有效的低碳战略可持续性。图 4.16 所示为低碳优化成熟度模型。

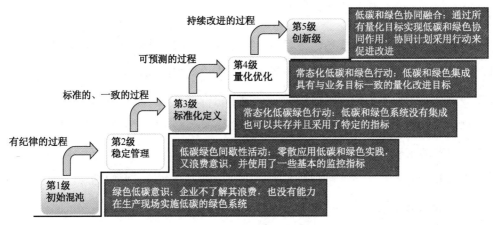

图 4.16　低碳优化成熟度模型（LGSCMM）

4.5.2　基于低碳绩效评估指标的优化模型

本研究的目的是为制造业企业建立一个低碳成熟度评估模型，同时适用于其他工业部门。LGS 被用于构建计算模型平台和模型计算公式平台，该平台负责生成图表和计算企业的成熟度级别。

LGS 基于绩效指标和结构化问卷（评估数据收集）等，通过判断其低碳成熟度层次来建立低碳整合水平。

1. 低碳绩效评价指标（第 1 级）

对于每个行业部门，应用 LGS 模型需要选择一套不少于 18 个的绩效指标。在绩效指标的选择上，应尽量选择量化的评价指标，并结合行业特点选择评价指标，这样对评价企业的低碳成熟度具有现实意义。本研究建立了制造业企业低碳优化与集成的通用成熟度框架模型，提供了通用的评价框架和具体的评价程度指标。本研究定义了构成LGS模型的20个评价指标。企业低碳优化融合成熟度模型可以从评价指标数和绩效实施结果两个方面进行评价，最后将两者的评价结果进行综合（平均为最终结果）。

2. 低碳绩效评价指标实施与监测量化评价模型（第2级）

在确定成熟度评价指标（不少于18个评价指标）后，制造业企业可以从企业采用多少个绩效评价和监控指标的方式来判断企业选择的成熟度水平。企业采用实施监控的绩效指标数量与成熟度水平的关系如表4.22所示。

表4.22　企业采用实施监控的指标数量与成熟度级别的关系

绩效监控指标数	成熟度水平
0～4	1
5～8	2
9～12	3
13～16	4
17～20	5

整体衡量一个企业低碳成熟度水平与输出监测指标数量和输出指标与低碳绩效的差异有关，评价指标之间的差异越小，评价企业成熟度水平的区间。低碳监控指标与低碳监控指标差异的评价标准如表4.26所示。要用这个标准来判断企业的成熟度水平，必须根据表4.27标准进行评价。最后，企业属于哪个成熟度水平和两者中最低的。

表4.23　低碳绩效监控指标与低碳绩效监控指标之差和成熟度水平等级的关系

低碳绩效监控指标数量与低碳绩效监控指标之差	成熟度水平
0～3	水平等级同表4.22的判定结果
4～7	水平等级在表4.22判定的基础上降一级
8～10	水平等级在表4.22判定的基础上降二级

例如，企业A用于评价低碳绩效的绩效监控指标数为14个，由表4.22的指标可知，企业成熟度等级为4级。根据表4.23中的评价指标可以看出，企业的等级将从原来的评价结果降低1级，因此企业的低碳成熟度水平为3级。

3. 低碳绩效评价指标监控测量值计算的评价模型（第3级）

为了用低碳监控指标的测量值来评价现阶段企业低碳优化整合的成熟度水平，不同监控指标的测量单位不一致，数据维度不一致，将数值归一化后如式（4-20）所示。该方程已在几项需要在相同尺度上处理不同来源数据的研究中使用。它允许将所有值设置在 0～100，这样具有不同度量单位的指标可以在同一径向图中绘制。

$$V_e = \frac{V_i - V_{min}}{V_{max} - V_{min}} \times 100 \qquad (4-20)$$

式中，V_e 为归一化后的指标值，V_i 为当期的测量值，V_{max}、V_{min} 为该指标的最大值和最小值。企业需要建立相应的数据库来保存历史数据，以便对改进前后的效果进行相应的统计计算和对比。对于定性指标，可以通过问卷调查得出该指标的值，每个选择的答案都有权重。这样，各部分响应的总和就产生了一个等于性能指标值的值，该值也由式（4-21）标准化。在这种情况下，最大值和最小值分别由权重较大或较小的相应选项的和决定。性能指标的值归一化后，在使用雷达图（见图4.17），可以定义百分比计算图占地企业的成熟度级别，

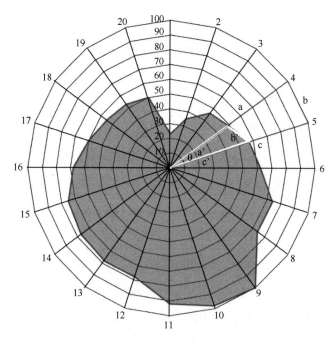

图4.17　雷达图（模拟案例）

百分比是基于评估确定的价值相对于图的面积，相应的总面积 5.8 的中心由外环的面积，它还可以直观地显示企业需要改进的领域。

其中，计算图表的总面积由 20 个边长分别为 a,b,c 的三角形组成，图表覆盖的总面积由 20 个边长分别为 a',b',c' 的三角形组成，三角形的一个顶角为 θ，其值为 360°/20，三角形面积的计算步骤和公式如下：

$$b = \sqrt{a^2 + c^2 - 2ac\cos\theta} \qquad (4\text{-}21)$$

$$s = \frac{a+b+c}{2} \qquad (4\text{-}22)$$

$$s_{\text{area}} = \sqrt{s(s-a)(s-b)(s-c)} \qquad (4\text{-}23)$$

式中，可知 a 和 c 对应于图中的两个轴，其长度由对应的业绩指标的值给出；b 由式（4-21）计算，其中外圈面积的轴线长度为性能指标的最大值，总面积对应于图 4.17 中轴线所形成的 20 个三角形的面积之和。因此，根据式（4-21）、式（4-22）、式（4-23），可以得到各用于性能指标的三角形的面积，所有三角形的和对应图中灰色的面积。可根据表 4.24 确定成熟度级别，只需要计算蓝色区域的面积相对于总面积的百分比，并通过表 4.23 中的定义结论验证相应的级别即可。

表 4.24　绩效指标值面积区域比值与成熟度等级水平关系

绩效监控指标值的面积百分比（%）	成熟度水平
0～20	1
21～40	2
41～60	3
61～80	4
81～100	5

最后，企业总体的成熟度等级由上述三者算术平均值确定，计算结果见式（4-24）。

$$L_{总} = \frac{L_1 + L_2 + L_3}{3} \qquad (4\text{-}24)$$

4.6　低碳制造系统集成优化实现方式研究

在上述理论和实践研究的基础上，本节推导出一套低碳集成优化实施模型（见图4.18），帮助企业通过低碳实现经济、环境和社会的可持续发展。该模型反映了低碳系统实现可持续业务转型的动态过程中必须包含的三个层面：战略层面的渗透（S）、运营层面的整合（O）、运营层面的实施（C）和持续改进与创新（I）。

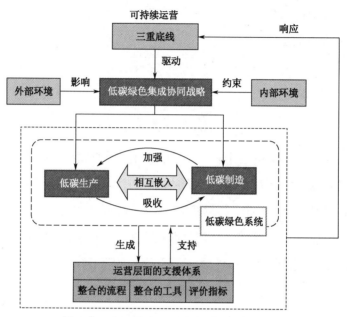

图 4.18　制造业企业低碳集成优化实施模型

4.6.1　低碳战略框架

随着环境问题的日益重要，大多数企业开始意识到环境管理对保持竞争优势的战略意义，尤其是在中国这样的发展中国家，加强环境管理显得尤为重要。

虽然企业的战略目标驱动着企业的绩效考核目标，但企业考核导向导致的部门间战略目标的冲突是企业战略绩效管理失败的一个重要原因。传统的绩效评价指标和标准是完全透明的，旨在突出其指导作用，考核各部门主要指标及其权重，这使得各部门都在努力使对自己的考核达到最优，这导致各部门的工作方向不一致，部门之间目标冲突，整体战略不是各部门的重点工作。建立低碳战略框架模型如图 4.19 所示，是指导低碳战略实施的重要基础。

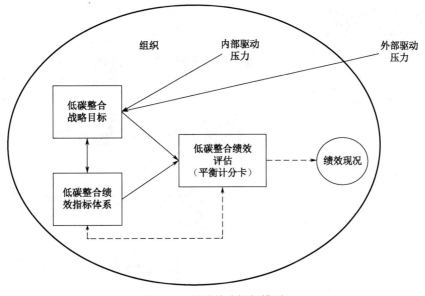

图 4.19　低碳战略框架模型

4.6.2　基于 BSC 的低碳集成工具构建

平衡计分卡不仅具有较强的可操作性，而且通过对财务、客户、内部流程及学习和成长这四个方面内部关系的描述，体现了企业发展与现状的契合度。在绩效管理中，财务指标是结果指标，而非财务指标是决定结果指标的驱动指标。平衡计分卡不仅强调指标必须包括财务指标和非财务指标，而且强调对非财务指标的管理。平衡计分卡的实施可以促进企业战略的体现，关注利益相关者；提高内部运营效率；激发员工的积极性和主动性；加强内部沟通。低碳是企业实现发展目标的必然选择。平衡计分卡的整合是企业实施低碳战略的有效途径。指标驱动下的低碳战略将始终围绕企业的发展目标展开，如图 4.20 所示。

低碳战略与评价指标关系矩阵如图 4.21 所示。

制造业企业在实现低碳战略的过程中，所有的改进成果都可以通过低碳目标和环境目标来体现。除了量化指标，如成本等经济指标，还可以通过社会和环境指标分析有形利益。虽然评价经济绩效、社会绩效、环境绩效的指标很多，但综合评价不能简单地把这些指标加在一起。所选指标还需要反映其他性能，并与三重底线相关，如图 4.22 所示。

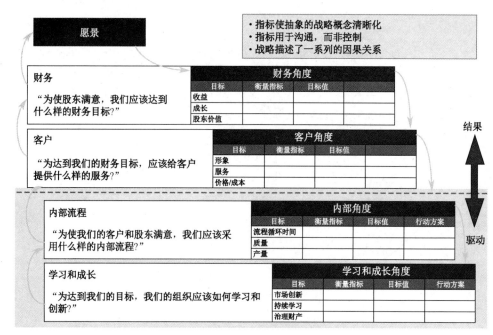

图 4.20　平衡计分卡的因果关系

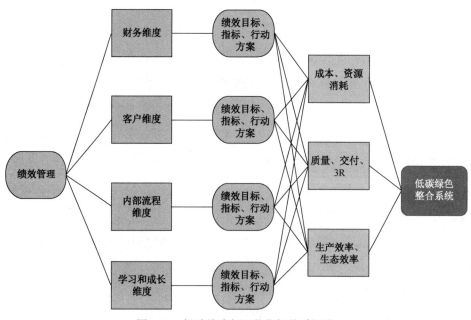

图 4.21　低碳战略与评价指标关系矩阵

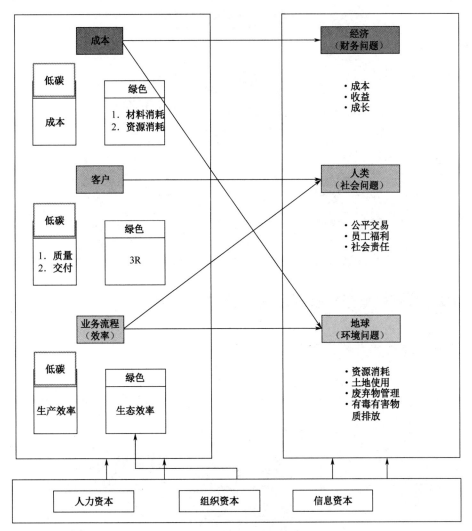

图 4.22　评价指标体系的关系图

制造业企业运营系统 XPS 通用框架如图 4.23 所示。

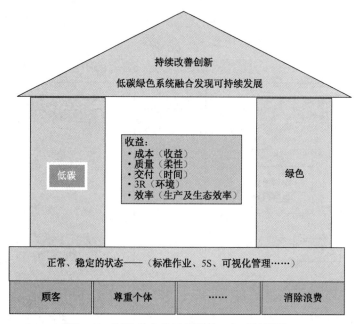

图 4.23　制造业企业运营系统 XPS 通用框架

4.6.3　低碳制造系统在制造生产线上的应用模型

在解决了低碳生产与环境管理的矛盾，实现了运营层面的整合，获得了具体的执行工具后，我们可以按照一定的步骤构建制造现场低碳系统的具体执行过程体系。制造业企业的最小作业单位是生产车间，生产车间由一条或多条流水线组成。车间的改善其实就是相应流水线的改善。图 4.24 描述了物料-能源流分析框架。

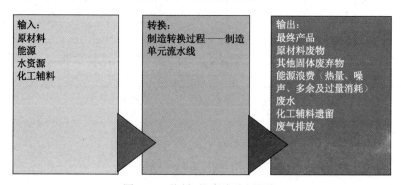

图 4.24　物料-能源流分析框架

在制造车间引入和实施低碳系统模型背后的基本的、最重要的认识是，低碳方法可以集成为已建立的低碳制造单元的持续改进过程的一部分。

基于低碳思维，低碳与低碳系统集成模式包含五个步骤，如图4.25所示。每一步的内容目标如下。

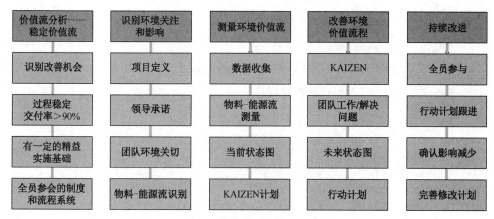

图4.25　低碳与低碳系统集成模式

第1步：价值流分析——稳定价值流：首先识别改善机会，确定需要改进的区域。确定一个需要大量资源投入的操作单元，一个低碳工具的良好部署，以及确定稳定的生产过程（交付率>90%），可以证明低碳模型的应用是合理的。价值流分析要具备一定的精益实施基础，完善全员参会的制度和流程系统。

第2步：识别环境关注和影响：通过识别价值流的环境方面和影响来定义过程改进的范围。环境问题和影响根据ISO 14001:2015定义。环境关注和影响可能影响环境、投入或生产单位产出的活动、产品或服务的特征。识别环境关注和影响需要领导对改善环境问题的大力支持，技术团队的关注与重视，并建立物料-能源流识别体系，分析物料和能源使用过程的环境影响。

第3步：测量环境价值流：确定关于环境过程的实际数据。收集环境数据，根据工艺的当前状态识别生产单元的实际状态为其主要环境流；测量生产单元的物流-能量流；组织改进活动；这项改进活动中使用的改进指标用于确定下列费用：能源，使用电表收集特定时间（即一个月）内消耗的所有能源；水，用水表收集某一段时间（即一个月）的用水量；

金属和受污染的废物以及其他废物，指生产单位在特定时期（即一个月）产生的所有类型的废物。油脂等，指在一段特定时间内（即一个月）在一个单位内使用的所有化学品；废水，使用水表收集在特定时间内（即一个月内）产生的所有废水。建立当前的环境数据图，分析环境影响因素，提出改善（Kaizen）计划。

第4步：改善环境价值流程。在改善车间中识别消除浪费的机会。在改进活动中，为团队分析确定关键生产支持流程的改进优先级。在车间组织团队合作，找出主要的浪费消除机会，分析每个过程中的主要浪费，并确定主要的改进措施。根据员工和机器的数量，改善事件可能涉及20～30人，包括所有操作人员、负责人和经理、维护人员以及环境和低碳专家。低碳与低碳一体化模式下的基本改进方案结构包括以下三个阶段。

第1阶段：花几个小时介绍生产单元及其实际状态，以及生产单元中物质和能量流的成本和环境影响，然后组织跨职能团队负责每个生产单元的支持流程（即能源、废物、水、化学品等）。

第2阶段：花几个小时改进团队，参与到车间工作中。每个小组的目标是了解每个单元操作过程中工艺资源的使用情况或熟悉生产工艺。团队应回答的问题包括：①为什么该生产操作在此过程中是必要的？②为什么会出现这种浪费/消费？③产生频率是多少？④为什么需要这个频率？⑤是否按照工作标准进行部署？⑥标准正确吗？⑦如何消除或减少此类操作或消耗？

第3阶段：花几个小时绘制生产单元的材料和能量流的当前和未来状态，并为改进机会制定行动计划。

第5步：持续改进。在改进车间制定行动和沟通计划。改进工作取得的结果应通过领导标准工作来评估，以产生可持续性。项目组长确认行动计划，合并改进行动计划。团队成员之间的联系是通过应用现有的员工参与工具建立起来的。

低碳生产与低碳制造的融合是制造业企业基础生产单元不断完善的第2阶段。可以理解，一个稳定的生产过程是迈向低碳、低碳企业的第1阶段。一旦生产单元稳定生产，团队就可以进行下一步；这就解释了为什么低碳集成模型被指定为已经有稳定的生产流程，并在应用低碳思维概念方面达到基线部署水平的单元。此外，领导力是低碳部署的根本基础。改善计划需要生产经理的批准、团队领导和团队成员的充分承诺来正确部署和实施它。

4.6.4　MFCA 方法在改进制造业企业车间生产线绩效评价中的应用分析

MFCA 是由 Dr.B.教授开发的一种环境管理会计方法。它是传统环境成本法的创新与发展。它是以生产制造过程中资源和能源的损失为切入点，借助投入产出分析，将其发生的损失，包括材料成本、加工成本、设备折旧成本等，转化为负产品成本，并综合评价成本的一种计算、分析方法（见图 4.26 和图 4.27）。

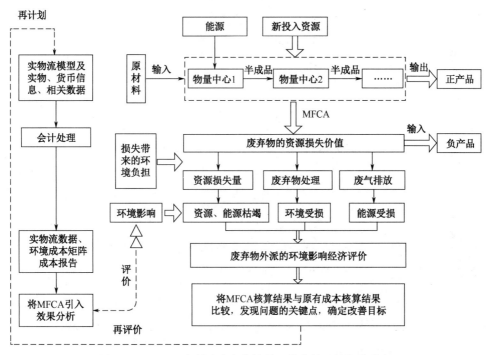

图 4.26　MFCA 在制造流水线绩效评价中的具体操作流程

MFCA 通过建立物料流成本矩阵要素对物料能流系统进行量化，根据其内部透明的特点，进一步增强物料流的经济和生态功能，最终将浪费的物料成本和间接成本等都纳入其中，分配给所有人作为管理的成本对象。MFCA 主要体现为：产品成本=产品正成本+产品负成本。具体计算过程如下：

$$TC=MC+SC+EC+WC \tag{4-25}$$

$$M = G + g \tag{4-26}$$

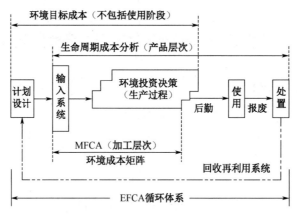

图 4.27　MFCA 的循环体系结构框架

$$\text{TM} = A\sum_{i=1}^{n} G_i + A\sum_{i=1}^{n} g_i \quad (i=1,2,3,\cdots, G_i, g_i \geqslant 0) \tag{4-27}$$

$$C = \text{av} + \text{aw} \tag{4-28}$$

$$\text{TC} = A\sum_{i=1}^{n} \text{av}_i + A\sum_{i=1}^{n} \text{aw}_i \quad (i=1,2,3,\cdots, \text{av}_i, \text{aw}_i \geqslant 0) \tag{4-29}$$

$$v = \frac{A\sum_{i=1}^{n} G_i}{\text{TM}} \times \text{TC} \tag{4-30}$$

式中，TC 为总成本；MC 为物料成本；SC 为系统成本，包括人工成本、设备折旧等；EC 为能源成本，包括电力、燃料费用等；WC 为废弃物管理成本；基于 MFCA 的成本分析方法和前文对投入成本的分类，若企业产成品数量为 A，则 M 为单位产品质量，G 为单位正产品质量，g 为单位负产品质量，C 为单位产品成本，单位正产品成本为 av，aw 为单位负产品成本，V 为总正产品成本。

　　MFCA 使企业资源损失成本可量化、结构清晰，为提高资源生产效率奠定了良好的信息基础。因此，企业在内部决策过程中，需要关注所有实物的投入和产出，综合分析每个产出的成本，估算环境成本，才能做出正确的决策。MFCA 的应用使得企业当前的资源使用和环境成本更加透明，为从物质流的角度审视生产过程成本流提供了一条路径。

　　总体而言，低碳集成框架模式通过低碳、低碳的实施，帮助企业实现经济、环境和社会的可持续发展。该模型反映了企业在低碳体系下实现可持续经营转型的动态过程中必须包含的四个层面：战略层面的渗透（S）、运营层面的规划（O）、运营层面的实施（I）和持续改进与创新（*C*），所有工作都必须与企业的内外部环境相匹配。在操作层面开发的新工具和方法是整个系统的强大基础。之后，就可以转化为具体的操作过程。然后考虑可能的调整以适应未来的更改。最终，所有这些都集成到一个系统中，帮助企业实现可持续经营。通过归纳推理得出的最终低碳融合实施模型如图 4.28 所示。

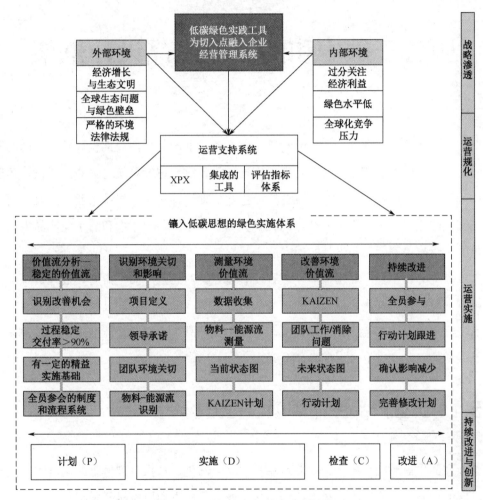

图 4.28　制造业企业低碳融合实施模型

第 5 章

服务于碳中和的工业产品设计框架

要实现服务于碳中和的工业产品设计，首先对工业产品生命周期设计需要考虑的因素进行系统、全面的理解和分析，并将考虑因素与设计过程进行系统的关联，从设计角度实现考虑因素最优。服务于碳中和的工业产品生命周期设计相对于传统工业产品设计而言，设计范围大幅拓展，设计更加复杂，为此首先需要确定服务于碳中和的工业产品生命周期设计内容，给出关键因素和设计实现方法。

本章首先分析工业产品生命周期过程及其特点，对工业产品生命周期过程资源消耗、环境影响加以描述；其次，从"工业产品"和"工业产品生命周期过程"两个方面分析工业产品生命周期设计方案。在此基础上，总结工业产品生命周期设计准则。最后，提出服务于碳中和的工业产品生命周期设计框架。

5.1 工业产品生命周期过程分析

工业产品生命周期是指一个工业产品从构思到出生、从报废到再生的全过程。根据可持续发展的理念，工业产品生命周期包括从工业产品构思和原材料开采制备，到工业产品使用生命终止的全部过程，可以分为六个阶段：工业产品计划、工业产品设计、工业产品生产、工业产品运输、工业产品使用和工业产品回收，如图 5.1 所示。

（1）工业产品计划阶段是指进行市场调查后，根据调查信息对市场进行需求分析的阶段。在工业产品计划阶段，调查工业产品及类似工业产品的市场情况，包括与所有市场有关的工业产品开发需求的任务。工业产品计划最终以工业产品设计任务书的形式体现。

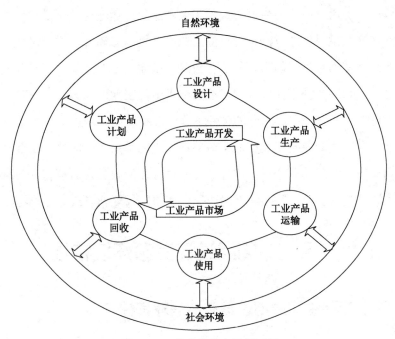

图 5.1　工业产品生命周期过程

（2）工业产品设计阶段是工业产品生命周期过程中尤为重要的阶段，是工业产品生产、运输、使用、回收的基础。工业产品设计尤其是设计过程的概念阶段，被看作实现可持续制造最具有决定作用的阶段。工业产品设计包括工业产品构想、工业产品材料选择、工业产品尺寸设计等，不仅设计工业产品本身，而且设计工业产品生命周期过程。工业产品设计是一个面向目标描述分功能的形成及整体构建的过程，这个过程需要综合工业产品生命周期每个阶段的信息。

（3）工业产品生产阶段是依据工业产品设计信息及原材料的特性，结合现有条件，选择成型设备、成型方法并进行工业产品成型的过程。工业产品生产是所设计的工业产品正式成为实体物品的第一步，是对工业产品物质制造重要功能的扩展，工业产品生产阶段除成型外还包括事先准备及相关方面的工作。

（4）工业产品运输阶段是将生产完成的工业产品运输到指定位置的过程，工业产品运输通过一定的运输工具实现工业产品时空的转变，工业产品时空转变换过程中需要选定运输工具并为防止运输过程工业产品损坏而采取保护措施。

（5）工业产品使用阶段是将生产完成的工业产品经过运输送达指定位置并提供其功能的阶段，工业产品的使用价值以满足可靠的工业产品性能来衡量。进行工业产品设计时应全面考虑工业产品使用阶段可能出现的各类情况，以便在工业产品规划和开发阶段优化工业产品模型的质量和完整性，在可持续发展的要求下，工业产品设计在满足工业产品功能好、效率高、可靠性强、使用成本低的条件下，资源和环境影响也是一个重要评估因素。

（6）工业产品回收阶段是工业产品生命周期过程的最后一个阶段，工业产品回收是在工业产品使用后对工业产品剩余材料进行处理的过程，回收处理时应该尽量减少对自然环境的污染和破坏，根据工业产品实际情况选择合适的回收处理方式。

5.2　工业产品生命周期过程资源环境特性

5.2.1　工业产品生命周期过程资源消耗特性

工业产品生产是制造业存在的重要基础，工业产品生命周期过程中资源消耗总量巨大，工业产品生命周期过程特点是决定工业产品生命周期资源消耗特性的关键。根据工业产品生命周期过程特点，研究工业产品生命周期资源消耗特性是进行服务于碳中和的工业产品生命周期设计的基础，其必要性不容忽视。

资源是工业产品生命周期过程存在和运行的物质基础，从生命周期的角度看，工业产品生命周期过程中每一个阶段都是工业产品形态和位置转变的过程，在实现工业产品形态和位置转变的过程中消耗资源，工业产品生命周期过程资源消耗状况分析模型如图 5.2 所示。在工业产品生命周期过程中，资源消耗的种类很多，每一类资源消耗均与工业产品生命周期过程密切相关。为更好地分析每一类资源消耗情况，对生命周期过程消耗的资源进行分类，工业产品生命周期过程资源消耗构成如图 5.3 所示，主要包括原材料消耗、辅助材料消耗和能源消耗。

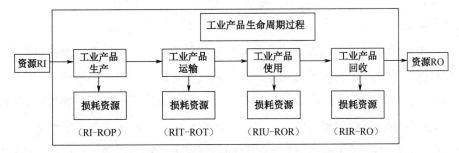

图 5.2　工业产品生命周期过程资源消耗状况分析模型

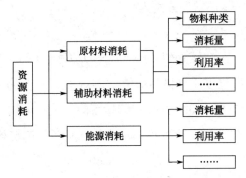

图 5.3　工业产品生命周期过程资源消耗构成

1. 原材料的消耗特性

原材料是指经过加工后构成工业产品主要实体的物料。工业产品原材料来自自然，经过开采、提炼、加工等生产过程改变其形态或性质，并构成工业产品的各种原料的总称。工业产品原材料消耗主要是指工业产品生命周期过程中原材料的使用量，与工业产品生产阶段的使用量和工业产品生命周期过程原材料的回收量关系密切，工业产品生产阶段原材料使用量取决于所设计工业产品的形状，工业产品生命周期过程原材料回收量与工业产品回收时材料剩余量和回收方式密切相关。原材料消耗是总资源消耗的重要组成部分，研究工业产品原材料消耗规律及特性，是减少原材料消耗、提高资源利用率的重要基础。

从工业产品整个生命周期角度考虑，原材料消耗主要包括三个方面：有效消耗、工艺性损耗、非工艺性损耗（非工艺性损耗通常是人为因素造成的，在此不考虑）。从生命周期角度看，有效消耗是指工业产品使用阶段构成净重部分的材料消耗，主要与尺寸设计因素有关；工艺性损耗是指工业产品在生产、运输、使用过程中，难以避免的损耗，主要由工艺规划中的工艺方法所决定，与工业产品材料和尺寸等要素联系紧密，减少生命周期过程中的工艺性损耗是工业产品设计的重要研究内容。

工业产品生命周期过程就是工业产品原材料消耗的过程。工业产品原材料的有效消耗是一个相对固定的量，工艺性损耗是一个与工艺过程、尺寸等有关的变量。工业产品生命周期过程中，工业产品生产阶段原材料消耗是将自然资源或回收资源提取形成的物料成型为工业产品过程中原材料的消耗，工业产品生产过程中的生产工艺和工艺相关参数是决定原材料消耗的重要因素。工业产品生产阶段的原材料消耗特性主要探讨该过程的原材料资源利用率 U_{RMP} 和损耗率 L_{RMP}，它们分别为：

$$U_{RMP} = R_{ORMP} / R_{IRMP} \tag{5-1}$$

$$L_{RMP} = (R_{IRMP} - R_{ORMP}) / R_{IRMP} \tag{5-2}$$

R_{ORMP} 是工业产品生产过程原材料利用量，R_{IRMP} 是工业产品生产过程原材料投入量。工业产品运输阶段将生产好的工业产品运送到指定的位置，运输过程不涉及材料形态的改变，任何工艺不涉及工艺性损耗，工业产品运输过程未产生原材料消耗。

$$R_{ORMT} = R_{IRMT} \tag{5-3}$$

R_{ORMU} 是工业产品使用过程原材料被利用量；R_{IRMT} 是工业产品运输过程原材料投入量。工业产品使用阶段是将生产完成的工业产品使用的过程。工业产品使用过程的原材料是工业产品生产后原材料的状态。工业产品使用过程种类繁多，有的工业产品使用后尺寸发生改变；有的工业产品由于使用过程的持续，产品功能无法满足使用要求，尺寸变化是其重要表现形式；在工业产品使用工艺过程中，大多数情况是原材料进一步被消耗，主要体现为工业产品尺寸的变化。工业产品使用阶段的原材料消耗特性主要探讨该过程的原材料资源利用率 U_{RMU} 和损耗率 L_{RMU}，它们分别为：

$$U_{RMU} = R_{ORMU} / R_{IRMU} \tag{5-4}$$

$$L_{RMU} = (R_{IRMU} - R_{ORMP}) / R_{IRMU} \tag{5-5}$$

R_{ORMU} 是工业产品使用过程原材料被利用量，R_{IRMU} 是工业产品使用过程原材料投入量。工业产品回收阶段是工业产品使用后对不能满足工作需求的工业产品进行回收，回收根据原材料的属性、材料剩余量等选择合适的回收方式，该过程涉及的是原材料的回收、再利用。

从工业产品生命周期角度看，原材料的工艺性损耗主要取决于工艺余量。影响工艺余量的因素有很多，设计合理的工业产品尺寸以保证工业产品生产过程与工业产品使用过程的总工艺余量最优是减少工艺性损耗的重要途径。

2．辅助材料的消耗特性

工业产品辅助材料是指为实现工业产品生命周期过程顺利开展所需要消耗的原材料以外的材料的总称，辅助材料的消耗与工业产品生命周期过程各个阶段的工作条件密切相关，研究工业产品辅助材料的消耗特性是进行服务于碳中和的工业产品生命周期设计的重要基础，有助于工业产品设计人员在进行工业产品设计时从全局角度出发减少辅助材料资源的消耗。

工业产品生命周期过程辅助材料消耗是为实现工业产品生命周期过程顺利进行所消耗的材料。工业产品生命周期过程中使用辅助材料的种类和辅助材料消耗量与原材料的属性、使用量、形态变化过程关系密切。工业产品生产阶段辅助材料消耗特性是在工业产品生命周期过程中，在配合原材料资源的转换过程中，自身状态的变化特征。在工业产品生命周期过程中，每个阶段都存在辅料的消耗，每个阶段的辅料种类可能相同，也可能不同。

工业产品生产过程中为实现原材料的成型，需要投入各种溶剂、水等辅料，工业产品生产过程辅助材料资源利用率 U_{AP} 和损耗率 L_{AP} 分别为：

$$U_{AP} = R_{OAP} / R_{IAP} \tag{5-6}$$

$$L_{AP} = (R_{IAP} - R_{OAP}) / R_{IAP} \tag{5-7}$$

R_{OAP} 指工业产品生产过程辅助材料被利用量，R_{IAP} 指工业产品生产过程辅助材料投入量。工业产品运输过程中，为实现生产成型的工业产品位置的转换，在运输过程中需要使用辅助材料来保证生产好的工业产品不受损伤，工业产品运输过程中的辅助材料在使用过程中难以再利用，在工业产品生命周期过程中基本属于一次性消耗，工业产品生产过程辅助材料资源利用率 U_{AP} 和损耗率 L_{AP} 分别为：

$$U_{AP} = R_{OAT} / R_{IAT} \tag{5-8}$$

$$L_{AT} = (R_{IAT} - R_{OAT}) / R_{IAT} \tag{5-9}$$

在工业产品使用过程中，需要使用辅助材料来保证工业产品使用的完成，需要投入各种溶剂、水等辅料，如车削加工的切削液。工业产品生产过程辅料材料资源利用率 U_{AU} 和损耗率 L_{AU} 分别为：

$$U_{AU} = R_{OAU} / R_{IAU} \tag{5-10}$$

$$L_{AU} = (R_{IAU} - R_{OAU}) / R_{IAU} \tag{5-11}$$

工业产品回收过程是对使用完的工业产品回收的过程，回收过程中需要使用辅助材料来完成原材料的回收，辅助材料的种类和数量根据原材料的损失程度而定。工业产品回收过程辅助材料资源利用率 U_{AR} 和损耗率 L_{AR} 分别为：

$$U_{AR} = R_{OAR} / R_{IAR} \qquad (5\text{-}12)$$

$$L_{AR} = (R_{IAR} - R_{OAR}) / R_{IAR} \qquad (5\text{-}13)$$

从工业产品生命周期角度看，辅助材料消耗相对独立，与每一个生命周期阶段的原材料的变化状态联系紧密。

3. 能源的消耗特性

R_{OAP} 指工业产品生产过程辅助材料被利用量，R_{IAP} 指工业产品生产过程辅助材料投入量。R_{OAT} 指工业产品运输过程辅助材料被利用量，R_{IAT} 指工业产品使用过程辅助材料投入量。R_{OAU} 指工业产品使用过程辅助材料被利用量，R_{IAU} 指工业产品使用过程辅助材料投入量。R_{OAR} 指工业产品回收过程辅助材料被利用量 R_{IAR} 指工业产品回收过程辅助材料投入量。

能源是保证工业产品生命周期过程顺利进行的重要物质基础。工业产品生命周期过程的特点是影响工业产品生命周期过程能源消耗量的重要基础。研究工业产品生命周期过程中能源消耗特性是进行服务于碳中和的工业产品生命周期设计的重要基础。

工业产品生命周期过程的每一个阶段都会产生能源消耗，只不过能源体现和消耗形式不同，能源消耗特性主要探讨能源利用率 U 和损耗率 L：

$$U = E_O / E_I \qquad (5\text{-}14)$$

$$L = (E_I - E_O) / E_I \qquad (5\text{-}15)$$

E_O 指能源利用量，E_I 指能源投入量。工业产品生产过程能源消耗主要是实现工业产品成型过程中相应设备运行所消耗的能源，成型设备在成型过程中，设备分为空载状态和负载状态，工业产品生产过程的设备运行能源消耗关键在于设备空载能源消耗和设备负载能源消耗特性；工业产品运输过程能源消耗与运输设备的选择联系紧密，运输过程中运输设备处于空载和负载状态，工业产品运输过程的能源消耗特性关键在于运输设备空载和负载的特性；工业产品使用过程是工业产品进行工作的过程，能源主要来源于使用设备的能源消耗，确定能耗特性的关键是确定使用设备空载和附载的特性；工业产品回收过程是工业产品原材料回收的过程，工业产品回收过程与回收方式和回收过程的设备特性有关。

虽然工业产品生命周期过程中不同阶段能源消耗的种类不同，但生命周期过程每一个阶段能源消耗都是为了实现工业产品形态的转变，不同阶段的设备运行特性决定着该阶段能源的消耗情况。

5.2.2　工业产品生命周期过程环境影响特性

工业产品生命周期过程在消耗大量资源的同时对环境也会产生重大污染。工业产品生命周期过程的特点是决定工业产品生命周期过程环境影响的重要因素。研究工业产品生命周期过程的环境影响特性是进行服务于碳中和的工业产品生命周期设计的重要基础。

在工业产品生命周期过程中，环境影响指标如图 5.4 所示，主要包括废气污染、废液污染、固体废弃物污染、职业健康危害和物理污染物。

工业产品生命周期环境特性是指物料资源在转化过程中所产生的对环境指标影响的特性，主要包括废气、废液、固体废弃物、噪声、职业健康与安全等的特性。

工业产品生命周期过程中产生的废气，主要以烟雾和粉尘的形式存在，废气在不同生命周期过程中的形态和特性是不同的。工业产品生产过程中产生的废气与工业产品成型的工艺和工艺路线密切

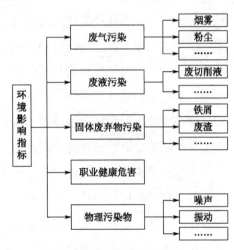

图 5.4　环境影响指标

相关，成型工艺过程中每个工序都会产生废气，优化单个工序以至于整个工艺路线，可以有效降低废气排放。工业产品运输过程的废气来源于运输设备的排放，优化选择合适的运输设备和运输路线是减少运输过程废气排放的根本途径。工业产品使用过程是对工业产品使用的过程，废气产生与工业产品使用工艺与工艺路线密切相关，每一个环节都会产生环境影响，优化与环境影响相关的整体过程乃至每一环节的影响因素，是工业产品使用过程有效减少废气排放的必然选择。工业产品回收过程产生的废气与工业产品回收方式紧密相关，在选择合适回收方式的情况下，优化回收设备参数可以有效减少废气排放。总体来讲，提高废气再利用率可以有效降低环境影响。

工业产品生命周期过程中产生的固体废弃物的种类极多，很难一一量化。工业产品生产过程的固体废弃物主要来源于工业产品成型过程。以钢铁工业产品成型为例，在矿产资源、燃料资源、电力资源、金属原料、冶金辅料、水、空气等资源与设备的作用下形成工业产品，同时生成大量的固体废弃物，所产生的固体废弃物的量与成型过程的加工方法密切相关，成型过程的每个工序都会产生固体废弃物，因此优化单个工序以至于整个工艺过程能够有效减少固体废弃物的产生，同时提高废弃物的再生利用率，可以有效减少工业产品生命周期过程的环境影响。工业产品运输过程是将工业产品位置转移的过程，工业产品的形状未发生改变，固体废弃物的产生与否在很大程度与包装相关，工业产品运输过程固体废弃物的特性取决于工业产品运输过程的包装，运输过程的固体废弃物通常可以得到比较充分的回收。工业产品使用过程是一个工业产品形状改变的过程，是工业产品进一步加工的过程，工业产品使用过程的固体废弃物特性与工业产品使用工艺密切相关。工业产品回收过程产生的固体废弃物与回收方式有关，选择合适的回收方式可以减少固体废弃物的产生，对产生的固体废弃物再生利用可以有效减少回收过程的环境影响。工业产品生命周期过程每个阶段固体废弃物特性不同，总体来讲，提高固体废弃物再生利用率可以有效减少工业产品生命周期过程的环境影响。

工业产品生命周期过程产生的废液不同，生命周期阶段体现不同。工业产品生产过程的废液来自成型过程的辅助溶剂和水，废液的产生量与成型工艺过程密切相关，尤其是成型过程中工艺路线的加工方法和工艺参数。工业产品运输过程中废液的产生与工业产品材料密切联系，一般金属工业产品在运输过程中不产生废液的排放。工业产品使用过程是工业产品使用的过程，废液的产生及使用与工艺参数密切相关，并引起广泛关注。工业产品回收过程中产生的废液与回收方式紧密相关，选择合适的回收方式可以减少废液的产生。工业产品生命周期过程的每个阶段都可能产生废液，总体来讲，减少废液的产生是提高工业产品生命周期过程环境性能的重要举措。

职业安全健康危害与物理污染源主要存在于工业产品生命周期过程中，会对工业产品生命周期过程中相关工作人员造成一定危害，职业安全健康危害与物理污染源的产生主要与工业产品生命周期过程相关阶段的设备、工艺紧密联系，事实上设备一旦被设计，在相当长的一段时间内，设备、设施就都是固定的，对设备的更换不是经济、实际和常用的方式。减少职业安全健康危害与物理污染源是一项长期工作，应久抓不放。

5.3 工业产品生命周期设计方案

理解工业产品生命周期过程及其特点是进行服务于碳中和的工业产品生命周期设计的基础。在工业产品生命周期过程中，工业产品设计阶段是工业产品生命周期过程中尤为重要的阶段。在设计工业产品方案时，开展服务于碳中和的工业产品生命周期设计是提高工业产品生命周期性能的关键环节。服务于碳中和的工业产品生命周期设计是在满足功能、质量、成本等要求的基础上，最大限度地减少环境影响的一种设计方法，要实现工业产品最佳生命周期性能需要将工业产品设计和工业产品生命周期过程设计两部分内容进行有机融合。工业产品生命周期过程包括从工业产品计划、工业产品设计、工业产品生产、工业产品运输、工业产品使用到工业产品回收的整个过程。生命周期过程可以从宏观和微观两个层次来分析。从宏观角度看，是否在设计时对资源的有限性和环境污染进行考虑，是传统工业产品设计与服务于碳中和的工业产品生命周期设计的重要区别，传统工业产品设计属于串行开环形式，服务于碳中和的工业产品生命周期设计属于并行闭环形式。环境因素是服务于碳中和的工业产品生命周期设计应考虑的重要指标，分析服务于碳中和的工业产品生命周期设计中所对应的环境关键影响因素，并分析产生原因，提出改善措施并应用于实际。闭环化是指构建工业产品生命周期的物质流反馈路径，对生命周期内产生的固体废弃物、废气、废液进行循环利用，尽可能减少"三废"排放。服务于碳中和的工业产品生命周期设计方案的核心内容包括工业产品和工业产品生命周期过程两类不同对象的设计。工业产品是一个客观存在的有形物品，工业产品生命周期过程是为实现工业产品生命周期各阶段过程所产生的一系列过程（活动），两者的本质不同，但不可分割且内在联系密切，单纯地从工业产品自身考虑工业产品生命周期环境性能提高是远远不够的，不能从根源上解决问题，开环的工业产品生命周期是不可持续的，而工业产品生命周期闭环化也需要与工业产品设计紧密结合，工业产品生命周期过程是工业产品形态和状态变化的过程。

5.3.1 工业产品绿色方案

工业产品生命周期设计方案主要描述的是工业产品的功能结构和实现功能结构的物理

形式。工业产品绿色方案包括工业产品功能结构绿色和实现工业产品功能结构绿色的形式两个层次。绿色设计功能要求是指在满足功能性的基础上对环境、资源改善的要求，实现工业产品功能结构的形式是指在保证功能要求的前提下，通过物理结构属性调整（如材料），提高环境性能。工业产品绿色方案主要包括以下八个方面：（生产中）节能方案、（生产中）低消耗品方案、（生产中）低排放方案、（使用中）节能方案、（使用中）低消耗品方案、（使用中）低排放方案、绿色材料选择、轻量化和紧凑化方案。根据方案侧重点的差异，以上各方案可列举若干更具体的工业产品绿色设计措施，如图 5.5 所示。设计人员针对资源、环境目标要求，可以对工业产品绿色设计措施选项进行不同的选择和组合，从而生成多样化的工业产品绿色方案。

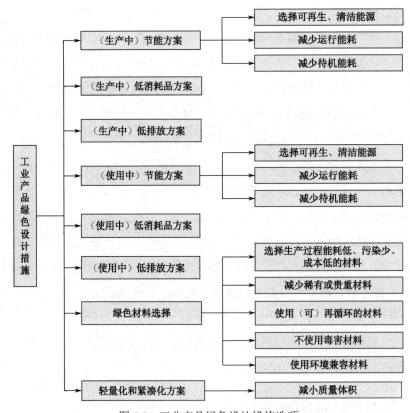

图 5.5　工业产品绿色设计措施选项

5.3.2　工业产品生命周期过程闭环化方案

　　工业产品生命周期过程的构成元素及元素之间关系的确定，如生产过程、运输过程、使用过程、回收过程中的位置与彼此之间的关系，是工业产品生命周期过程方案确定的首要任务。工业产品生命周期系统边界设计和服务于碳中和的工业产品生命周期设计范围，根据工业产品生命周期过程进行方案确定。工业产品生命周期过程设计的根本目标是形成资源利用率高、环境影响低的闭环工业产品生命周期过程。将尽可能多的工业产品生命周期物质、能量流反馈设为一个有机结合的环是工业产品生命周期过程选项闭环化的根本目标。

　　工业产品生命周期过程闭环化选项（见图5.6）主要包括：

　　（1）工业产品重用，即将因使用批量变化或其他原因导致的不能在本批次使用的工业产品重新投入市场；

　　（2）工业产品再制造，即通过再制造恢复工业产品的功能或价值，使原本不能使用的工业产品能够继续使用；

　　（3）材料再循环，即将无法直接回收、再制造的工业产品材料，经过相关企业回炉等工艺处理形成原材料，再用于工业产品生产；

　　（4）能量再循环，即将生命周期过程中产生的无用能量或能源物质转化供应给工业产品生产系统。

　　工业产品生命周期过程闭环化方案是设计人员对工业产品生命周期过程选项进行不同选择和组合的结果，具有多样化和多层次的特点。

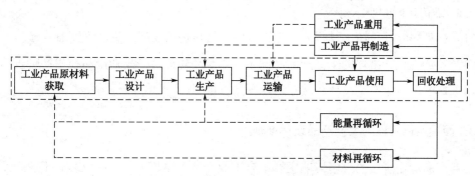

图5.6　闭环化的工业产品生命周期过程

5.4 工业产品生命周期设计准则

设计准则是在设计过程中根据经验逐渐形成的一系列约束条件。在工业产品设计发展过程中，根据不同阶段生命周期过程的特点，形成了一系列的设计准则。本书根据现有研究对工业产品设计准则进行总结，整理了一系列工业产品设计准则，并按照不同生命周期阶段或环节进行归类，包括：

1．原材料获取和生产阶段的工业产品设计准则

材料选择是工业产品设计的关键环节，合理地选择工业产品材料不仅是改善工业产品材料获取和生产阶段环境影响的重要途径，而且对整个生命周期环境也会产生重大影响，设计时具体遵循如下准则：

（1）可再生材料和可回收材料是工业产品材料选择的首选；

（2）工业产品材料选择尽量选用生态环境材料；

（3）尽量避免有毒、有害材料的使用；

（4）避免或减少使用贵重或稀有材料。

2．面向生产阶段的工业产品设计准则

减少工业产品生产过程中的资源消耗和废弃物排放是工业产品生产阶段的主要目标，设计时应遵循如下准则：

（1）加工性能好且加工过程无毒害无排放的材料是工业产品生产阶段的首选；

（2）轻量化、紧凑化的工业产品是满足工业产品功能后，工业产品在生产阶段的又一要求，包括缩小工业产品尺寸、减轻工业产品质量等。

3．面向运输阶段的工业产品设计准则

工业产品运输阶段的环境影响主要来自工业产品运输和工业产品包装。工业产品运输消耗资源，产生废弃物排放进而对环境产生影响，无论何种运输方式，单一工业产品质量

和体积是决定资源消耗和废弃物排放量的重要因素，设计合适的工业产品质量和体积，在方便运输的同时也减少了对环境的影响。工业产品包装浪费材料，废弃包装产生污染，因此设计时应：

（1）通过减小工业产品质量和体积来提高工业产品运输的便利性，减轻工业产品运输对环境的影响；

（2）尽量减少包装的使用，如无法避免则尽量选用可循环材料。

4．面向使用阶段的工业产品设计准则

工业产品使用阶段是对工业产品进一步加工的过程，工业产品使用过程是一个制造过程。减少工业产品使用阶段资源消耗、降低"三废"排放是工业产品使用阶段的主要目标，因此在进行工业产品设计时，对工业产品使用阶段应：

（1）通过优化选择使用方式，减少资源消耗，提高资源利用率；

（2）减少使用过程中废气、废水、固体废弃物的排放；

（3）提高工业产品使用寿命和耐用性，相对减少工业产品使用数量；

（4）在有条件的情况下优化选择工业产品使用设备。

5．面向回收阶段的工业产品设计准则

为了便于进行材料回收和循环利用，设计时应：

（1）使用可回收材料；

（2）尽量采用相容材料。

5.5 工业产品生命周期设计框架

综合本章研究结果，建立如图 5.7 所示服务于碳中和的工业产品生命周期设计框架，包括设计方法的理论基础、设计过程、设计模型和关键技术及设计支撑。本书通过对工业产品生命周期过程的研究，系统分析工业产品生命周期过程资源环境特性，分析服务于碳中和的工业产品生命周期方案，并归纳工业产品生命周期设计准则，从而为服务于碳中和

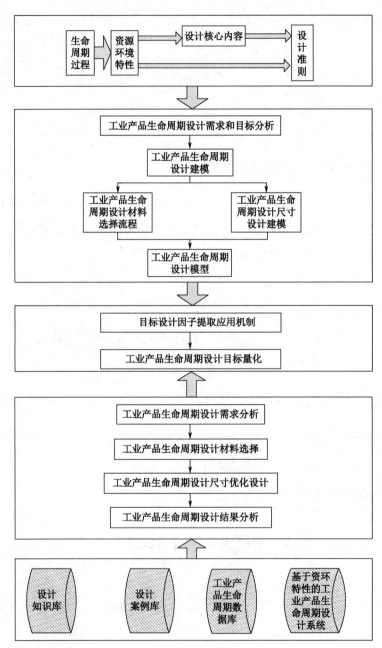

图 5.7　服务于碳中和的工业产品生命周期设计框架

的工业产品生命周期设计研究提供理论基础。在理论分析基础上，建立服务于碳中和的工业产品生命周期设计模型，包括提出工业产品生命周期设计目标体系和目标描述方法、目标定义方法、工业产品生命周期设计材料选择方法、工业产品生命周期设计尺寸设计方法。

有效设计方案的生产需要设计方法和技术的支撑，包括：①工业产品生命周期目标设计因子提取方法、目标影响因素识别方法、目标设计因子量化表达方法；②工业产品生命周期目标分析、量化方法；③工业产品生命周期设计材料选择求解方法；④工业产品生命周期设计尺寸优化设计模型求解方法。

服务于碳中和的工业产品生命周期设计的实现还需要一定的设计支撑资源，主要包括工业产品设计知识、工业产品生命周期设计实例、工业产品生命周期数据及服务于碳中和的工业产品生命周期设计系统。

第 6 章

服务于碳中和的工业产品设计建模

服务于碳中和的工业产品设计是一个十分复杂的系统工程，是一个思考、判断、选择、决策的过程。工业产品需要考虑生命周期每个阶段的特点，生命周期各个阶段都有众多因素与生命周期目标产生关联，每一个因素都会对工业产品生命周期目标产生影响，从生命周期角度来看，研究工业产品生命周期过程的共同特点，建立一个统一的设计模型，可以有效指导不同工业产品进行生命周期设计。首先，建立工业产品生命周期设计目标体系、给出目标描述方法、进行目标定义、分析目标影响因素，确定从工业产品材料选择和尺寸设计两方面入手进行基于资环特性的工业产品生命周期设计；其次，提出"目标设计因子"的概念，作为效用模型的效用因素，在设计过程中反映工业产品生命周期目标属性的设计控制机制与控制要素；再次，分析材料对环境的影响，系统研究工业产品材料选择原则，给出工业产品生命周期设计材料选择方法；最后，提出"尺寸元"的概念，给出尺寸元设计过程，提出基于尺寸元的工业产品生命周期设计尺寸设计方法，并在此基础上，提出支持工业产品生命周期设计的信息模型。

6.1 工业产品设计目标分析

工业产品设计首先需要获取和准确理解服务于碳中和的工业产品生命周期设计需求，其次将需求清楚明白地加以表达，使其能传达到整个设计过程中。在此基础上，建立设计目标体系、目标描述方法、目标定义，分析目标影响因素，确定服务于碳中和的工业产品生命周期设计着眼点。

6.1.1 工业产品设计目标体系

从可持续发展的角度出发，服务于碳中和的工业产品设计目标体系是技术、环境、经济三个方面设计目标的有机集成。设计目标包括以下三种。

1. 功能质量目标

满足工业产品使用功能、质量目标等需求是进行服务于碳中和的工业产品生命周期设计的前提。功能是指工业产品可以起到的作用，包括基本功能和辅助功能两部分；质量目标是指工业产品满足用户的使用需求。在工业产品设计阶段，工业产品功能目标主要涉及工业产品性能（功能实现程度）、寿命、可靠性和安全性四个方面。

2. 环境目标

工业产品环境目标是服务于碳中和的工业产品生命周期设计的重要内容。根据生产实际情况，通过合理设计使得工业产品在生产、运输、使用、回收过程中不产生或尽可能少地产生污染物排放，并尽可能地减少辐射、噪声及毒害物质使用。

3. 经济目标

服务于碳中和的工业产品生命周期设计的经济目标是生命周期每个阶段经济目标的综合。其中，环境污染及其治理成本是工业产品生命周期经济目标的重要内容。

如图 6.1 所示，服务于碳中和的工业产品生命周期设计目标体系是根据绿色设计相关要求给出的对所有工业产品的通用性表达，设计时可针对具体工业产品进行具体分析，给出具体服务于碳中和的工业产品的生命周期设计目标，从而指导工业产品设计。

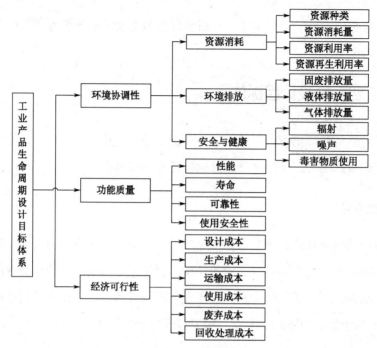

图 6.1　工业产品生命周期设计目标体系

6.1.2　工业产品设计目标描述

服务于碳中和的工业产品设计目标描述首先需要对生命周期目标进行定义，将工业产品设计目标由需求描述向具体可表达设计目标转变，如在环境协调性中对资源量进行具体表达描述。设计目标的精确、量化表达是设计人员准确理解设计目标，制定符合规定要求、满足规定条件的设计方案的基础。根据以上要求，将工业产品设计目标表示为：

$$g_i = (\mathrm{gd}_i, \mathrm{gw}_i, \mathrm{gp}_i) \tag{6-1}$$

式中，gd_i 表示目标描述，用文字、指令等形式对设计目标进行表达，如"减少原材料消耗""降低使用能耗""降低运输能耗"等。将工业产品目标描述得准确、通俗、完整，是设计人员准确理解设计任务且进行下一步工作的基础。

gw_i 表示目标性质，对目标需要实现的程度进行定义、划分，有些是必须实现的目标，必须实现的目标是设计人员必须满足的要求；有些是期望目标，期望目标可以根据必须实现的目标及其他条件调整。对目标需要实现的程度进行定义、划分可以简化后续工作。

gp_i 表示目标指标，是具体设计目标的量化表达，如"工业产品制造成本降低×%""工业产品使用能耗降低×%""废气、废液、固体废弃物减少×%"等。基于资环特性的工业产品生命周期设计中，目标指标是工业产品生命周期目标的体现，设计时必须考虑清楚，并在工业产品优化设计时进行评估、计算，根据具体数值判断设计目标能否实现。目标指标的制定及实现程度是工业产品设计决策的重要依据。

6.1.3 基于需求分析的工业产品环境目标定义

服务于碳中和的工业产品生命周期目标是实现工业产品生命周期设计的内在要求，对工业产品生命周期环境目标进行定义是保证基于资环特性的工业产品生命周期设计顺利开展的重要基础。工业产品生命周期目标定义过程如下。

定义服务于碳中和的工业产品生命周期设计目标需要对工业产品生命周期需求进行全面、准确的认识和深入分析。工业产品生命周期环境需求分析是对工业产品生命周期内环境影响能力的研究。随着世界对环境问题的进一步重视，越来越多的渠道可以帮助设计人员获取工业产品生命周期环境信息，包括：

1. 产品相关环保法律、方针政策

环境问题已经成为制约21世纪经济、社会可持续发展的重要问题，随着环境恶化问题进一步凸显，制造过程环境问题产生的根源之一受到越来越多的国家的关注，各国出台了各种法规和政策来鼓励企业开发有利于环境保护的产品，以减少对环境有害产品的生产使用。工业产品生产企业生产的工业产品满足相关法律、法规要求成为进入市场的必要条件，设计符合相关法律、法规的绿色工业产品既是环境保护的要求，更是企业适应市场需求、提高市场竞争力的基础。

2. 客户需求调查

伴随相关法律、法规的出台，消费者进一步认识到保护环境的重要性，对绿色环保工业产品的认可和购买也越来越多，绿色环保工业产品成为消费者购买的一种趋势和潮流。消费者主动选择绿色工业产品是消费者环境保护意识增强的体现，为实现环境有效保护和

满足消费者的环境性能要求，设计人员在设计工业产品时，应该全面了解客户对工业产品环境性能的正面看法和负面看法，根据环保要求和客户环境需求设计满足客户需求的绿色环保工业产品，为工业产品的快速、精准、定位销售进而占领更大市场提供基础。

3．参考企业绿色发展策略

绿色设计是可持续发展的必由之路，企业工业产品的绿色设计不但可以满足绿色环保要求，而且可以提高自身产品竞争力，制定符合企业发展的绿色策略成为企业的必然选择。工业产品设计融入绿色策略，在满足工业产品环境性能要求的同时，也促进了企业的发展。

4．同类工业产品分析

任何一个行业都有同类企业，同类企业的同类工业产品必定有其特点，分析其优点和缺点，并寻找自身产品的不足，有利于企业提高自身产品水平，为占领更大市场份额提供支撑。

对具体工业产品环境需求信息与工业产品生命周期阶段环境目标进行归类、整理，找出需要满足的具体信息是工业产品生命周期目标定义的前提。环境需求信息的表达形式、详略程度与信息的来源途径密切相关，为了快速、准确地理解信息，对收集来的信息进行分析、整理以便形成统一的模式势在必行，具体包括：①发现、挖掘、提取隐性信息；②归类、合并相关信息，生成独立的设计需求信息；③选定设计范围，筛选重要信息；④环境需求信息向环境目标转化。基于需求分析的生命周期环境设计目标定义过程如图6.2所示。

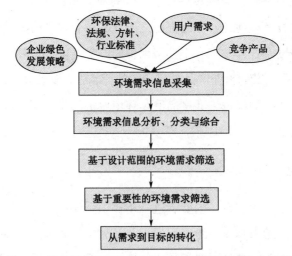

图6.2　基于需求分析的生命周期环境设计目标定义过程

6.1.4 工业产品生命周期目标影响因素分析

服务于碳中和的工业产品生命周期目标是研究人员、政府和企业关注和研究的焦点，尤其是在保证功能质量的前提下针对环境目标和经济目标的研究。确定工业产品生命周期目标影响因素是进行工业产品生命周期设计的基础，工业产品生命周期过程包含众多生命周期过程阶段，每个生命周期阶段目标都有众多目标影响因素，有的目标影响因素是阶段性的，有的目标影响因素是全局性的，目标影响因素之间的关系错综复杂，对每一个目标影响因素进行分析，建立基于资环特性的工业产品生命周期设计模型是一个复杂的系统工程。

从工业设计的特点出发，服务于碳中和的工业产品生命周期设计依据生命周期过程对工业产品功能和外观的需求选择适当的材料，设计它们的结构与形式及其生命周期过程。工业产品生命周期目标影响因素的确定可以从工业产品材料选择和工业产品结构设计两方面出发。材料选择是工业产品设计中的首要问题，工业产品材料的作用贯穿工业产品生命周期的全过程，材料的环境性能、使用性能和经济性能都是决定工业产品生命周期目标的重要因素，合理选择工业产品材料是工业产品生命周期设计的第一步。工业产品结构是影响工业产品功能、环境、经济方面生命周期目标的重要因素，工业产品结构设计在工业产品生命周期设计过程中体现在工业产品尺寸设计上，工业产品尺寸诞生于工业产品生命周期过程中，工业产品尺寸的实现是工业产品生命周期过程资源消耗、环境污染、费用支出的根源。本书从工业产品材料选择和尺寸设计两个方面入手，进行工业产品生命周期设计方法研究，建立服务于碳中和的工业产品生命周期设计模型。

6.2 工业产品材料选择和尺寸设计方法

6.2.1 材料选择和尺寸设计概述

1. 服务于碳中和的工业产品设计过程

工业产品生命周期过程包括工业产品计划过程、工业产品设计过程、工业产品生产过程、工业产品运输过程、工业产品使用过程及工业产品回收过程。

工业产品设计过程是工业产品过程的重要组成部分，是对工业产品设计的抽象描述，能够准确描述过程的功能、载体、组织、信息等基本内容，是工业产品过程的基本要求。

工业产品开发过程以生命周期过程为中心横跨多个学科群，计算机软硬件工具和网络通信环境的技术支持是工业产品开发过程快速实施的基础，工业产品开发过程动态可变，开发任务流程的实现需要对信息流动关系及协调组织、资源和逻辑制约关系进行合理规划。

工业产品设计以工业产品功能实现为目标，对工业产品材料进行选择，对工业产品结构、形成过程进行设计和组织规划；工业产品开发由工业产品规划、工业产品设计和工业产品试制等环节组成，其中工业产品设计是工业产品开发的重点，在材料选择的基础上，主要用于完成工业产品尺寸设计、工业产品生命周期阶段规划等，设计结果将直接影响工业产品生产、运输、使用和回收等阶段的生命周期性能。

2. 服务于碳中和的工业产品生命周期设计信息

服务于碳中和的工业产品生命周期设计信息是将工业产品开发活动中各个生命周期阶段的信息集成并协调，工业产品信息是具有计算机等现代设备理解能力和处理能力的工业产品形式，是工业产品生命周期过程相关工作人员可以理解、处理和交流的工业产品知识集合。基于资环特性的工业产品生命周期设计过程十分复杂，信息和知识支持是基于资环特性的工业产品生命周期设计有效实施的基础。

工业产品生命周期设计信息不仅为工业产品开发过程提供支持，还面向后续的工业产品详细设计、工业产品生产、工业产品运输、工业产品使用及工业产品回收等阶段，为工业产品生命周期设计提供管理服务，在服务中获得有效的反馈，根据反馈信息完善、提高信息模型的服务水平和能力。有效获取、应用和融合工业产品生命周期设计信息是基于资环特性的工业产品生命周期设计的主要内容。

3. 服务于碳中和的工业产品生命周期设计效用分析

工业产品生命周期设计信息和设计过程是工业产品生命周期阶段过程实现的两个基本组成部分。工业产品设计人员、制造者面临的一个亟须解决的问题是对工业产品信息集成和设计过程进行开发。

　　服务于碳中和的工业产品生命周期设计方案是在工业产品设计建模基础上形成的，获取描述设计方案的相关数据并进一步抽象化地表达数据关系是工业产品设计建模的核心内容。工业产品设计是从功能需求映射到物理结构，包含需求定义、功能描述和结构的集成模型，既要准确表达设计方案，又要准确获取和描述设计方案中的设计知识、关系和经验。有机结合工业产品设计模型与生命周期目标，从工业产品生命周期角度出发，在设计时考虑工业产品材料、工业产品结构、生产阶段工艺、使用阶段工艺等过程设计元素对生命周期目标的影响并进行优化，生命周期目标最优化的实现在很大程度上取决于工业产品设计是否采用目标相融的技术和方法。因此，将目标优化的效用集合作为设计要素之一，与工业产品信息和工业产品设计过程并列引入工业产品设计模型中，效用反映设计目标，为基于资环特性的工业产品生命周期设计提供保证，最终实现工业产品全生命周期信息、工作过程和效用之间的有机集成。

　　效用因素被称为"目标设计因子"，它是设计过程中反映工业产品生命周期目标属性的设计控制机制与控制要素，表达工业产品设计信息中的生命周期目标关联信息及其与工业产品系统目标变化的关系。目标设计因子具有面向工业产品设计对象、考虑工业产品全生命周期属性、以目标优化为目标的三重特性。目标设计因子是多层次（生命周期层次，包括材料层、生产层、使用层、回收层等）、多级别（材料、单一尺寸、局部尺寸、整体尺寸）、多类别（工业产品类）的。

6.2.2　工业产品生命周期材料选择方法

　　服务于碳中和的工业产品生命周期设计是依据设计目标及设计原则对工业产品及工业产品生命周期过程进行整体设计的过程。工业产品是经原材料或半成品加工而成的一种产品未成型前的那一部分。工业设计依据对产品的功能和外观的需求选择适当的材料，设计它们的结构与形式，确定它们的组合形式。选择材料首先要满足功能要求，在工业产品生命周期过程中材料的特性决定生命周期过程阶段目标影响因素的选择和目标的实现，工业产品生产、工业产品运输、工业产品使用、工业产品回收过程都是对材料的加工处理过程。

这一过程的经济、环境目标都与材料有关，因此，材料是影响生命周期过程和决定生命周期目标的重要因素。本书以目前常规材料选择为对象，在现有条件下，材料依据设计信息要求和材料信息选定，材料一旦选定，在工业产品设计过程中根据材料特性和外在信息结合生命周期目标设计工业产品生命周期过程和工业产品尺寸。

服务于碳中和的工业产品设计中，材料的选择和运用是整个设计的重要环节，关系到工业产品的设计和整个相关行业的健康发展，因此在新形势下，必须提高工业产品设计中的选材水平，做好工业产品设计中的材料应用，推动工业产品生产、使用行业的健康发展。

材料的选择是工业产品设计的第一步，工业产品设计中绿色材料的选择主要依据工业产品的绿色性原则，工业产品材料与工业产品生命周期过程和生命周期目标紧密联系，是决定工业产品生命周期过程和生命周期目标的重要因素。工业产品生命周期过程中材料的性能、结构及形状都发生了改变，它是以工业产品材料物料流为主线的过程。

工业产品材料选择是一个系统性、综合性的问题，需要考虑众多因素。基于资环特性的工业产品生命周期设计材料选择是将生命周期目标融入工业产品材料选择的过程中，由于工业产品材料选择过程中涉及因素众多、关系非常复杂，需要考虑多个指标，因此建立工业产品生命周期设计材料选择方法是工业产品材料选择的必然要求。工业产品生命周期设计材料选择要综合考虑工业产品的环境目标、功能质量目标和经济目标。

1. 服务于碳中和的工业产品生命周期设计材料选择的考虑因素

资源枯竭与环境恶化问题引起社会的广泛关注，环境友好材料的研究和使用成为一种必然趋势。这就要求在材料研究人员研究出环境协调性好的材料的同时，工业产品设计人员要积极主动地选择环境友好材料，只有材料研究人员和使用人员共同努力才能节约资源、保护环境，为人类提供更好的生活环境。

材料是决定工业产品生命周期过程每个阶段环境影响的重要因素。在工业产品设计中，工业产品材料选择需要综合考虑材料性能。工业产品材料的选择通常在设计阶段的初期进行，工业产品材料选择不当不仅可能导致材料成本的增加，还可能给消费者及环境造成严重的负面影响。通常，在进行工业产品材料选择时，需要考虑以下五个方面。

（1）工业产品材料的物理-力学性能。在选择传统工业产品材料时，材料的物理-力学性能是主要着眼点。

（2）满足工业产品基本性能要求。工业产品基本性能主要体现在以下几个方面。

① 功能。首先考虑工业产品功能和所期望的使用寿命。

② 结构。工业产品结构与材料是决定生命周期过程的重要基础，材料选择与结构联系紧密。

③ 安全性。工业产品材料的选择应充分考虑可能预见的各种危险。

④ 抗腐蚀性。抗腐蚀性直接影响工业产品的外观和使用寿命。

（3）工业产品材料使用的环境因素。在一定的环境中使用工业产品必受到环境的影响。例如，在冲击与振动环境下，在运输、使用过程中可能导致工业产品的损坏；某些绝缘材料制品在高温时会失去绝缘性；等等。

（4）环境保护因素。环境污染日益严重，在进行工业产品材料选择时应考虑保护环境，且有利于人类、社会的协调发展。

（5）经济因素。成本是企业设计工业产品时应考虑的重要因素，因此在进行工业产品材料选择时应考虑经济因素。

2．材料对环境的影响

1）环境

以水、土、大气、地形、地质等一次要素为基础，把动物、植物、微生物等作为二次要素构成系统的自然环境，以人类在改造自然环境中创造出来的环境和人类生活中所形成的人与人之间的关系作为总体的社会环境。在讨论工业产品材料对环境的影响时，必须研究环境要素的属性，它不仅反映出环境要素之间相互联系、相互作用的关系，而且是认识、评价和改造环境的基本依据。环境要素的基本属性概括如下。

（1）最小限制定律。最小限制定律是指整体环境的质量受环境各要素中与最优状态差距最大的要素的控制。

（2）等值性。独立的环境要素对环境质量的影响总值相同。

（3）整体性。待研究系统的环境的性质是各环境要素相互联系、相互作用所产生的整体效应。

（4）相互联系和相互依赖性。各环境要素是相互联系、相互依赖的。

2）材料对环境的影响

材料在工业产品整个生命周期运行过程中，不仅消耗各种类型的资源，还会发生各种类型的化学反应和物理反应，其排放的各种废气、废液、固体废弃物等污染物对环境产生很大的影响。

（1）材料制备过程对环境的影响。与工程材料制备相关的行业是造成环境污染的主要源头。避免选择制备过程中对环境污染大的材料，可以有效减少环境污染。

（2）材料在工业产品生产过程中对环境的影响。工业产品生产过程中的铸造、锻造、热处理、焊接、切削、电镀和油漆等工艺都会对环境造成污染，故尽可能避免采用这些工艺的材料，而选用先进的替代工艺。

（3）材料在工业产品使用过程中对环境的影响。工业产品在整个生命周期过程中对环境的污染主要是消耗资源和产生的废弃物引起的，在工业产品使用过程中，工业产品可能发生形状变化。

（4）材料在工业产品回收过程中对环境的影响。工业产品在回收过程中对材料的处理方法为废弃或回收利用，因此不能回收利用的材料和废弃后难于降解的材料将造成环境污染，如塑料制品使用后造成的白色污染。

3. 服务于碳中和的工业产品生命周期设计材料选择原则

服务于碳中和的工业产品生命周期设计材料选择，在满足功能、质量要求的基础上，选择的工业产品材料应对环境影响降到最低，促使工业产品材料与环境的和谐，同时考虑工业产品材料的技术性、经济性和使用性因素。工业产品材料的选择应遵循如下原则。

1）材料选择的环境协调性原则

与传统的材料选择相比，考虑材料的环境协调性是绿色材料选择的重要特征。在传统材料选择过程中较少考虑环境协调性问题，因此造成很多缺陷。比如，有些材料加工过程能量消耗大，材料利用率较低。传统的材料选择没有考虑到材料报废回收后的处理问题，有的材料回收过程对环境影响较大，产生有毒有害物质，严重威胁到人的健康。工业产品材料选择的环境协调性原则主要考虑工业产品材料资源的丰富程度、材料的可回收利用性、材料的环境友好性等属性。

（1）选用资源丰富的材料。在传统的材料选择过程中把经济因素放到第一位，对材料的丰富性及材料的绿色度考虑得比较少。随着社会的发展，不合理的开采资源造成资源大量浪费，导致环境污染严重。

对于很多理论上来说是可再生的但是再生周期很长的资源，一般情况下认为它们是不可再生资源，不可再生资源随着现代社会发展的需要，完全有被开采殆尽的可能。因此，工业产品材料选择应尽力优先选用资源丰富的材料，尽量减少不可再生材料的使用。

（2）选用生态环境材料。

选用生态环境材料是指选用具有良好工艺和使用性能的材料。对环境污染影响小，有利于人类健康，再生利用率高的生态环境或可降解循环利用的材料，在进行材料选择时应优先考虑。

（3）使用较少种类材料。为了方便工业产品材料的回收再利用，在进行工业产品材料选择时应该尽可能地保证材料的单一性，避免使用多种类型的材料。工业产品所使用的材料种类越多，在后期的回收再利用阶段所用技术就越复杂，在导致制造难度和成本增加的同时，回收处理成本也会增加。

（4）选用可回收再利用材料。工业产品报废后，虽然材料在使用过程中会有所减少，但仍有大量材料存在，材料处理方式不同对环境影响区别很大，选择可回收再利用的材料有利于材料的后期回收再利用，节约资源，减少废弃物的排放，保护生态环境。

（5）选用废料、余料及可回收再利用材料。在进行工业产品材料选择时，应该多使用废料、余料及可回收再利用材料，同时尽量选择可再生的材料及稀缺材料的代替品，这样不但节省了资源，而且降低了成本。

2）材料选择的技术性原则

由于工业产品材料类别非常广泛，下面仅以工业产品设计与制造过程中的金属材料选择的技术性原则为例来说明。机械性能和工艺性能是工业产品材料选择的主要技术性要求。

（1）工业产品材料选择的机械性能要求。机械性能是工业产品材料选择首先要保证的，因为它是保证工业产品工作安全可靠、经久耐用和长期稳定的基础。工业产品在使用过程中一般会考虑的机械性能有硬度、抗弯强度、疲劳强度、塑性、断裂韧性、冲击韧性及多次冲击抗力等。进行工业产品选择时必须根据工业产品实际工作情况及具体的失效形式，通过分析计算来确定工业产品选材最主要的性能指标，有时候在实际情况中工业产品使用的工作条件及失效形式往往非常复杂，必须抓住最主要的工作条件和失效形式，找出最关键的性能指标，同时兼顾其他性能。进行工业产品材料选择时可以参考如下程序。

① 分析工业产品的工作条件。工业产品的失效形式会因为工作条件的不同而发生变化，工作条件包括工作环境、荷载情况和应力情况。

② 分析工业产品的失效形式。工业产品常见的失效形式有断裂、过量变形和表面失效，从工业产品失效形式出发，制定对应的设计方案和加工工艺。

③ 分析工业产品受力并计算强度、刚度和稳定性条件。对于工业产品的具体工作条件，应作必要的受力分析，画出弯矩和扭矩图，并进行相关的强度计算。

④ 材料选择。依据上述三点分析，选择工业产品材料的成分、冶金质量等。

⑤ 确定热处理方法。工业产品材料成分确定以后，热处理方法将决定材料的金相组织状态。因此，在进行工业产品选择时应该考虑工业产品的工作特性，提出相应的热处理技术条件。

此外，还应考虑以下三个问题。

① 合理处理各种性能指标。强度指标的提高经常造成韧性、塑性的不同程度降低，同时增大工业产品的脆性，所以正确合理地处理各种性能指标的关系是至关重要的。

② 确定合理硬度。根据工业产品的工作条件、失效形式、结构特点，确定其合理的硬度。

③ 注意尺寸效应。就一般情况而言，材料内部冶金缺陷的概率会随着工业产品截面尺寸的增大而增大，同时工业产品的截面尺寸也影响着材料的淬透性，因此在采用相同的热处理方法时，应该注意工业产品尺寸的变化对材料机械性能的影响。

（2）工业产品材料选择的工艺性能要求

工业产品的形状特点是根据使用要求确定的，工业产品的加工工艺要求是由材料特性、工业产品使用要求和工业产品形状特点决定的。在进行工业产品材料选择时，除保证基本的机械性能外，还需要考虑材料的铸造性能、锻造性能、切削加工性能、焊接性能、热处理工艺性能、挤压成型工艺性能等工艺性能，这些工艺性能决定了工业产品成型所采用的方法。

①　铸造性能。铸造具有成本低、极易获得形状复杂工业产品的特点，尤其是内部形状较为复杂的工业产品。因此，在选择使用工业产品铸件材料时，具有良好铸造性能的材料是工业产品材料的首选。

②　锻造性能。锻造的工业产品具有组织致密、机械性能较高等特点，因此在进行复杂工业产品的加工时应尽量不采用这种方法。

③　切削加工性能。切削加工在目前仍是获得所需工业产品几何形状和加工精度的主要方法，其性能与材料的化学成分、机械性能、显微组织有着密切的关系。

④　焊接性能。焊接在单件小批量生产的工业产品、大而重的工业产品、急需制造的工业产品中应用较为广泛，焊接性能的优劣常用焊缝是否形成冷裂、脆性、气孔等缺陷来衡量。

⑤　热处理工艺性能。热处理是提高材料的机械性能和强度、延长其使用寿命的常用方法，经常与其他工艺配合使用。

⑥　挤压成型工艺性能。挤压成型适用的工业产品范围广，可以加工出形状复杂的工业产品，加工成本较低。挤压成型不但可以减少原材料的使用，而且由于挤压是压力机的往复运动，因此效率很高。

3）材料选择的经济性原则

工业产品材料选择过程中，应该综合分析不同的选择方案，在基本性能和功能满足要求的情况下，尽可能地选择工业产品整个生命周期过程中成本最低的方案，使得整体的经济效益达到最大。

（1）材料本身的相对价格。为了降低总成本，选择材料时应在满足工业产品技术性能的条件下，尽量选用价格便宜的材料。

（2）材料的加工成本。在满足工业产品技术性能要求、材料成本相差不大的条件下，加工工艺不同，材料的加工成本可能会有较大差异。例如，对低碳钢渗碳淬火与中碳钢感应加热淬火成本进行比较，低碳钢渗碳淬火材料加工成本较高。

（3）材料的回收处理成本。工业产品材料的回收处理成本是工业产品生命周期成本的重要组成部分，在选择工业产品材料时需要考虑工业产品回收处理成本，回收处理成本低的材料应是首选。

（4）材料的利用率。在进行工业产品材料选择时，应注意工业产品切削加工的加工余量要求，一些材料的工业产品件需要留有较大的加工余量，否则将会对成本产生较大影响。

（5）环境成本。工业产品生命周期过程会对环境造成污染，环境成本包括生产者所需的处理环境污染的成本和社会治理环境污染的成本。

（6）供应链管理成本。降低供应链管理成本要求在进行工业产品材料选择时减少材料的品种及规格数量，这样方便材料的供应、保管、热处理，可以有效降低材料的供应链管理费用。

4）材料选择的使用性原则

（1）工业产品功能要求。选择的材料符合所要求的功能及所达到的使用寿命是必要条件。

（2）工业产品结构要求。工业产品结构要求也是影响材料选择的关键因素。

（3）使用安全要求。可预见危险的考虑也影响着材料的选择。

（4）工作环境要求。外在工作条件是影响材料选择的重要条件。

4．工业产品材料的选择方法

工业产品设计从工业产品材料选择开始，工业产品生命周期设计材料绿色特性是其选择的重要参考。工业产品生命周期设计材料选择在满足其基本性能要求的前提下，有效促进资源合理利用与生态保护是其重要特征。

1）传统工业产品材料选择方法

传统工业产品材料选择方法主要有以下六种。

（1）类比法。类比法是依据同类产品选材信息，进行新产品选材的一种方法。

（2）半经验选材法。半经验选材法是设计人员依据工业产品选材的相关资料，按照相对科学可行的程序或步骤进行选材的方法。

（3）配方法。配方法是在金属材料和非金属材料的选择方面，经过反复试验后取得了一定成果的选材方法。配方法耗费大量的时间、人力和物力，与现代社会快速、节能、环保需求相违背。

（4）筛选法。筛选法是初步确定范围，然后进行筛选，最终获得最佳材料的一种方法。

（5）行业传统选材法。行业传统选材是主要依据行业选材经验进行选材的一种方法。

（6）性能设计法。性能设计法是从工业产品材料使用性能出发，选择可以完成工业产品功能的材料的一种方法。

随着对工业产品环境协调性要求的不断提高，传统工业产品材料选择方式已经不适合现代社会的发展要求。传统工业产品设计中材料选择的不足之处体现在以下几个方面。

（1）材料制备过程对环境影响未纳入材料选择考虑范围。

（2）材料加工过程对环境影响考虑不足，加工性能差、能耗高、噪声大、污染重的材料未被排除。例如，使用含铬钢、铅或镍的有毒有害材料对环境造成极大的危害。

（3）制造工业产品回收后，材料如何回收处理在选材时未考虑。

（4）工业产品材料的选择方法缺乏有效的环境协调性分析，材料选用时较少考虑工业产品回收后材料回收再利用的方法和关键技术问题。

（5）工业产品材料选择以工业产品技术性及经济性为主要目标，忽略了工业产品与环境的关系。

（6）工业产品所用材料种类繁多。材料种类多，无形中将造成工业产品生产过程中对生态环境的危害增加和工业产品回收时材料回收处理工作困难，同样会造成环境污染。

2）工业产品生命周期设计材料选择方法

随着现代社会科学技术的不断发展，传统的工业产品材料选择方法已经不能满足要求，因此需要在传统工业产品材料选择的基础上进行创新，工业产品材料进行选择时首先考虑材料的环境属性，具体的选材标准如下。

（1）在进行材料选择时尽量选择单一的材料，目的在于工业产品回收时方便回收，并可获取高纯度可循环利用的材料。

（2）在保证满足工业产品的基本性能的情况下，尽量不采用涂、镀处理的材料，选择低碳环保的绿色材料。

（3）在选择材料时，尽量选择可再生材料，减少稀有材料及对环境污染较大的材料的使用次数，尽可能地寻找稀缺珍贵原材料的替代品。

（4）减小工业产品的体积与质量。

（5）尽可能避免采用只是对工业产品的某一阶段具有较小环境影响的材料，优先选择在工业产品的整个生命周期过程中对生态环境无毒副作用的材料。

（6）尽量采用易回收、可重用、可降解、易处理、再生利用率高的材料；加工性能好且加工过程环境影响小的材料是首选，应优先考虑无毒、低资源消耗材料。

根据以上内容建立服务于碳中和的工业产品生命周期设计材料选择流程，如图6.3所示。

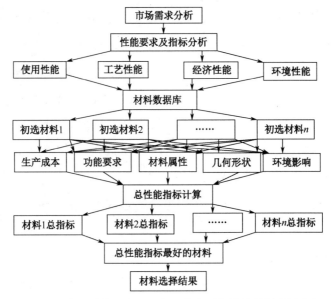

图6.3　服务于碳中和的工业产品生命周期设计材料选择流程

6.2.3　基于尺寸元的工业产品生命周期尺寸设计方法

服务于碳中和的工业产品生命周期尺寸设计是根据设计目标和设计原则对工业产品尺寸和其对应的生命周期过程进行设计的过程，不仅是工业产品结构设计的体现，更是工业产品生命周期设计的核心内容之一。工业产品尺寸是决定工业产品生命周期过程和生命周期目标的重要因素，在工业产品生命周期过程中，工业产品尺寸是一个变化的过程，工业产品尺寸变化是工业产品生命周期过程中资源消耗、环境污染、费用支出的根源，由于工业产品尺寸是一个动态变化的过程，其设计与过程、信息和效用之间呈动态变化关系，因此将这种动态关系在设计时运用符号或算法进行集成表达。工业产品生命周期设计尺寸设计是一个系统性的问题，根据工业产品尺寸与工业产品和工业产品生命周期过程的联系，研究工业产品生命周期尺寸设计方法是社会可持续发展的必然要求。

1. 尺寸元

根据工业产品信息和过程集成方式、深度的差异，将工业产品形成过程运用尺寸元思想进行描述：单一尺寸元的过程流和多尺寸元的层次过程流，过程流阶段以资环特性的工业产品生命周期设计模型为基础。尺寸设计分为三个层次：工业产品整体尺寸、工业产品局部尺寸、单一尺寸。工业产品开发设计是不同阶段流、不同层次的信息、过程和目标有机集成的方式。

尺寸元是工业产品结构设计的基本设计单元，是设计过程、目标设计因子、设计信息要素的封装单元。尺寸元 D 可以表示为：

$$D = (ID, P, C, I) \tag{6-2}$$

式中，ID 为尺寸元标识；P 代表设计过程，是完成一个设计对象所进行的设计过程流；C 代表效用，是设计过程中对目标设计进行控制的目标设计因子集；I 代表设计信息，是工业产品全生命周期与设计效用模型相关的全体信息。

尺寸元体现工业产品信息、过程和效用（目标优化）的集成。尺寸元从功能、行为 / 原理、支撑和载体四个方面描述工业产品尺寸的设计过程；从基础信息、支持信息和扩展信息三方面构建设计信息。目标设计因子控制尺寸元逐步结合所产生的相关设计信息，通过设计过程将功能最终转化成载体。

2. 尺寸元的设计过程模型

工业产品设计阶段是服务于碳中和的工业产品生命周期过程中尤为重要的阶段，现代社会流水线、自动化的广泛应用在为工业产品大规模、大批量生产提供基础的同时，也对设计的准确性提出了更高的要求，工业产品生命周期尺寸设计需要提前规划生命周期各个阶段的每一个细节。工业产品尺寸设计是将人的设计需求转化为工业产品物理尺寸的过程，也是一种把计划、规划设想、问题解决的方法，通过具体的操作，以理想的形式表达出来的过程。在工业产品的整个生命周期过程中，工业产品尺寸设计对整个生命周期资源、环境影响是起决定性作用的。

工业产品尺寸设计过程从工业产品特征、工业产品开发活动计划、开发资源配置、开发计划及调度策略等方面考虑，是保证工业产品开发过程并行、协调、全面管理的基础。支持工业产品生命周期各个阶段的活动／过程的建模和管理是工业产品尺寸设计过程集成的必然要求。工业产品生命周期过程应与工业产品生命周期资源、工业产品生命周期信息等有机结合。工业产品尺寸设计开发的主要任务是实现从功能到结构的映射。设计过程模型有多种形式基本上来源于公理化设计框架：功能-载体、功能-行为-载体。随着设计理论的发展，公理化设计框架由于存在各种不足、限制，已经很难适应现代设计的需要，为适应现代设计需要，工业产品尺寸设计过程模型采用 FBAS 模式，如图 6.4 所示。FBAS 模式功能-行为/原理-支撑-载体是基于公理化设计框架和 FBS 框架提出的一种新框架，从工业产品生命周期设计需求出发，FBAS 模式通过原理层的原理指导，展示与原理相关的设计要求，通过支撑要素表达设计要求，载体层接受来自 FBSA 模式支撑层与原理层宏观和微观两个方面的作用。

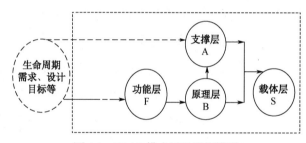

图 6.4　FBAS 模式设计进程模型

FBAS 模式具备目前产品设计常用过程模型的求解逻辑，并具有以下三个特点。

（1）引入支撑层强化载体设计与设计目标的联系，提升载体层设计效果。

（2）通过细化引入支撑层与相关行为的联系，明确原理层的作用。

（3）支撑层的引入减少下层设计单元数量，提高了求解效率。

尺寸元的设计过程：工业产品设计过程模型采用 FBAS 设计模式，使用 FBAS 设计模式有利于尺寸元获取知识、支撑需求，如现有工业产品设计、工业产品设计原理、设计原理包含要素的联系等，进而帮助设计人员有效进行载体层的设计。FBAS 模式可以方便设计人员思维具体化，促进工业产品尺寸设计有效满足工业产品生命周期设计目标。尺寸元的设计过程模型：

$$P = (F, B, A, S) \qquad (6\text{-}3)$$

式中，F 代表功能、B 代表行为/原理、A 代表支撑、S 代表载体，P 代表各过程及其子过程的集成。

在工业产品生命周期尺寸设计过程中，对于尺寸元的设计过程 P，功能层及目标设计因子是其设计的目标，设计的结果体现于载体层，目标和载体通过支撑层连接。

尺寸元是服务于碳中和的工业产品设计过程、工业产品生命周期设计过程、工业产品生命周期目标控制与工业产品生命周期设计信息的结合。尺寸元 DU 既是工业产品设计过程的信息集成，也是基于资环特性的工业产品生命周期设计过程目标的集成。

过程和信息是尺寸元的组成部分，工业产品生命周期过程和信息外在彼此独立，内在彼此对应。每一个尺寸元都是通过工业产品设计过程 P 将工业产品功能转化成载体，将工业产品生命周期过程相关信息有机结合。尺寸元最高层 DU 命名为原点 DU，尺寸元底层 DU 命名为末端 DU，其余可视为中间层 DU。按照 FBAS 设计模式，以最高层尺寸元为起点，将最高层尺寸元逐层分解（见图 6.5），最高层与底层组织结构相同。将尺寸元依据工业产品生命周期目标逐层分解，依次展开，将上层载体与下层功能对应，将相关信息彼此传递，自最高层到底层逐渐生成工业产品尺寸设计方案。

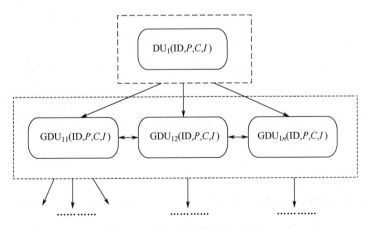

图 6.5　尺寸元的层次展开结构

建立从目标设计因子和功能要求到载体的过程，通过设计过程 P 将功能转化成载体，并将相关信息进行输入和输出，依据尺寸元 DU 的逐层分解，逐步构建工业产品生命周期相关的设计信息，并产生工业产品子尺寸元。尺寸元设计是自上而下设计的过程，单一尺寸元的相关信息构建是一个工业产品生命周期局部条件优化的过程，工业产品尺寸设计方案是递进求解的过程，工业产品尺寸设计是工业产品生命周期目标全局优化的过程。

3. 基于尺寸元服务于碳中和的工业产品生命周期尺寸设计模型

依据前文分析，可知工业产品生命周期信息、工业产品工作过程和工业产品效用（目标优化）的有效集成、扩展是工业产品尺寸设计模型的基础，三者的有机联系同样为构建工业产品尺寸模型提供支持；建立工业产品生命周期信息与工业产品效用之间的关系及工业产品生命周期过程和效用之间的关系迫在眉睫。在工业产品生命周期尺寸设计模型中，效用表现为目标设计因子集。

1）目标设计因子与工业产品设计信息

工业产品设计信息是工业产品生命周期目标设计因子选取和工业产品设计过程进行的基础。对工业产品生命周期目标变化特性进行研究，从目标转换、目标传递等角度分析工业产品生命周期目标变化过程，根据工业产品不同生命周期阶段目标变化的情况，建立工业产品生命周期目标量化模型。分析尺寸元中的工业产品设计信息与工业产品生命周期内目标的关系，提取生命周期目标关联信息，以此为基础建立工业产品设计信息中工业产品设计参数与工业产品生命周期目标的映射关系。建立工业产品生命周期目标关联信息与工业产品生命周期内目标变化间的关系，分析工业产品生命周期目标关联信息的关联度，建立不同目标的影响因素，并量化、总结不同层次的目标设计因子集。在此基础上，建立从工业产品设计信息分析、目标设计因子提取到目标设计因子运用的目标设计因子提取应用机制。

2）目标设计因子与设计过程

工业产品设计方案和工业产品尺寸设计方案的生成过程都由尺寸元中的 P 表示。尺寸元中的 P 根据工业产品生命周期各个阶段的要求（基于工业产品功能要求、环境要求、经济要求和实际条件约束）对工业产品进行功能性、环境性、经济性分析，并对实现功能、环境、经济要求的载体方案构思和优化。在材料选定的基础上，工业产品尺寸设计不但确定了工业产品的大小，而且对工业产品生命周期的目标也有决定性的影响，工业产品尺寸的确定是后续工作开展的基础。在工业产品生命周期尺寸设计过程中，引入了尺寸元的概念，将生命周期目标优化提到与设计过程相同的高度，工业产品目标设计因子是工业产品尺寸设计过程与工业产品生命周期目标有效联系的桥梁，是实现工业产品生命周期目标最优的基础。目标设计因子提取的依据是工业产品生命周期目标特性和相关原理。工业产品目标设计因子代表了工业产品的目标特性，并作为工业产品目标特性的关键因素，与工业产品设计过程相对应，体现为目标参数，包括目标特征值、目标参数、目标指标等。

尺寸元中的设计过程是多个层次设计过程的组合，包括单一设计尺寸元内部的工业产品生命周期设计过程和不同或多层尺寸元之间工业产品生命周期设计过程。目标设计因子与工业产品设计过程的对应关系具有层次性，且与设计过程相对应。建立基于目标设计因子的工业产品尺寸设计局部优化与全局优化决策模型，并对求解方法和设计应用策略进行深入研究。图 6.6 所示为目标设计因子在尺寸元中的作用。

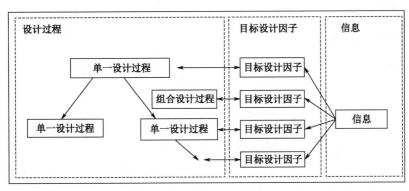

图 6.6　目标设计因子在尺寸元中的作用

3）基于尺寸元服务于碳中和的工业产品生命周期尺寸设计模型

通过分析可以看出，服务于碳中和的工业产品生命周期尺寸设计需要运用理论分析和设计实例相结合的研究途径，对工业产品生命周期设计尺寸设计方法进行系统深入的研究。为此，在前期研究的基础上首次提出了尺寸元的概念，并将其作为工业产品生命周期设计尺寸绿色设计理论与方法的基础。提出了基于尺寸元服务于碳中和的工业产品生命周期尺寸设计模型，如图 6.7 所示，将生命周期目标作为目标和必须满足的条件融合到工业产品尺寸的设计过程中，着重研究基于尺寸元的设计方法、生命周期目标设计因子的提取与应用、设计的局部优化与全局优化等关键问题，形成工业产品生命周期尺寸绿色设计理论与方法体系。

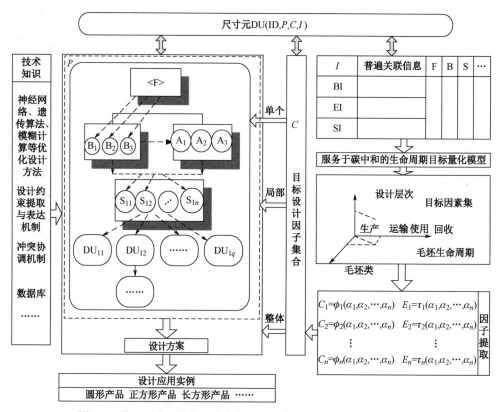

图 6.7 基于尺寸元服务于碳中和的工业产品生命周期尺寸设计模型

此外，从服务于碳中和的工业产品生命周期尺寸设计模型出发，需要选择具有代表性的工业产品，如轴、齿轮工业产品作为实例研究的对象，分析工业产品系统的目标流特性，建立实例工业产品的目标特性描述体系，建立工业产品尺寸设计优化决策方法，基于设计模型提出其目标优化的设计策略，结合神经网络、遗传算法、模糊计算等设计决策方法，建立针对工业产品尺寸优化的设计流程，形成服务于碳中和的工业产品生命周期原型设计方案。根据理论研究成果，进行工业产品设计、生产，用实例对所提出的理论方法进行验证并分析优劣。尺寸元设计思想的核心是目标设计因子，目标设计因子是尺寸元思想能否成功运用的关键。

6.3　工业产品设计信息模型

　　服务于碳中和的工业产品生命周期信息是进行服务于碳中和的工业产品生命周期设计的基础，建立支持服务于碳中和的工业产品生命周期设计信息模型是进行工业产品生命周期设计的前提。服务于碳中和的工业产品生命周期设计信息模型不仅包括传统工业产品设计的功能和结构信息，而且应该有机融合工业产品生命周期过程信息。为有效表达工业产品及工业产品生命周期过程的设计理念，在工业产品设计初始应建立支持服务于碳中和的工业产品生命周期设计信息模型。

　　服务于碳中和的工业产品生命周期设计信息模型应该囊括客户需求、工业产品性能、工业产品功能质量、工业产品生产和管理等方面的信息，基于资环特性的工业产品生命周期设计信息模型还应支持工业产品数据传递和共享。支持服务于碳中和的工业产品生命周期设计信息模型应包括以下五个基本信息。

1. 管理信息

　　工业产品管理信息包括与工业产品、材料和尺寸相关的信息，具体包括工业产品材料名称、工业产品编号、工业产品数量、工业产品生命周期整体及各阶段技术规范或标准、工业产品制造、使用技术要求、设计人员、供应商、设计版本等信息。工业产品管理信息为工业产品设计及工业产品生命周期过程信息管理提供理论支撑。

2. 功能质量信息

　　功能质量信息用于描述工业产品具有的功能和质量。功能是指工业产品需要实现的功能在工业产品设计、工业产品生命周期目标里有所体现；质量是指工业产品对客户需求的符合度。功能质量信息包括实现功能的必备信息和非必备信息。满足功能质量要求是服务于碳中和的工业产品生命周期设计的必要条件。

3．服务于碳中和的工业产品几何和结构信息

工业产品几何和结构信息用于描述工业产品几何形状与尺寸大小，以及工业产品尺寸之间的关系。在进行工业产品设计时，工业产品尺寸的设计是服务于碳中和的工业产品生命周期设计的核心内容之一，工业产品尺寸信息尤其是每个生命周期阶段的尺寸信息，对服务于碳中和的工业产品生命周期设计至关重要，工业产品的尺寸信息直接影响工业产品生产、运输、使用和回收阶段的生命周期目标。

4．材料信息

材料信息是工业产品选择材料的基本信息，包括材料的功能性能、环境性能。工业产品生命周期设计材料的环境性能是选择工业产品材料的重要依据，也是与传统材料选择的重要区别。

5．服务于碳中和的工业产品生命周期过程信息

工业产品生命周期过程信息包括工业产品设计、工业产品生产、工业产品运输、工业产品使用、工业产品回收处理等生命周期过程的信息。过程信息包括经济信息、环境影响信息、方法信息。方法信息是生命周期过程实施的方法信息，比如，使用阶段中的加工方法、加工设备、加工参数。经济信息主要包括原材料、过程实施（主要指工业产品生产、工业产品使用、工业产品回收阶段）的价格信息。环境影响信息主要是指生命周期过程中对环境影响的因素及影响大小。

服务于碳中和的工业产品生命周期设计信息模型采用 IDEFIX1 方法建立，IDEFIX1 是一种支持概念模式开发的建模语言，数据的相关事物、事物的联系、事物的特征是 IDEFIX1 模型的基本内容之一。服务于碳中和的工业产品生命周期设计信息模型如图 6.8 所示，工业产品结构模型是服务于碳中和的工业产品生命周期设计信息模型的基础，服务于碳中和的工业产品生命周期设计信息模型描述了工业产品设计信息和工业产品生命周期过程设计信息之间的逻辑关系。工业产品不仅对应关联加工过程和相关过程信息，而且工业产品对应回收处理过程，过程信息关联过程对象。

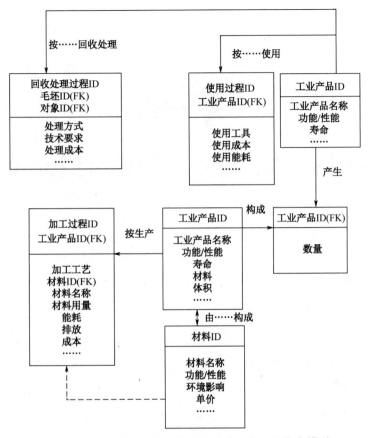

图 6.8 服务于碳中和的工业产品生命周期设计信息模型

服务于碳中和的工业产品生命周期设计模型是进行工业产品生命周期目标优化的基础，对研究范围、研究路线进行界定，是下一步工作开展的基础。

第 7 章

工业产品目标设计因子提取与目标量化研究

工业产品生命周期目标影响因素包括工业产品生命周期每个阶段中与生命周期目标发生相互作用的因素，它包括那些与生命周期目标相关的，包括呈现的和暗含的、直接的和间接的作用关系。工业产品生命周期的目标影响因素识别就是设计人员在设计工业产品的初期，对工业产品生命周期的每个阶段中存在的目标影响因素通过已有技术、方法进行确定，从而找出那些对生命周期目标具有或可能具有重大影响的因素。而目标设计因子提取和表达就是从设计角度出发，对指标、参数、变量映射进行分析，量化识别出重要的目标影响因素，获得工业产品设计中对目标变化的控制参数和变量，并将目标设计因子运用于设计之中，以达到提出的设计模型的核心设计任务——工业产品生命周期目标优化。从服务于碳中和的工业产品生命周期设计模型可以看出，影响工业产品生命周期目标的因素中，起决定作用的是由工业产品设计、工业产品生产、工业产品运输、工业产品使用及工业产品回收等阶段组成的生命周期过程信息。分析工业产品生命周期及其各个阶段中目标的变化状况及其重要影响因素，可以为服务于碳中和的工业产品生命周期设计模型揭示出目标变化的基本特性及其变化规律。根据工业产品设计、工业产品生产、工业产品运输、工业产品使用及工业产品回收等阶段目标变化的特点及其影响因素，给出各阶段目标量化模型，并提取最高层目标设计因子。

7.1　目标设计因子识别与提取

7.1.1　目标设计因子效用及其过程分析

1．目标影响因素与目标设计因子

目标影响因素是工业产品在其生命周期过程内的各个阶段中与目标发生相互作用的因素。工业产品设计、工业产品生产、工业产品运输、工业产品使用、工业产品回收等工业产品生命周期过程各阶段都对工业产品生命周期目标产生影响。工业产品设计人员从生命周期全局的角度研究工业产品在工业产品生命周期过程的作用及其影响因素，是进行服务于碳中和的工业产品生命周期设计的必然要求。

图 7.1 是工业产品生命周期目标流框图，功能目标在生命周期过程中是内在要求，不用

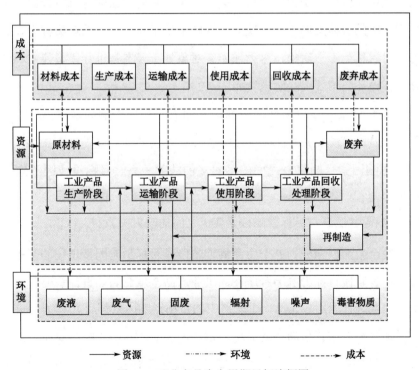

图 7.1　工业产品生命周期目标流框图

图表达，图中仅对资源、环境、成本流动进行表达。工业产品生命周期目标流框图是从工业产品生命周期全局的角度为分析工业产品生命周期目标变化状态建立的。工业产品资源流既与环境流、成本流过程相随，又彼此独立。工业产品生命周期不同阶段目标影响因素关系迥异，目标影响因素表现形式、发挥的作用不尽相同，在生命周期内建立统一目标影响因素，进而提取统一的目标设计因子的可能性微乎其微。为更好地研究目标影响因素与目标设计因子之间的关系，需要对工业产品生命周期各个阶段目标变化进行深度分析，寻找对应的目标影响因素，并在此基础上提取目标设计因子。

2. 目标设计因子效用映射模型

依据图 7.1，结合服务于碳中和的工业产品生命周期设计模型，将目标设计因子过程以结构树的形式描述，并获得其映射关系，映射对象是两个视图中的数据对象与关系对象。目标设计因子效用映射模型是数据对象、关系对象、映射对象的有机组合。目标设计因子在所有模型视图中的数据上都有所体现，在视图中处于显性状态的对象称为显态对象，处于隐性状态的对象称为隐态对象，尽力使所有对象处于显态是进行模型建立和映射关系分析的前提，目标设计因子效用映射模型如图 7.2 所示。

模型中的映射关系主要包括目标影响因素源 P 与目标影响因素集 T 之间的多对一的映射关系、目标影响因素集 T 与目标设计因子集 C 之间的多对多的映射关系、目标设计因子集 C 与目标影响因素目的集 D 之间的多对多的映射关系、目标设计因子集 C 量化表达多对多的映射关系。

1）目标影响因素源 P 与目标影响因素集 T 之间的映射关系 $\{F_{PT}(x)\}$

将工业产品全生命周期分为 P 个生命周期阶段是目标影响因素识别的基础需要，目标影响因素源 P 是各阶段目标影响因素所在，工业产品全生命周期设计需要对所有生命周期阶段目标影响因素进行识别。在每一个映射中的目标影响因素都有 $P_k \leqslant P$，并可继续分解成多个子层次和子阶段，具体的分解应根据不同的工业产品和实际研究而定。一般来说，不同阶段对应多个目标影响因素。因此，这里的映射关系 $\{F_{PT}(x)\}$ 即为工业产品生命周期

阶段 P_k 对应的 T_i 个目标影响因素的函数关系的逆映射，即：

$$P \rightarrow t : P_k = (T_1, T_2, T_3, \cdots, T_i) \tag{7-1}$$

式中，k，T_i 分别表示生命周期阶段与目标影响因素的个数。

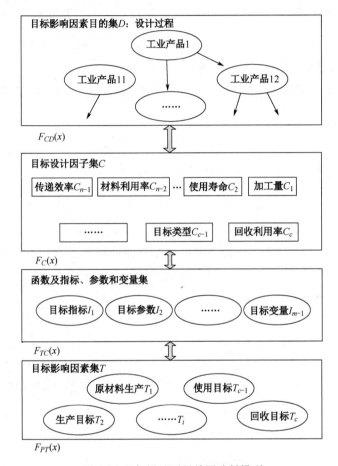

图 7.2　目标设计因子效用映射模型

2）目标影响因素集 T 与目标设计因子集 C 之间的映射关系 $\{F_{TC}(x)\}$

从目标影响因素中进行目标设计因子提取的目的是在设计中体现各种目标影响因素对工业产品设计的影响。根据不同工业产品及其目标影响因素确定适合的提取方式，从而得到工业产品目标设计因子，目标设计因子之间关系多样。目标影响因素集 T 与目标设计因子集 C 之间存在着多对多的映射关系，因此两视图之间的映射关系 $\{F_{TC}(x)\}$ 为 n—m

映射，即：

$$E \rightarrow C : (C_1, C_2, \cdots, C_{c_j}) = F_{EC}(t_1, t_2, \cdots, t_{t_i}) d_{c_j} \tag{7-2}$$

式中，c_j 表示目标设计因子的个数。

3）目标设计因子集 C 与目标影响因素目的集 D 之间的映射关系 $\{F_{CD}(x)\}$

在工业产品设计过程中，目标设计因子的优化设计可以实现目标设计因子的效用，进而实现工业产品设计的目标。实际设计时，目标设计因子与设计过程之间关系多样，彼此并不对应。因此，目标设计因子集 C 与目标影响因素目的集 D 之间的映射关系 $\{F_{CD}(x)\}$ 为 n—m 映射，即：

$$C \rightarrow D : (d_1, d_2, \cdots, d_k) = F_{EC}(c_1, c_2, \cdots, c_{c_j}) \tag{7-3}$$

式中，d_k 表示目标影响因素目的集 D 中元素的个数。

4）目标设计因子集 C 量化表达映射关系 $\{F_C(x)\}$

目标设计因子提取只是设计过程的一步，此后需要对目标设计因子进行分析并用数量表达，提取目标设计因子之后，需要将其运用于设计过程中，并对目标设计因子进行量化分析，设计过程相对的设计指标、变量和参数是目标设计因子量化表达的常见形式。$\{F_C(x)\}$ 映射关系与 $\{F_{TC}(x)\}$ 相似。

3. 目标设计因子效用过程模型

工业产品生命周期"过程"是以实现"功能"为单位的，过程体现功能的次序关系。采用美国空军提出的过程描述获取方法 IDEF3 对工业产品生命周期过程进行建模，过程流网是获得过程描述方法、管理过程知识的主要工具，过程流图是其具体显示方式，过程建模描述包括专家、设计分析人员、事件与活动参与对象及以上事件约束关系的知识。

工业产品生命周期设计的核心思想之一是工业产品目标设计因子，工业产品目标设计因子是书中重点研究的内容之一，是目标优化的关键，对目标设计因子进行目标过程分析十分必要。运用过程描述获取方法 IDEF3 建立的目标设计因子效用过程模型如图 7.3 所示，目标影响因素识别 Ⅰ、目标设计因子提取 Ⅱ 和目标设计因子运用 Ⅲ 三个阶段是目标设计因子效用过程模型的全部过程，目标设计因子运用 Ⅲ 中表达为材料选择和尺寸元。利用生命周期分析方法识别工业产品生命周期目标影响因素，对工业产品生命周期过程各阶段存在的目标进行分析，据此得出对工业产品生命周期目标产生影响的控制要素清单。

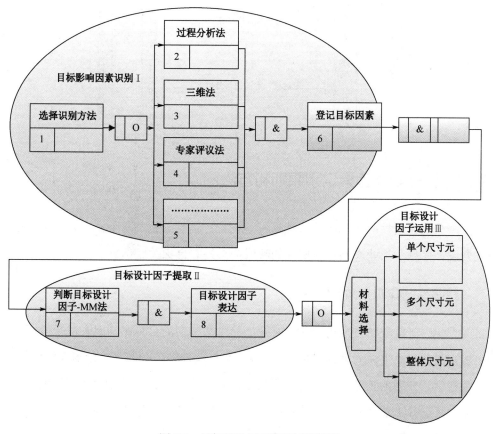

图 7.3　目标设计因子效用过程模型

4．目标设计因子提取策略

识别工业产品生命周期目标影响因素并进行定性分析与定量分析，依据目标流模型与设计模型关联目标影响因素与设计进程，在此基础上进行生命周期目标设计因子的提取策略研究。生命周期目标设计因子集是在概括和分析目标设计因子在不同设计阶段的体现形式基础上形成的，如图 7.4 所示。

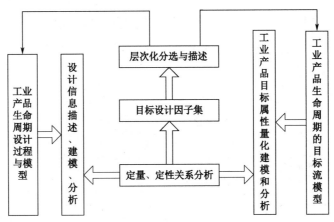

图 7.4　目标设计因子提取策略

7.1.2　目标影响因素识别原则和方法

工业产品生命周期的目标影响因素识别是在设计信息分析与工业产品目标分析的基础上，依据设计信息与工业产品目标属性的映射关系提取目标关联信息的。

1．目标影响因素识别的原则

目标设计因子提取的首要内容是对工业产品生命周期的目标影响因素进行识别。全面、准确地识别工业产品生命周期的目标影响因素，是有效控制工业产品生命周期目标的基础，并可以为科学、合理的工业产品设计提供依据，且是目标设计因子量化和表达的基础。以下三条原则是进行工业产品生命周期目标影响因素识别必须遵守的。

1）全面识别的原则

全面、具体地识别工业产品生命周期目标影响因素是确定工业产品目标设计因子的基础，从而为后续工作提供支撑。因此，运用生命周期分析思路，对工业产品目标影响因素进行全面识别，识别出工业产品生命周期各个阶段的目标影响因素。

2）识别具体目标影响因素，明确目标影响原则

工业产品生命周期目标影响因素千千万万，鲜有相同，为服务于碳中和的工业产品生命周期设计提供明确的控制对象是进行目标影响因素识别的目的，目标影响因素与目标关系多样。因此，在进行工业产品目标影响因素识别时，应具体、全面地分析识别，并明确

其影响形式，包括直接和间接的目标影响。

3）准确描述、表达目标影响因素的原则

工业产品生命周期目标影响因素是与工业产品设计相关的因素的集合，工业产品生命周期目标影响因素的识别应尽量说明目标影响方式和涉及的目标影响原理。工业产品生命周期目标影响因素准确识别，为目标设计因子的提取和表达提供有力支持。

2. 目标影响因素识别的方法

目标影响因素识别方法和程序与工业产品设计目标、活动密切相关。常用的因素识别方法有问卷调查法、生命周期分析法、过程分析法、投入-产出分析法、专家评议法等。识别方法多样且各有优劣，应用场景各异。根据具体情况选择相应方法，它们的共同点是都将生命周期思想融入因素识别方法，全面、具体地识别目标影响因素。

1）问卷调查法

问卷是根据实际情况设计相关问题，并由相关人员进行问卷作答，在作答的过程中获取与工业产品生命周期目标影响因素相关的信息。

2）生命周期分析法

生命周期分析法是对工业产品进行"从摇篮到坟墓的分析"，使得相关工作人员全面了解工业产品生命周期各个阶段涉及的目标影响因素。工业产品生命周期通常分为原材料的采集与加工、工业产品的生产与制造、工业产品的运输、工业产品的使用和工业产品回收五个阶段。生命周期评价理论与方法可以为实现全球循环经济可持续发展提供具体行动方案。

3）过程分析法

将工业产品及工业产品生命周期过程划分成若干子过程，对每一个子过程目标影响因素进行识别。分析使用什么方式，什么设备，谁进行，输入什么，输出什么流程，如何做，使用的关键是什么等问题。

4）投入-产出分析法

投入-产出分析法是对工业生产系统生产与消耗关系进行考察和数量分析，利用这种方法可明确判定与工业产品目标影响因素相关的部门、环节，并能找出相应的改进方法和途径。

5）专家评议法

评议小组是专家评议法实行的基础，评议小组的组成应涉及工业产品生命周期全过程的主要人员，包括具有目标影响管理经验、生命周期目标知识，熟悉工业产品设计、生产和目标影响因素识别知识的工业产品设计专家、咨询师、企业的管理者及生产技术人员等，专家评议法的评议小组综合采用过程分析法、生命周期分析法等，分别对不同的时态、状态和不同的工业产品生命周期目标影响因素类型进行评议，集思广益，从而准确、充分地识别与工业产品生命周期目标相关的因素。专家评议小组成员选择得当与否是专家评议法实行效果的重要影响因素。

7.1.3　目标影响因素三坐标识别模型

目标影响因素三坐标识别模型（见图7-5）是基于工业产品生命周期目标影响因素识别原则和已有识别方法思路建立的。三个坐标轴分别表示生命周期、目标类别、设计类别三个方面的信息。工业产品生命周期坐标轴，包括从原材料生产、工业产品设计开发、工业产品生产、工业产品运输、工业产品使用，乃至回收处理的闭环生命周期的各个阶段；目标类别坐标轴包括目标传递、目标消耗、目标存储和目标转换等目标类别单元。根据第 6 章建立的设计模型可知，在材料选定的基础上，服务于碳中和的工业产品生命周期设计的

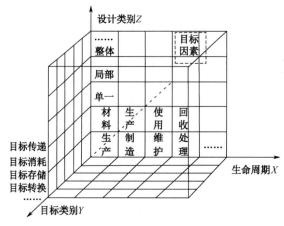

图 7.5　目标影响因素三坐标识别模型

关键是工业产品尺寸设计，此处的设计级别可以对应工业产品尺寸设计级别，包括单一尺寸、局部尺寸、全部尺寸等设计级别，尺寸元的级别不同，设计不同。

目标影响因素三坐标识别模型是由三个坐标轴所构成的立体空间。目标影响因素三坐标识别模型所要表达的思想共有三点：

（1）模型中 X 轴为生命周期坐标轴，从图中可以看出，生命周期各个阶段都需要进行目标影响因素识别；

（2）模型中 Y 轴为目标类别坐标轴，生命周期目标影响因素与多个学科体系相关；

（3）工业产品生命周期目标影响因素识别在前两者的基础上综合考虑了不同阶段、不同类型的目标影响因素，并体现在工业产品设计的不同层次，将其作为工业产品目标影响因素识别与工业产品目标设计因子提取的特别标志，在模型中反映为设计类别坐标轴（Z 轴）。

工业产品生命周期目标影响因素集组成三维空间，一个点代表一个工业产品生命周期目标影响因素，三维空间表示工业产品生命周期目标影响因素集。其坐标轴表示 T 所在的生命周期阶段，具有工业产品生命周期目标类型和控制的设计类别。这三方面也是工业产品生命周期目标影响因素 T 的组成三要素。

目标影响因素识别立体系统模型由此三坐标构成，体现三个思想的集成。目标影响因素识别立体系统模型，不但明确地反映了目标影响因素识别的思想、方法，而且从系统集成的角度将工业产品尺寸影响因素识别的功能也表达了出来，在某种程度上该模型也可以表示为工业产品尺寸设计目标影响因素识别的功能模型。

在工业产品目标影响因素识别的过程中，三坐标识别模型内涵比较丰富。针对实际工业产品目标影响因素识别问题，基于已明确的设计目标、约束对三坐标模型进行简化。

7.1.4　目标重要影响因素提取

1. 目标重要影响因素提取流程

目标影响因素清单是依据工业产品生命周期目标影响因素三坐标识别模型的分析方法，分析工业产品在生命周期各个阶段存在的目标影响因素得出的。工业产品生命周期目标影响因素众多，与工业产品设计无关的也不在少数，与工业产品无关的因素在进行工业产品设计时，没必要费时、费力对其进行研究。识别工业产品生命周期目标影响因素并评判其重要性，提取目标设计因子是进行工业产品设计的基础。"The Most of The Most"原则是目标重要影响因素提取的常用方法。在对工业产品生命周期目标影响因素准确识别的基础上，运用"The Most of The Most"原则对目标重要影响因素进行提取。

如图 7.6 所示，工业产品生命周期目标重要影响因素提取机制分为三个部分："中间部分"表达工业产品生命周期目标影响因素提取的实际流程；"左侧部分"是提取工业产品生命周期目标重要影响因素的主要技术及理论支持，即"The Most of The Most"原则和量化分析原则，这是工业产品生命周期目标重要影响因素提取研究的重点；"右侧部分"是工业产品生命周期目标重要影响因素提取的关键理论支撑系统，包括数据库（提供准确且及时的数据信息）、优化措施库（分析确定生命周期目标影响因素，并对部分信息提出优化、改进）、知识库（对数据库和优化措施库进行调用）。两端虚线部分为工业产品目标重要影响因素提取的输入和输出。

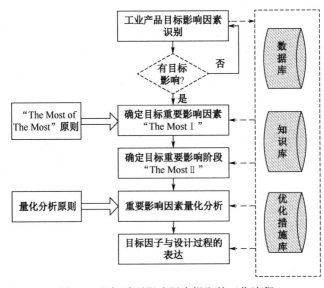

图 7.6　目标重要影响因素提取的工作流程

通过目标重要影响因素提取工作机制的工作流程，可以发现数据库、知识库和优化措施库的信息共享，以及运用可以实现协同使用和工业产品生命周期目标影响因素提取的闭环。实际运行过程中，为了保证数据、信息及时准确，数据库、知识库需要及时更新，以此保证目标优化的决策、实施能力和水平，为服务于碳中和的工业产品生命周期设计提供及时有效的信息和建议。

2．"The Most of The Most"原则

"The Most of The Most"原则是生命周期评价思想的运用，根据"The Most of The Most"原则识别出工业产品整个生命周期内的目标重要影响因素，在此基础上判断出与这些重要影响因素相对应的重要影响阶段，为工业产品生命周期目标设计因子量化和表达提供基础。"The Most of The Most"原则的流程图如图7.7所示。

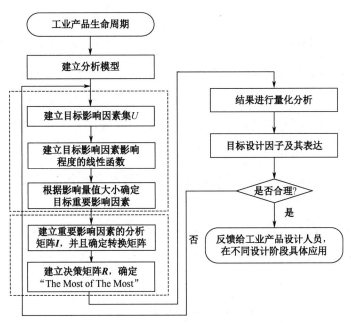

图7.7　"The Most of The Most"原则的流程图

1）第一个"The Most"目标重要影响因素的选择

工业产品生命周期包含工业产品设计、工业产品生产、工业产品运输、工业产品使用、工业产品回收等阶段，在工业产品生命周期各个阶段，目标影响因素都会对生命周期目标产生影响，不同阶段影响不同，从工业产品整个生命周期角度看，必然存在一些对生命周期目标影响较大的因素，被称为"目标重要影响因素"。

目标重要影响因素选择是"The Most of The Most"原则的重要一步。通过目标设计因子识别，研究工业产品生命周期过程，给出目标影响因素清单，分析目标影响因素实际影响，确定目标重要影响因素。

目标重要影响因素确定采用常用分类方法中的线性函数描述方法，具体过程如下：

（1）建立工业产品生命周期目标影响因素集 U

进行工业产品生命周期目标分析，确定目标影响因素集合，合并工业产品不同生命周期阶段相同目标影响因素，据此建立目标影响因素集：

$$U = \{U_1, U_2, \cdots, U_i, \cdots, U_n\} \tag{7-4}$$

式中，U_i 代表第 i 个目标影响因素；n 为（不重复的）目标影响因素的个数。

（2）目标影响因素影响程度重要性集合的建立

工业产品目标影响因素对工业产品生命周期目标的影响可以从定性和定量两个方面进行分析，对不能定量分析的因素只能进行定性分析，在目标设计因子的提取中，应尽量进行定量描述表达。

对量纲相同的目标影响因素进行定量描述，根据目标值大小进行对比，因此第一个"The Most"很容易选择。

定量描述的目标影响因素，其评价范围为 $[a,b]$，x_i 表示对应因素量值，对于数值与目标变化呈正线性比的采用式（7-5）计算重要性 $u(U_i)$：

$$u(U_i) = \begin{cases} 0 & x \leqslant a \\ \dfrac{x_i - a_i}{b - a_i} & a < x_i < b \\ 1 & x_i \geqslant b \end{cases} \tag{7-5}$$

对于数值与目标变化呈负线性比的采用式（7-6）计算重要性 $u(U_i)$：

$$u(U_i) = \begin{cases} 1 & x_i \leqslant a \\ \dfrac{b_i - x_i}{b_i - a_i} & a < x_i < b \\ 0 & x_i \geqslant b \end{cases} \tag{7-6}$$

对量纲不同的目标影响因素进行定量描述，需要统一定量描述和定性描述，并进行无量纲处理，选用线性函数来描述。可以定量描述的因素，给出因素范围，用线性函数描述；只能定性描述的因素，用专家评议法结合线性函数描述。具体过程参考定性描述目标影响因素重要性计算过程。

经过上述重要性计算，可得到与因素集 U 对应的目标重要影响因素集合 A：

$$A = \left\{ u(U_1), u(U_2), \cdots, u(U_i), \cdots, u(U_n) \right\} \tag{7-7}$$

（3）根据影响量值大小确定目标重要影响因素

研究对象的实际情况，取量值 t，确定目标重要影响因素 $\bar{U}$：

$$\bar{U} = \left\{ U_i \,\middle|\, u(U_i) \geqslant t, U_i \in U \right\} = \left\{ U_i \,\middle|\, u_i \geqslant t, U_i \in U \right\} \tag{7-8}$$

2）第二个"The Most"目标重要影响因素的选择

由于目标重要影响因素在工业产品生命周期各个阶段的影响有所不同，重要阶段是重要因素主要影响的阶段，该阶段需要重点研究，这也是"The Most of The Most"原则的第二个"The Most"。确定重要阶段有助于明确目标设计因子提取的重点，既可以提高提取目标设计因子的准确性，又可以降低量化目标设计因子的困难度。

为计算目标重要影响因素在工业产品生命周期各阶段的目标影响值，建立分析矩阵：

$$\boldsymbol{I} = \begin{bmatrix} P_1 & P_{11} & P_{12} & \cdots & P_{1Q} \\ U_1 & I_{11} & I_{12} & \cdots & I_{1Q} \\ U_2 & I_{21} & I_{22} & \cdots & I_{2Q} \\ \vdots & \vdots & \vdots & \cdots & \vdots \\ U_{|M_\lambda|0} & I_{|M_\lambda|1} & I_{|M_\lambda|2} & \cdots & I_{|M_\lambda|Q} \end{bmatrix} \tag{7-9}$$

式中，$U_i \in U$；P_j 为工业产品生命周期阶段；Q 为考虑的生命周期阶段的个数；I_{ij} 为第 i 个重要因素在第 j 个阶段的量值，$I_{ij} \geqslant 0$。

确定重要阶段，需要对矩阵 $\boldsymbol{I}$ 进行处理，处理过程如下。

（1）取每行的平均值 $\bar{I_i}$，即：

$$\bar{I}_i = \frac{1}{Q} \sum_{j=1}^{Q} I_{ij} \qquad (7\text{-}10)$$

（2）取 $I'_{ij} = I_{ij} / \bar{I}_j$，得到变换矩阵 $\boldsymbol{I'}$。

（3）根据矩阵 $\boldsymbol{I'}$ 建立决策矩阵 $(\boldsymbol{R})_{|M|_\lambda \times Q}$，其中：$r_{ij} = \begin{cases} 0 & I'_{ij} < 1 \\ 1 & I'_{ij} \geqslant 1 \end{cases}$。

则选择的重要阶段为：

$$P = \left\{ P_j \middle| \sum_{i=1}^{|M_\lambda|} r_{ij} > 0, j = 1, 2, \cdots, Q \right\} \qquad (7\text{-}11)$$

目标重要影响因素的确定和重要阶段的确定可以有效控制工业产品生命周期目标属性，为服务于碳中和的工业产品生命周期设计提供支撑。

7.1.5 目标设计因子量化与表达

1. 目标设计因子量化表达过程

工业产品生命周期目标重要影响因素及其重要影响阶段依据"The Most of The Most"原则进行确定，工业产品生命周期目标重要影响因素及其重要影响阶段是确定工业产品设计所涉及的具体设计过程和对应的设计参数的基础。将目标重要影响因素进行量化分析，并将其转化为设计过程中可以控制的设计指标、参数和变量是进一步优化设计的基础。

目标设计因子的量化表达过程如图 7.8 所示。首先，分析不同工业产品生命周期目标重要影响因素对应的科学原理，由于科学原理涉及方面多样，需要对原理涉及方面进行分析，工业产品生命周期目标重要影响因素和技术系统的复杂程度决定原理涉及方面的多少；其次，分析生命周期目标重要影响因素原理得到相应目标的量化关系式，关系式形式多样，单一和群组都有可能；再次，分析关系式及其参数，获得关系式对应的指标、参数和变量集，关系式对应指标、参数和变量集关系多样，重合、交叉或冲突都可能存在，且与设计过程不能完全对应；最后，进行解耦聚类等关系分析处理，设计过程中对工业产品生命周期目标设计因子的表达与运用形式的获得是最终目的。

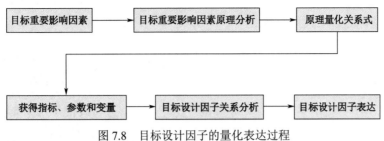

图 7.8 目标设计因子的量化表达过程

2. 目标设计因子的关系分析

目标变量集合 I 之间的关系错综复杂,与设计进程紧密联系。确定目标变量集合 I 之间的关系是决定目标设计因子之间求解策略的基础。

定义 7.1:目标设计因子之间的关系是通过输入/输出目标信息流引起的。可以通过元 $T_i(I_i, O_i)$ 来描述一个目标设计因子 i,其中 I_i 表示目标设计因子的信息输入, O_i 表示目标设计因子的信息输出。

目标设计因子之间的关系根据每个目标设计因子之间的输入/输出信息关系确定,主要包括先序(目标设计因子先后)、平行(目标设计因子平行)、耦合(目标设计因子可以同时进行但可能产生冲突)、互斥(目标设计因子产生冲突不可以同时进行)等关系。

实际设计过程中目标设计因子约束关系存在多种形式,目标设计因子表达也是逐步细化的过程,约束也成为动态的设计约束空间,过程求解是一个动态约束空间下约束的优化过程,伴随设计过程约束空间逐渐缩小,直至满足全局最优的需要。

3. 目标设计因子表达

目标设计因子的表达形式多样,与设计变量个数有关,单一设计变量、设计参数和变量组合都可能是其表达形式。每一个目标设计因子都与其设计过程、设计层次对应,不同目标设计因子的设计过程、设计层次不同。目标设计因子根据设计变量表达。单一设计变量和两个设计变量对应的目标设计因子都可以运用二维坐标图和表格表达,多个设计变量难以使用图表等直观表达,一般使用多目标函数表达。

4．目标设计因子与尺寸元的关系

目标设计因子与尺寸元、生命周期阶段对应，目标设计因子适用范围与尺寸元、生命周期阶段紧密联系，有的目标设计因子贯穿于从整体尺寸元到单一尺寸元的整个设计过程，有的目标设计因子只适用于局部尺寸元或单一尺寸元。目标设计因子适用的设计对象种类也截然不同。根据目标设计因子适用范围，从整体尺寸元目标设计因子阐述开始，逐步向局部尺寸元目标设计因子、单一尺寸元目标设计因子递进。

7.2 工业产品生命周期设计目标量化模型

从服务于碳中和的工业产品生命周期设计模型可以看出，影响生命周期的目标因素来源于工业产品设计、工业产品生产、工业产品运输、工业产品使用及工业产品回收等阶段组成的生命周期过程。研究工业产品设计、工业产品生产、工业产品运输、工业产品使用及工业产品回收等阶段目标变化的特点及影响因素，可以为服务于碳中和的工业产品生命周期设计模型揭示出目标变化的基本特性及变化规律，是进行最高层目标设计因子提取的基础。

7.2.1 概述

工业产品生命周期目标包括环境协调性、功能质量和经济可行性三个方面的目标。研究工业产品生命周期目标变化从材料选择和尺寸设计入手，在材料选定的基础上，工业产品尺寸变换是工业产品生命周期资源消耗的内在原因，工业产品生命周期过程中物料资源转化和消耗是实现工业产品尺寸变换过程的基础，这个过程会产生固体废弃物、废液、废气，更有辐射、噪声和毒害物质的产生，同时该过程必然会产生费用。本章针对工业产品生命周期目标分析其在生命周期过程中的变化规律、特性，生命周期目标是企业生产考虑的重要目标，也是工业企业发展的先决条件和重要保证。从某种意义上讲，生命周期目标的大小反映行业发展水平和企业素质。工业产品生命周期目标的实现涉及材料生产、供应、工艺技术、设备选择及应用等众多影响工业产品生命周期目标的因素，贯穿于工业产品设计、工业产品生产、工业产品运输、工业产品使用、工业产品回收处理等整个生命周期过程。因此，对于工业产品生命周期目标的研究，应该考虑到工业产品生命周期每个阶段涉及的每一个环节、每一个要素。

在工业产品生命周期过程中，工业产品阶段性生命周期目标量化、分析、优化建模已引起国内外学者广泛关注，并取得了一定成果。但现有成果集中于工业产品单个生命周期阶段目标的建模研究，缺乏对工业产品整个生命周期目标的建模研究，难以有效地指导和支持工业产品设计，这显然不能满足服务于碳中和的工业产品生命周期设计要求。

7.2.2　全生命周期状态变化分析

从服务于碳中和的工业产品生命周期设计模型出发，在设计阶段进行工业产品目标影响因素分析，主要目的是为工业产品合理设计提供理论依据。设计阶段处于工业产品生命周期的前端，设计阶段在很大程度上决定并影响工业产品后端阶段的属性，但工业产品对环境、资源及经济成本的影响很难准确地在设计阶段予以表达，这需要在设计阶段进行工业产品目标分析。

工业产品生命周期目标也是工业产品生命周期过程的目标，包括从工业产品生产、工业产品运输、工业产品使用到回收阶段的目标。可以把工业产品生命周期过程看作一个大工业系统的组成部分，如图 7.9 所示。

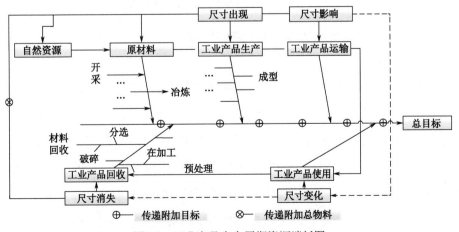

图 7.9　工业产品生命周期资源消耗图

从整个工业系统角度分析，工业产品的生命周期过程是一个闭环过程，工业产品生命周期过程从自然资源开采，经原材料的供应到生产、运输、使用，直到工业产品回收处理，对不能满足使用要求的工业产品可再生材料进行回收处理，进入新的产品生命周期。工业产品设计的影响伴随整个工业产品生命周期，在生命周期过程中物料和能量形成循环，构成闭环系统，工业产品设计影响并决定工业产品生命周期物料和能量的利用率。

在工业产品生命周期过程中，工业产品以物料形式存在，物料从自然资源开始最终返回自然界，工业产品生命周期过程中的每个阶段都产生目标变化，将工业产品生命周期各阶段看作目标驱动下的工业产品形态变化，将这种形态变化过程表示为目标驱动的串行状态变化，如图 7.10 所示。

图 7.10　串行状态变化过程图

工业产品每一次状态转换过程都可以用工业产品生命周期多目标函数形式加以描述，这些函数反映的是工业产品与该过程目标的关系，称为"工业产品生命周期目标影响函数"。以状态转化为例：

$$T_m = T(a_1, a_2, \cdots, a_n) \tag{7-12}$$

式中，T_m 为 m 过程的目标，T 为目标关系，a_n 为过程 m 中第 n 个目标影响因素。目标影响因素可以是一个过程，也可以是过程中与目标相关的参数。

7.2.3　工业产品生命周期设计目标量化

工业产品生命周期从原材料开采开始，包括工业产品生产、工业产品运输到工业产品使用及工业产品回收的全过程，涉及阶段、因素众多，影响广泛。从工业产品生命周期系统的角度分析工业产品设计对每个阶段目标的影响可知，工业产品设计对阶段目标的影响相互交织，关系错综复杂。目标影响因素在生命周期不同阶段所包括的因素和映射关系也有差别，建立统一的模型很难解决实际问题。将工业产品生命周期目标按阶段分解，针对每个阶段深入分析，得到工业产品生命周期每个阶段的模型，并提取相关要素。然后，将每个目标函数依据生命周期拓扑关系进行叠加，得到工业产品全生命周期目标量化公式（Life Cycle Target，LCT）：

$$LCT = T_{MP} + T_{CF} + T_{D} + T_{USE} + T_{PD} \tag{7-13}$$

生命周期目标 T 包括环境协调性目标、功能目标、经济目标。式（7-13）中，LCT 表示工业产品生命周期的总目标，T_{MP} 主要包括从自然资源或回收资源获取原材料过程阶段的目标，T_{CF} 表示将原材料生产成工业产品阶段的目标，T_{D} 表示在运输阶段物料运输、传递过程的目标，T_{USE} 表示工业产品在使用寿命中正常使用的目标，T_{PD} 表示工业产品在使用寿命结束后，回收、分解、再制造的目标。

对工业产品生命周期目标按照生命周期阶段来分析，以获取模型中各阶段的目标函数和目标量化模型。

1. 原材料选择阶段工业产品生命周期目标量化

工业产品原材料选择阶段形成的浓缩物料是从自然资源或回收资源获取原材料的过程。

在原材料选择阶段工业产品尺寸尚未出现，在工业产品材料选择阶段，生命周期目标由工业产品材料选择方法确定的材料的特性决定，现有材料生产技术水平已经相对成熟稳定，每一种材料的单位质量生命周期目标对应的目标值 t_{MP} 已经稳定。假定工业产品包含 n 种材料，第 i 种材料质量为 m_i，由于工业产品原材料选择阶段工业产品尺寸尚未出现。工业产品材料选择阶段目标 T_{MP} 如式（7-14）所示。

$$T_{MP} \approx \sum_{i=1}^{n}\left[m_i(t_{MP,i})\right] \tag{7-14}$$

2. 工业产品生产阶段工业产品生命周期目标量化

工业产品生产阶段是工业产品成型阶段。工业产品成型过程决定着工业产品的宏观性能和表面形状。工业产品成型过程中的相关工艺因素对工业产品目标具有影响。工业产品成型过程对工业产品目标影响因素是多方面的，其中工业产品材料、工业产品尺寸设计、成型工艺、成型设备、成型设备参数等都是影响工业产品生命周期目标的重要因素。在工业产品设计方案确定的情况下，在工业产品材料选定的基础上，在生产阶段开始出现、形成工业产品尺寸，工业产品生命周期目标在很大程度上取决于工艺方案的设计及实施，工业产品生命周期目标与工业产品成型的加工方法、工艺路线、工艺设备和工艺参数等密切相关，工业产品与工艺方案是多对多的映射关系，同一工业产品采用不同的工艺过程进行生产，在生产过程中生命周期各项目标都会有很大差异。同一工业产品，即使采用同一工艺，工艺条件不同，生命周期目标影响也会有巨大差异。

1）加工工艺方法对工业产品生命周期目标的影响

加工工艺实施的目的在于实现工业产品功能。工业产品生产工艺过程主要是材料成型工艺，加工工艺选择在很大程度上与工业产品尺寸有关。生产工艺过程容易引起生命周期目标的变化。工业产品的加工工艺是用设备将原材料转化成具有一定几何形状、一定材料性质、一定形状和尺寸精度工业产品的一切过程的总称。材料成型工艺方法对工业产品生产过程生命周期目标有着直接的影响。材料成型工艺方法不同，生命周期目标不同。加工工艺方法是影响工业产品生产过程中各项要素指标的关键因素。

2）加工设备对工业产品生命周期目标的影响

大量的实验和理论研究表明，同一工业产品被安排在不同的成型设备来成型，生命周期目标会有显著的区别。成型设备的运行机理不同，成型设备在运转过程中生命周期目标会有较大区别。连铸机是钢铁工业中常见的生产设备，不同的连铸机在运转过程中，所需的基础资源不同，生命周期各项目标就会有不同的体现。在满足功能的条件下，合理选择工业产品生产设备是工业产品生命周期目标优化的重要环节。

3）工艺参数对工业产品生命周期目标的影响

确定了工业产品的成型方法和成型设备后，就要对工业产品成型各工序的工艺参数进行选择，工业产品生产过程的工艺参数主要是成型设备的工艺参数。工业产品生命周期目标受工艺参数选择的影响。同样的工业产品，工艺参数不同，生命周期目标也不同，三者相互联系、彼此影响，选择最优组合是服务于碳中和的工业产品生命周期设计的内在要求。

工业产品生产阶段的生命周期目标变化主要由工业产品尺寸设计、工业产品生产过程和制造系统决定。在现代工业系统中，工业产品生产过程可以根据现有制造条件进行确定，制造系统则比较复杂。可以根据工业产品生产过程中各加工过程阶段分析相应生命周期目标函数，最后合成。工业产品生产阶段目标为：

$$T_{cf} \approx \sum_{k=1}^{c}\left(T_{cf,k}\right) = \sum_{k=1}^{c}\left(m_k T_{PCF,k}\right)/\lambda \qquad (7\text{-}15)$$

式中，$T_{cf,k}$ 为生产过程 k 中产生的目标；m_k 为生产过程 k 中加工的质量，$m = \rho v$，ρ 是密度，v 是体积，是工业产品尺寸的体现，v 有多种表达方式，工业产品尺寸必然表现在其中，例如，$v = ldh$，l 表示长，d 表示宽，h 表示高，分别代表工业产品尺寸；$T_{PCF,k}$ 为加工单位质量工业产品 k 产生的目标；λ 为目标效率。当工业产品生产信息充分时，可以在设计过程中对工业产品尺寸对应的 T_{cf} 进行准确计算。

3. 工业产品运输阶段生命周期目标量化

工业产品运输阶段是将已经生产完工的工业产品运输到使用位置的阶段。工业产品占有一定的运输空间，单个工业产品占有的空间由工业产品尺寸决定，在运输方式和运输体积一定的条件下，工业产品尺寸决定运输量，同时决定生命周期目标。当出现多种运输方法的情况时，可以建立多目标决策模型，从而进行运输方式选择。工业产品运输阶段目标为：

$$T_D \approx \sum_{k=1}^{c}\left(T_{D,k}\right) = \sum_{k=1}^{c}\left(m_k T_{PD,k}\right)/\lambda \qquad (7\text{-}16)$$

式中，T_D 为运输过程 k 中产生的目标；m_k 为运输过程 k 中运输的质量，$m = \rho v$，ρ 是密度，v 是体积，是工业产品尺寸的体现，v 有多种表达方式，工业产品尺寸必然表现在其中，例如，$v = ldh$，l 表示长，d 表示宽，h 表示高，分别代表工业产品尺寸；$T_{PD,k}$ 为运输单位质量工业产品 k 产生的目标；λ 为目标效率。当工业产品运输信息充分时，可以在设计过程中对工业产品对应的 T_D 进行准确计算。

4. 工业产品使用阶段生命周期目标量化

工业产品使用阶段是对工业产品进行使用的阶段。在工业产品使用阶段，工业产品尺寸可能会发生变化，使用过程各有差异。使用过程中有的变为其他尺寸继续使用，有的随着使用过程的持续导致产品功能损坏——产品尺寸变化是产品功能损坏的重要表现，所以说产品使用是工业产品尺寸变化的阶段之一。影响工业产品使用阶段生命周期目标的因素有很多，工业产品尺寸设计、如工业产品使用阶段工艺规划、工业产品使用阶段设备参数等都会其产生巨大影响。

工业产品使用阶段生命周期目标根据工业产品使用过程具体确定，使用过程变为其他尺寸继续使用的阶段目标是：

$$T_{\text{USE}} \approx \sum_{k=1}^{c} \left(T_{\text{USE},k} \right) = \sum_{k=1}^{c} \left(m_k T_{\text{PUSE},k} \right) / \lambda \qquad (7\text{-}17)$$

式中，T_{USE} 为使用过程 k 中产生的目标；m_k 为使用过程 k 中使用的质量，$m = \rho v$，ρ 是密度，v 是体积，是工业产品尺寸的体现，v 有多种表达方式，工业产品尺寸必然表现在其中，例如，$v = ldh$，l 表示长，d 表示宽，h 表示高，分别代表工业产品尺寸；$T_{\text{PUSE},k}$ 为使用单位质量工业产品 k 产生的目标；λ 为目标效率。当工业产品使用信息充分时，可以对设计工业产品的 T_{USE} 进行准确计算。

5. 工业产品回收阶段工业产品生命周期目标的影响

工业产品回收阶段是工业产品生命周期过程的最后一个阶段。工业产品的回收对于一个工业产品来说是一个重要的事件，是一个决策的过程。工业产品回收是一个复杂的过程，主要是材料回收的过程，回收时的工业产品尺寸是决定剩余材料数量的重要因素，由于回收时的工业产品尺寸在设计时无法准确预估，因此工业产品回收阶段工业产品尺寸对生命周期目标的影响在设计时无法准确预估。

综上所述，将式（7-14）至式（7-17）代入式（7-13），可以得到工业产品生命周期目标量化公式。并根据所提出的目标设计因子识别与提取方法，对工业产品生命周期的目标设计因子进行识别。首先，依据目标影响因素三坐标识别模型进行目标影响因素识别，X 轴是对生命周期各阶段目标定量的描述，Y 轴对生命周期包含的目标类别进行描述，Z 轴对应尺寸元级别。根据工业产品生命周期目标影响因素三坐标识别模型，在材料选定的基础上，工业产品尺寸对生命周期目标影响量化可以看作对应设计级别为整体级，则目标影响因素三坐标识别模型转化为二维平面量化识别模型，全局目标量化公式中的影响因素也是整体级的目标影响因素；其次，当工业产品给定时，工业产品全生命周期目标量化模型已经确定，影响工业产品生命周期目标的重要因素及其重要阶段可以依据"The Most of The Most"判定原则找出；最后，量化全生命周期目标公式中的参数，对工业产品目标定量分析，按生命周期阶段公式量化表达，公式所包含的参数变量为影响并决定工业产品生命周期目标的最高层次目标设计因子集。

第 8 章

服务于碳中和的工业产品生命周期设计

服务于碳中和的工业产品设计是以服务于碳中和的工业产品设计框架、服务于碳中和的工业产品设计建模、工业产品设计目标因子提取与目标量化研究为指导的，结合现代优化设计理论、评价方法对产品设计过程进行优化、选择。服务于碳中和的工业产品设计通过实验进行产品设计，并就工业产品生命周期设计的生命周期目标与传统工业产品设计进行对比。

8.1 工业产品生命周期设计需求分析

服务于碳中和的工业产品生命周期设计扩展了传统工业产品设计的范畴，涉及的设计因素更多，要求的知识范围更广，大大增加了设计的难度。对服务于碳中和的工业产品生命周期进行设计，首先需要进行工业产品生命周期需求分析，清楚地将需求表达出来，并将需求传递到整个设计过程中，有效地进行工业产品设计目标定义，明确设计需求，量化设计目标和约束。

案例 8-1

为了验证服务于碳中和的工业产品生命周期设计模型，在设计准则的指导下，以棒材产品在减速器轴上的使用为例进行棒材生命周期设计。棒材是典型的机械产品，生命周期过程涉及钢铁制造成型、机械加工过程，对棒材使用过程为轴类的工业产品进行生命周期的设计具有较强的代表性。

根据工业产品使用用途从生命周期角度对工业产品进行设计，工业产品由于用途不同，设计存在或大或小的区别，服务于碳中和的工业产品生命周期设计有差异。因此，研究服务于碳中和的工业产品生命周期设计模型，将工业产品设计模型应用到不同工业产品设计过程中是必然趋势。假设设计的工业产品使用阶段完成后尺寸如图 8.1 所示，棒材及棒材使用后主要承受扭矩，几乎不承受弯矩，数量为 10000 个，图 8.1 中的尺寸为工业产品棒材使用后的尺寸，是设计使用的基础，工业产品设计尺寸必然以此为基础，工业产品使用阶段设备为机床，根据工厂实际情况机床选择 C6140，设计工业产品棒材保证生命周期目标最优。

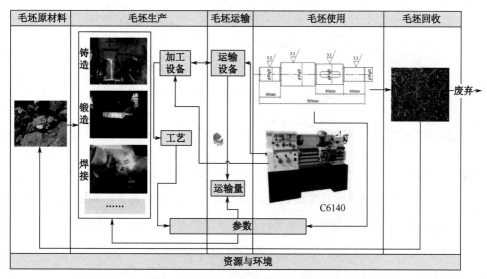

图 8.1　工业产品使用阶段完成后尺寸

8.2　工业产品生命周期设计材料选择

工业产品材料是影响生命周期过程和生命周期目标的重要因素。材料是最高层目标设计因子，根据前文分析，现代工业产品设计中的工业产品材料需要满足多方面要求，工业产品材料选择属于多属性决策过程，属性权重的确定是大部分多属性决策方法都涉及的问题，一般可分为主观赋权法和客观赋权法。为兼顾决策者对属性的偏好，并尽力减小赋权的主观随意性，进而使决策结果更加客观，因此选择组合赋权层次分析法进行材料选择。按照目标层、准则层和方案层的形式建立决策模型。准则层主要考察工业产品材料功能性能、经济性能、环境性能这三个因素，将这三个因素组成因素集，设计方案指标的集合为 $V = \{v_1, v_2, v_3\}$，v_1 是经济性能，v_2 是环境性能，v_3 是功能性能，如图 8.2 所示，建立工业产品材料选择决策模型。

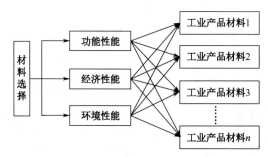

图 8.2　工业产品材料选择决策模型

1. 相对熵确定各因素的权重

为反映各指标对工业产品重要程度的差异，故对各指标赋予权重。工业产品材料选择对工业产品整个生命周期目标有重要影响。因此，不可能随机确定影响因素的权重，需要用多个因素组成一个有机的整体，除了符合统计学的基本规范，还必须遵循以下原则：①科学性原则。指标权重确定一定要建立在科学的基础上，权重必须明确，并且有一定的科学内涵，能够度量和反映绿色材料选择的现状及其发展趋势；②差异性原则。从整体上看应尽可能地体现各因素之间影响的差异，使之最大限度地拉开档次，以利于排序；③趋势性原则。因素权重的确定应该根据国家发展趋势而有所侧重；④针对性原则。指标权重的确定需要符合工业产品要求，应该针对工业产品材料选择发展面临的主要共性问题。总之，在设置影响因素指标权重时，必须坚持科学性、差异性、趋势性和针对性的统一，从整体、系统、科学的角度出发设置每个因素权重。

同时，每个专家在专家组发言中所占比例也不同，用 $Q = \{q_1, q_2, \cdots, q_k\}$ 表示参与方案讨论的专家，用集合 $W = \{w_1, w_2, \cdots, w_m\}$ 表示各专家在专家组所占权重，其中 w_i 对应的是第 i 个专家的权重，且满足 $\sum\limits_{i=1}^{m} w_i = 1$；用 X_{ij} 表示专家 q_i 对指标 v_j 的评判值；最后用 $W_g = \{w_{g1}, w_{g2}, \cdots, w_{gn}\}^T$ 表示专家组对各指标权重的统一结果。

在各位专家提供信息时，首先采用匿名方式征询有关专家的意见，对专家意见进行统计、处理、分析和归纳，在每位专家意见都在合理预估区间的条件下，各专家对每个指标属性进行重要性评判，其中 X 的数值越大，表示该属性越重要，得到评判矩阵

$$\boldsymbol{X} = \begin{pmatrix} x_{11} & \cdots & x_{1n} \\ \vdots & \ddots & \vdots \\ x_{k1} & \cdots & x_{kn} \end{pmatrix} \tag{8-1}$$

将矩阵 $\boldsymbol{X}$ 标准化，得到标准化评判矩阵 $\boldsymbol{B}$，

$$\boldsymbol{B} = \begin{pmatrix} b_{11} & \cdots & b_{1n} \\ \vdots & \ddots & \vdots \\ b_{k1} & \cdots & b_{kn} \end{pmatrix} \tag{8-2}$$

在考虑各位专家所在专家组权重的前提下，当最终主观权重向量与每位专家所给的主观权重向量的相对熵趋于最小化时，最终主观向量 $\boldsymbol{W}_g^* = \{w_{g1}^*, w_{g2}^*, \cdots, w_{gn}^*\}^T$ 可以代表专家组的最终意见。据此，建立权重计算相对熵模型：

$$\begin{cases} \min Q(W_g) = \sum\limits_{i=1}^{m} w_i \sum\limits_{j=1}^{n} \left(\lg w_{gi} - \lg \dfrac{x_{ij}}{\sum\limits_{j=1}^{n} x_{ij}} \right) w_{gj} \\ \text{s.t.} \sum\limits_{j=1}^{n} w_{gi} = 1, w_{ji} > 0 \end{cases} \tag{8-3}$$

对相对熵模型进行求解，令

$$b_{ij} = \frac{x_{ij}}{\sum\limits_{j=1}^{n} x_{ij}} \tag{8-4}$$

解得各指标权重

$$w_{gj}{}^{*} = \frac{\prod\limits_{i=1}^{m}(b_{ij})^{w_i}}{\sum\limits_{j=1}^{n}\prod\limits_{i=1}^{m}(b_{ij})^{w_i}}, j = 1, 2, \cdots, n \qquad (8\text{-}5)$$

2. 熵权法修正指标权重

熵是系统无序程度的一个度量，在热力学中表示做功能力的损失。将其应用于工业产品生命周期设计材料选择流程中，考虑到不同指标所占的客观权重是不同的，传递的信息量也不同，某项性能指标携带的信息量越大，表示该性能指标对工业产品选择决策的作用就越大。为得到客观的指标权重，各指标的熵权通过熵权法计算，专家组赋予的指标权重通过计算进行修正。

（1）定义熵：第 j 个指标的熵定义为

$$H_j = -k\sum\limits_{i=1}^{m}f_{ij}\ln f_{ij}, j = 1, 2, \cdots, n \qquad (8\text{-}6)$$

式中，$k = 1/\ln m$，$f_{ij} = \dfrac{r_{ij}}{\sum\limits_{j=1}^{n}r_{ij}}$。其中，$r_{ij}$ 为指标实际数值，m 为材料种类数。

（2）熵权计算：定义了第 j 个指标的熵后，可以得到第 j 个指标的熵权定义为

$$\beta_j = \frac{1 - H_j}{n - \sum\limits_{j}^{n}\beta_j} \qquad (8\text{-}7)$$

式中，n 为指标个数，$0 \leqslant \beta_j \leqslant 1$，$\sum\limits_{j=1}^{n}\beta_j = 1$。

（3）指标最终权重：方案各指标的最终权重为 $\alpha = \{\alpha_1, \alpha_2, \cdots, \alpha_n\}$。其中，$\sum\limits_{j=1}^{n}\alpha_j = 1$，指标 j 的综合权重为

$$\alpha_j = \frac{\beta_j w_{gj}{}^{*}}{\sum\limits_{j=1}^{n}\beta_j w_{gj}} \qquad (8\text{-}8)$$

3. 确定各材料得分

求得各指标的最终综合权重后，利用成对比较法求得方案层对准则层各指标的权向量 $\boldsymbol{w}_k$，通过计算可得各工业产品材料的最终得分情况 $\boldsymbol{e} = \boldsymbol{w}_k \times \boldsymbol{\alpha}$，其中 $\boldsymbol{e} = \{e_1, e_2, \cdots, e_n\}$，按照分数大小可以区分在工业产品材料选择中的优劣情况。

4. 处理材料信息

材料性能相关数据如表 8.1 所示。

表 8.1 材料性能相关数据

材料	经济性	环境性	功能性
45 钢	2.4	2.4	2.1
20CrMnTi	0.7	0.8	0.9
38CrMoAl	0.8	0.8	0.7
40Cr	1.2	1.0	1.1
QT600-3	2.5	2.2	1.8

5. 确定各指标权重

在各位专家判断均合理的情况下，由三位专家根据个人判断对这三个指标进行打分，如矩阵 $\boldsymbol{X}$ 所示：

$$\boldsymbol{X} = \begin{pmatrix} 0.9 & 0.4 & 0.6 \\ 0.7 & 0.5 & 0.9 \\ 0.9 & 0.8 & 0.6 \end{pmatrix}$$

将矩阵 $\boldsymbol{X}$ 标准化，得到标准化评判矩阵 $\boldsymbol{B}$：

$$\boldsymbol{B} = \begin{pmatrix} 0.14 & 0.06 & 0.10 \\ 0.11 & 0.08 & 0.14 \\ 0.14 & 0.13 & 0.10 \end{pmatrix}$$

依据权重计算方法并结合实际情况得到本次专家权重 $\boldsymbol{W} = \{0.50, 0.37, 0.13\}$，依据相对熵原理，运用式（8-1）～式（8-3）可得到专家组主观权 $\boldsymbol{W}_g = \{0.516, 0.149, 0.335\}^T$，通过式（8-4）～式（8-6）可得到熵权 $\boldsymbol{\beta} = \{0.309, 0.336, 0.355\}^T$，对 $\boldsymbol{W}_g$ 进行客观修正，可得到各指标最终权重 $\boldsymbol{\alpha} = \{0.485, 0.153, 0.362\}^T$。

6. 确定最优工业产品材料

各指标的最终权重将通过优选过程获得。依据表 8.1 中 5 种工业产品材料的相关数据，利用成对比较法求得方案层对准则层每一个指标的权向量 w_k，计算结果如表 8.2 所示。

表 8.2　计算结果

k	经济性	环境性	功能性
	0.288	0.333	0.348
	0.100	0.111	0.130
w_k	0.110	0.111	0.101
	0.164	0.139	0.159
	0.342	0.306	0.261

最后，通过计算可以得到各材料的分值：

$$e = w_k \times \boldsymbol{\alpha} = (0.317, 0.113, 0.107, 0.158, 0.307)$$

材料综合性能对比：45 钢>QT600-3>40Cr>20CrMnTi>38CrMoAl，因此，45 钢是最适合做工业产品的材料。

8.3　工业产品棒材生命周期设计尺寸优化设计

在棒材产品设计过程中，假定棒材生产企业和棒材使用企业在管理上完全遵守服务于碳中和的企业管理模型。

工业产品尺寸在很大程度上决定着工业产品的生命周期过程和生命周期目标，传统的工业产品尺寸是基于工业产品使用阶段静态信息结合生产条件设计的，未能从全生命周期考虑；而工业产品生命周期尺寸是在生命周期全过程分析的基础上，基于生命目标设计因子提取与目标量化研究，从生命周期目标的角度进行设计的。

在进行工业产品尺寸设计时，对工业产品全生命周期目标进行计算是非常困难的，任务量非常大，而且有些阶段的技术非常成熟，无须改变，如材料选择阶段，有些阶段的信息事先无法预估，如工业产品回收阶段，回收原因多样，剩余材料无法准确预估。因此，实际设计时，主要根据可以在设计时预先计算且对生命周期过程和生命周期目标产生重大影响的生命周期阶段进行优化计算，获得生命周期性能最佳的工业产品尺寸。

1. 目标重要影响因素和目标重要影响阶段

工业产品的生命周期目标与工业产品尺寸紧密联系，根据工业产品目标影响因素三坐标识别模型分析，可将工业产品目标影响因素识别转化为 XOZ 平面。可将图 7.5 视为 Z 轴方向的展开。以工业产品径向尺寸设计为例进行分析，设计级别和目标类型均确定。该模型则转化为最基础的 X 坐标轴，而这种情况经常出现，具有很强的实际运用意义。

在进行工业产品尺寸设计时，根据"The Most of The Most"原则确定工业产品生产工艺、工业产品生产设备、工业产品生产参数、工业产品使用工艺、工业产品使用设备、工业产品使用设备参数。该原则对工业产品生命周期目标影响巨大，目标重要影响阶段为工业产品生产阶段和工业产品使用阶段。根据第 7 章工业产品材料选择模型，在常规材料一定的情况下，工业产品生产工艺、工业产品生产设备可选范围相对不大。对于钢铁材料，制造工艺为钢铁连铸，主要设备为连铸机，将连铸机连铸出的钢坯进行热轧，选择的钢坯尺寸为 165mm×165mm。轧钢设备及工艺数据来自国内某钢铁企业实际生产数据，根据轧制工艺特点进行分析并优化轧制过程，针对轧制过程的优化已经开展广泛研究。

加工设备为：①某钢铁企业线材厂连轧机，主轧线布置 22 架轧机，分为粗轧、中轧和精轧机组，各轧机组均由一台直流电机单独传动，轧机为平立交替布置。使用的坯料为 165mm×165mm 的 45 钢，轧机组采用 4-6-6-6 方式。②工业产品使用工艺为车削，设备为 C6140。目标重要影响因素是轧机各孔型的宽度 B、高度 H、圆弧半径 R、外圆角半径 r，以及车床加工参数，即切削速度 v_c、进给量 f、背吃刀量 a_{sp}。

2. 目标设计因子表达

基于服务于碳中和的工业产品生命周期设计目标体系与实际情况，本案例中选取对工业产品尺寸有实际影响作用且可以预计的生命周期阶段能耗和生命周期阶段经济性输出指标成本为目标。

1）设计变量确定

在工业产品生命周期过程中，工业产品生产阶段参数、工业产品使用阶段参数都对工业产品尺寸及生命周期目标有重要影响。在选择合适坯料的基础上，设计模型的变量为轧制工艺参数和车削工艺参数。棒材采用连续轧制，一般分为粗轧、中轧和精轧机组，车削常用加工方式为粗加工。以轧制和车削加工总能耗最小和经济成本最低为目标，优化变量具体包括：棒材轧制加工参数，即轧机各孔型的宽度 B、高度 H、圆弧半径 R、外圆角半径 r，以及棒材车削加工参数，即切削速度 v_c、进给量 f、背吃刀量 a_{sp}。

2）目标函数量化

轧制加工参数：

B 表示各孔型的宽度，$B = [B_1, B_2, \cdots, B_{22}]$；

H 表示各孔型的高度，$H = [H_1, H_2, \cdots, H_{22}]$；

R 表示圆弧半径，$R = [H_1, H_2, \cdots, H_{22}]$；

r 表示外圆弧半径，$r = [r_1, r_2, \cdots, r_{22}]$；

由此可得，$X = [x_1, x_2, \cdots, x_{22}]$。

以能耗、成本为目标对工业产品生产、使用过程进行优化。在加工设备一定的条件下，加工能耗分为生产阶段的能耗和使用阶段的能耗。

$$E = E_Z + E_U \tag{8-9}$$

式中，E 为工业产品生产、使用阶段总能耗，E_Z 为工业产品生产阶段的轧制加工能耗，E_U 为工业产品使用阶段的车削加工能耗。

轧制加工能耗 E_Z 的表达式为：

$$E_Z = \sum_{t=1}^{n} q_t = \sum_{t=1}^{n} M_t v_t \tau_t / D_t \tag{8-10}$$

式中，M_t 为第 t 道的轧制力矩；v_t 为第 t 道的轧制速度；τ_t 为第 t 道的轧制时间；D_t 为第 t 道的轧辊工作直径；q_t 为第 t 道次的轧制能耗；n 为轧制道次。由原料到成品共轧制 n 道次，应使总的轧制能耗最小，这样才能达到节能、降低生产成本的目的。轧制道次 n 是与轧制总延伸系数和平均延伸系数有关的变量，其中总延伸系数为 u_z，平均延伸系数为 u_p，表达式为：

$$n = \frac{\log(u_z)}{\log(u_p)} \tag{8-11}$$

$$u_z = \frac{F_o}{F_n} = \frac{\left(a_t A_t\right)^2 - 0.86\left(0.1 a_t A_t\right)^2}{\pi (D a_{tt})^2 / 4} \tag{8-12}$$

式中，a_t 为热胀系数；A_t 为钢坯边长，单位为 mm；D 为工业产品直径，单位为 mm；F_o 为红坯断面面积，单位为 mm^2；F_n 为成品与热状态断面面积，单位为 mm^2。车削加工能耗 E_U 的表达式为：

$$E_U = E_s + E_K + E_M \tag{8-13}$$

式中，E_s 为机床启动能耗，E_K 为机床空载能耗，E_M 为机床加工能耗。

$$E_U = p_0 t_1 + \left(p_0 + (1+a_1) \frac{C_{Fc}\left(\frac{D-d}{2}\right)^{x_{Fc}} f^{y_{Fc}} v_c^{n_{Fc}} K_{Fc} v_c}{6 \times 10^4} + a_2 \left(\frac{C_{Fc}\left(\frac{D-d}{2}\right)^{x_{Fc}} f^{y_{Fc}} v_c^{n_{Fc}} K_{Fc} v_c}{6 \times 10^4} \right)^2 \right) t_2 +$$

$$p_0 t_3 \left(\frac{t_2}{T}\right) + y_E \left(\frac{t_2}{T}\right) \tag{8-14}$$

式中，p_0 为材料切除功率；t_1 为空载时间；t_2 为切削时间；a_1 和 a_2 为负载荷载损失系数；C_{Fc}、x_{Fc}、y_{Fc}、n_{Fc} 为与工件材料和切削条件有关的系数；y_E 为切削刃的平均能量；T 为刀具寿命；d 为工业产品被使用后的尺寸。

对工业产品尺寸有实际影响作用且可以预计的生命周期阶段能耗为 E，由式（8-10）～式（8-14）可得。

$$E = \sum_{t=1}^{n} M_t v_t \tau_t / D_t + p_0 t_1 +$$

$$\left(p_0 + (1+a_1) \frac{C_{Fc}\left(\frac{D-d}{2}\right)^{x_{Fc}} f^{y_{Fc}} v_c^{n_{Fc}} K_{Fc} v_c}{6 \times 10^4} + a_2 \left(\frac{C_{Fc}\left(\frac{D-d}{2}\right)^{x_{Fc}} f^{y_{Fc}} v_c^{n_{Fc}} K_{Fc} v_c}{6 \times 10^4} \right)^2 \right) t_2 +$$

$$p_0 t_3 \left(\frac{t_2}{T}\right) + y_E \left(\frac{t_2}{T}\right) \tag{8-15}$$

钢坯轧制过程碳排放函数：

钢坯热轧制过程中产生的碳排放可分为两个部分，即轧机使用电力产生的碳排放和钢坯轧制等待过程中由温降引发的碳排放，可分别表示如下：

$$C_Z = \alpha E_Z = \theta \sum_{t=1}^{n} M_t v_t \tau_t / D_t \qquad (8\text{-}16)$$

$$C_T = \varphi \sum_{i=0}^{m-1} \left[x_{i+1} - (x_i + t_i) \right] \qquad (8\text{-}17)$$

式中，C_Z 为轧机使用电力产生的碳排放；C_T 为钢坯轧制等待过程中由温降引发的碳排放；m 为钢铁厂轧制钢坯的总数量；θ 为能耗碳排放系数；φ 为温降碳排放系数；x_i 表示钢坯 i 开始轧制的时间；t_i 为钢坯 i 进行轧制所需要的时间。

切削加工过程碳排放函数：

一个工序加工过程的加工工时包括切削时间、换刀时间和工序辅助时间。W 是最短加工工时的切削用量。加工过程时间函数的数学模型可表示为：

$$T_P = t_m + t_{ct} \frac{t_m}{T} + t_{ot} \qquad (8\text{-}18)$$

$$t_m = \frac{t_w \Delta}{r f a_{sp}} = \frac{\pi d_0 L_w \Delta}{1000 v_c f a_{sp}}$$

泰勒广义刀具耐用度的计算公式为：

$$T = \frac{C_T}{v_c^x f^y a_{sp}^z} \qquad (8\text{-}19)$$

切削加工过程时间函数的表达式为：

$$T_P = t_m + t_{ct} \frac{t_m}{T} + t_{ot} \quad T_P = \frac{\pi d_0 L_w \Delta}{1000 v_c f a_{sp}} + \frac{t_{ct} \pi d_0 L_w \Delta v_c^{x-1} f^{y-1} a_{sp}^{z-1}}{1000 C_T} + t_{ot} \qquad (8\text{-}20)$$

切削加工过程的碳排放主要包括加工过程消耗原材料引起的碳排放 C_m、消耗电能引起的碳排放 C_e、加工过程中所用辅助物料及由加工过程产生切屑的后期处理引起的碳排放。

$$C_p = 0.6747 \times \left\{ \begin{array}{l} \left[P_{uo} + A_1 \left(\dfrac{1000v_c}{\pi d_0} \right) + A_2 \left(\dfrac{1000v_c}{\pi d_0} \right)^2 \right] \times \\ T_P + 1.2 C_{Fc} a_{sp}^{x_{Fc}} f^{y_{Fc}} K_{Fc} v_c^{(n_{Fc}+1)} t_m \end{array} \right\} + \tag{8-21}$$

$$29.6 \frac{t_m}{T_t} W_t + \frac{T_P}{T_c} \{ 2.85 \times (C_C + A_C) + 0.2[(C_C + A_C) / \delta] \}$$

式中，C_p 为总碳排放；P_{uo} 为最低空载功率；v_c 为切削速度；A_1 和 A_2 为主轴转速系数；K_{Fc}、C_{Fc}、x_{Fc}、y_{Fc}、n_{Fc} 为与工件材料和切削条件有关的系数，负载载荷损耗系数常常凭经验取常数 0.15～0.25；t_m 是工序切削时间；T_t 为刀具寿命；T_p 为数控机床加工过程时间段；n 为主轴转速；d_0 为工件直径；f 为进给量；C_T 为与切削条件有关的常数；x、y、z 为刀具寿命系数；C_C 为使用切削液产生的碳排放；δ 为切削液浓度；A_C 为附加切削油用量，T_c 为切削液更换周期。

3．约束条件

工业产品尺寸的优化取值受生产过程设备、使用过程设备及相关要求等多方面的限制，需要在限定条件内取值。

（1）工业产品生产过程要求：

① 咬入条件。要使轧件顺利地进入轧辊，轧件的实际咬入角应小于轧机孔型的最大咬入角，即：

$$\alpha \leqslant \alpha_{\max} \tag{8-22}$$

式中，α、$\alpha_{\max}$ 分别为实际咬入角和最大咬入角。

② 孔型中轧件的稳定性条件：

$$\beta_{\min} < \beta < \beta_{\max} \tag{8-23}$$

式中，β、$\beta_{\min}$、$\beta_{\max}$ 分别为非等轴断面轧制比、最小允许轴比和最大允许轴比。

③ 电机能力。轧机主电机在轧制过程中不过热、不过载。

④ 轧机能力。满足轧机的最大允许轧制力、最大允许轧制力矩、最小允许轧制速度和最大允许轧制速度的要求，保证轧辊、传动系统的强度要求，并且满足轧机的调速范围。

⑤ 轧件充满条件。要使轧件断面形状正确地实现，需要满足孔型的充满度要求。

（2）工业产品使用过程要求：

① 转速限制。转速参数选择必须满足速度要求，即

$$\frac{\pi d_0 n_{min}}{1000} \leqslant v \leqslant \frac{\pi d_0 n_{max}}{1000} \tag{8-24}$$

式中，n_{min}、n_{max} 分别为机床主轴极限转速。

② 进给量约束。进给量需要满足机床要求，即：

$$f_{min} \leqslant f \leqslant f_{max} \tag{8-25}$$

式中，f_{min}、f_{max} 分别为机床允许的极限值。

③ 切削力约束。切削力需要在规定范围内，即：

$$F \leqslant F_{max} \tag{8-26}$$

式中，F_{max} 为最大进给力。

④ 功率约束。功率在允许范围内，即：

$$P \leqslant \eta P_{max} \tag{8-27}$$

式中，η 为功率有效系数，P_{max} 为最大有效切削功率。

⑤ 加工质量约束。表面粗糙度需要符合要求，即：

$$R \leqslant R_{max} \tag{8-28}$$

式中，R 为加工后的表面粗糙度，R_{max} 为零件表面粗糙度允许最大值。

4. 优化方法

解决多目标优化问题有多种方法，遗传算法是其中应用最广泛、效果比较突出的方法之一。采用遗传算法对能耗和成本目标模型进行优化，具体设置如下：交叉方法采用模拟二进制交叉，交叉系数取 20；变异方法为多项式变异，变异分布系数为 20；交叉概率为 1，变异概率为 1/2；最大遗传代数 maxG=1000，种群规模 N=100。运行过程中，遗传代数为100。

5．结果（见图 8.3～图 8.8）

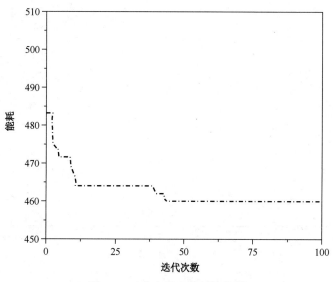

图 8.3　工业产品 1 能耗迭代图

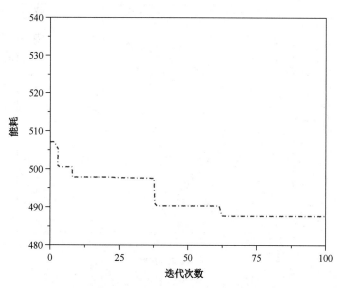

图 8.4　工业产品 2 能耗迭代图

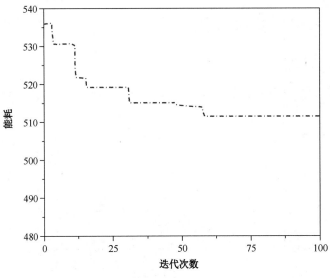

图 8.5 工业产品 3 能耗迭代图

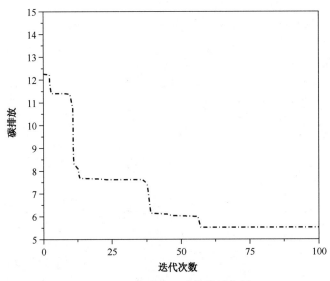

图 8.6 工业产品 1 碳排放迭代图

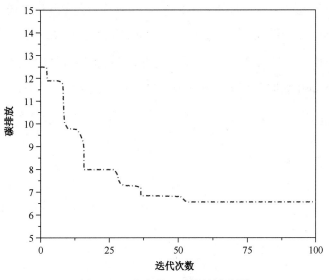

图 8.7　工业产品 2 碳排放迭代图

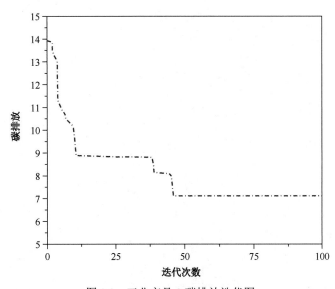

图 8.8　工业产品 3 碳排放迭代图

碳中和：工业产品优化设计

从图 8.5～图 8.8 可以明显地看出，通过遗传算法模拟，生命周期目标函数最优值为 460.82,5.52，此时工业产品 1（尺寸为Φ53.7），对应的工艺参数可以通过后台程序查询，此值为理论最优值。工业产品 2（尺寸为Φ53）和工业产品 3（尺寸为Φ55）的最优值分别为 487.7,6.56 和 511.5,7.11。在碳排放方面，从图 8.6～图 8.8 可以明显地看出，工业产品 1 在生命周期过程中碳排放明显少于工业产品 2 和工业产品 3。

参 考 文 献

[1] 薛惠锋. 全球视野下的中国资源环境问题[J]. 环境经济，2008(4):40-44.

[2] 韩永滨，曹红梅. 我国化石能源与可再生能源协同发展的技术途径与政策建议[J]. 中国能源，2014, 36(4):25-29.

[3] 孙凯. "人类世"时代的全球环境问题及其治理[J]. 人民论坛·学术前沿，2020(11): 43-49.

[4] 张驰枫. 资源环境问题与我国生态安全[J]. 绿色环保建材，2018(6):33-35.

[5] 张梦燃. 碳中和愿景下中国减排路径研究[J]. 北方经济，2022(3):47-50.

[6] 翟万江. 实施"双碳"战略 助力绿色发展——国内外碳达峰碳中和标准体系梳理[J]. 中国科技产业，2022(6):26-31.

[7] 曲建升，陈伟，曾静静，等. 国际碳中和战略行动与科技布局分析及对我国的启示建议[J]. 中国科学院院刊，2022, 37(4):444-458.

[8] 高丽敏. 资源型城市循环经济发展的可持续性研究——以甘肃省嘉峪关市为例[D]. 兰州：兰州大学，2007.

[9] 孔海花，武志军，于林青. 制造业现场管理体系的构建及其要点分析研究[J]. 科技管理研究，2014, 34(12):174-178, 184.

[10] 杨雷，杨秀. 碳排放管理标准体系的构建研究[J]. 气候变化研究进展，2018, 14(3): 281-286.

[11] 赵腾飞. "双碳"目标与企业碳管理体系[J]. 中国质量，2021(12):41-44.

[12] 李晓亮. 中国碳交易体系构建及发展路径研究[D]. 昆明：云南大学，2012.

[13] 张瑾华，陈强远. 碳中和目标下中国制造业绿色转型路径分析[J]. 企业经济，2021，40(8):36-43.

[14] 毕洁. 基于碳排放价值链的企业绩效评价体系研究[D]. 北京：首都经济贸易大学，2016.

[15] 赵广华. 产业集群供应链协同管理体系构建[J]. 科技进步与对策，2010, 27(18):53-56.

[16] 张瑾华，陈强远. 碳中和目标下中国制造业绿色转型路径分析[J]. 企业经济，2021，40(8):36-43.

[17] 张凡，王树众，李艳辉，等. 中国制造业碳排放问题分析与减排对策建议[J]. 化工进展，2022, 41(3):1645-1653.

[18] 纪玉俊，廉雨晴. 制造业集聚、城市特征与碳排放[J]. 中南大学学报（社会科学版），2021, 27(3):73-87.

[19] 王霞，张丽君，秦耀辰，等. 中国制造业碳排放时空演变及驱动因素研究[J]. 干旱区地理，2020, 43(2):536-545.

[20] 曲晨瑶，李廉水，程中华. 中国制造业行业碳排放效率及其影响因素[J]. 科技管理研究，2017, 37(8):60-68.

[21] 贾明，向翼，刘慧，等. 中国企业的碳中和战略：理论与实践[J]. 外国经济与管理，2022，44(2):3-20.

[22] 郝海青，毛建民.《巴黎协定》下中国"可监测、可报告、可核查"技术管理体系的构建[J]. 科技管理研究，2016, 36(16):262-266.

[23] 涂建明，李晓玉，郭章翠. 低碳经济背景下嵌入全面预算体系的企业碳预算构想[J]. 中国工业经济，2014(3):147-160.

[24] 张亚连，张凤. 构建企业碳资产管理体系的思考[J]. 环境保护，2013, 41(8):46-47.

[25] 柳冠中. 中国工业设计产业结构机制思考[J]. 设计，2013(10):158-163.

[26] 唐林，邹慧君. 机械产品方案的现代设计方法及发展趋势[J]. 机械科学与技术，2000，19(2):192-196.

[27] 金磊. 设计生产力与设计革命的思考[J]. 科技进步与对策，1992, 9(6):14-16.

[28] 邓嵘. 关于产品设计与工业设计教学专业特色发展的思考——以江南大学设计学院教学改革为例[J]. 设计，2017(24):118-119.

[29] 胡文杰. 工业产品设计[M]. 南宁：广西美术出版社，2003.

[30] 颜俊鹏. 试论产品设计的结构优化技术应用对策[J]. 新型工业化，2020, 10(10):32-33.

[31] 刘佳. 工业产品设计与人类学[M]. 北京：中国轻工业出版社，2007.

[32] 刘大帅. 基于顾客需求分析及公理化设计的产品概念设计方法研究[D]. 贵阳：贵州大学，2020.

[33] SALMEN P S. 普适设计和可及性设计[J]. 装饰，2008 (10):16-19.

[34] 王儒. 基于知识的产品设计决策过程建模方法研究[D]. 北京：北京理工大学，2018.

[35] 闻邦椿. 基于系统工程的产品设计 7D 规划及 1+3+X 综合设计法[J]. 东北大学学报（自然科学版），2008(9):1217-1223.

[36] 侯守明. 面向大批量定制的快速响应设计若干关键技术研究[D]. 沈阳：东北大学，2010.

[37] 安蔚瑾. 面向大批量定制的企业定制能力评价及定制诊断研究[D]. 天津：天津大学，2009.

[38] 董晓岩. 基于可靠性品质的快运产品设计问题的研究[D]. 北京：北京交通大学，2011.

[39] 王娟丽. 基于 QFD 的概念设计方法研究[D]. 杭州：浙江大学，2011.

[40] 金凤明. 产品设计过程可靠性增长技术应用研究[D]. 北京：机械科学研究总院，2012.

[41] 赵燕伟. 智能化概念设计的可拓方法研究[D]. 上海：上海大学，2005.

[42] 蒋雯. 产品创新设计理论与方法综述[J]. 包装工程，2010, 31(2):130-134.

[43] 荆洪英，张利，闻邦椿. 产品设计理论与方法研究综述[J]. 机械科学与技术，2009, 28(8):999-1004.

[44] 尹杨坚. 基于低碳设计理念的商业展示设计课程教学研究[J]. 装饰，2017(6):138-139.

[45] 王震亚，卜令国，刘彬彬. 低碳设计理念下的产品设计研究[J]. 设计艺术研究，2011 (4):27-30+22.

[46] 阎莉. 低碳时代的绿色设计理念研究[J]. 包装工程，2015, 36(8):108-111.

[47] 王余烈，苏欣. 基于"低碳生活"方式的绿色设计新理念[J]. 包装工程，2013, 34(12): 87-90.

[48] 王磊，陈彦. 生产性服务业集聚与工业绿色竞争力[J]. 金融与经济，2021(11):54-61+80.

[49] MANTOVANI A, TAROLA O, VERGARI C. End-of-pipe or cleaner production? How to go green in presence of income inequality and pro-environmental behavior[J]. Journal of Cleaner Production, 2017, 160:71-82.

[50] UNEP. Resource Efficient and Cleaner Production [EB/OL]. (2012)[2019-9-23]. http://www. unep.fr/scp/cp/.

[51] GARZA-REYES, JA. Lean and Green e a systematic review of the state of the art literature[J]. Journal of Cleaner Production, 2015, 102:18-29.

[52] CHERRAFI A, ELFEZAZI S, CHIARINI A, et al. The integration of lean manufacturing, six sigma and sustainability: a literature review and future research directions for developing a specific model[J]. Journal of Cleaner Production, 2016, 139:828-846.

[53] CHERRAFI A，ELFEZAZI S，GARZA-REYES JA，et al. Barriers in Green Lean implementation: a combined systematic literature review and interpretive structural modelling approach[J]. Production Planning & Control, 2017, 28 (10), 829-842.

[54] CHIARINI A. Sustainable manufacturing-greening processes using specific Lean Production tools:an empirical observation from European motorcycle component manufacturers[J]. Journal of Cleaner Production, 2014, 85:226-233.

[55] GARZA-REYES JA, VILLARREAL B，KUMAR V, et al. Lean and Green in the transport and logistics sector e a case study of simultaneous deployment[J]. Production Planning & Control, 2016. 27 (15), 1221-1232.

[56] JABBOUR CJC, JABBOUR ABLS，GOVINDAN K, et al. Environmental management and operational performance in automotive companies in Brazil: the role of human resource management and lean manufacturing[J]. Journal of Cleaner Production, 2013, 47:129-140.

[57] NADEEM SP, GARZA-REYES JA, LEUNG SC, et al. Lean manufacturing and environmental performance e exploring the impact and relationship[J]. In:IFIP International Conference on Advances in Production Management Systems (APMS 2017)[J]. Advances in Production Management Systems. The Path to Intelligent, Collaborative and Sustainable Manufacturing, Hamburg, Germany, September 3-7. Springer, pp. 331-340.

[58] GARZA-REYES JA. Green lean and the need for six sigma[J]. Int. J. Lean Six Sigma, 2015, 6(3):226-248.

[59] VERRIER B, ROSE B, Caillaud E. Lean and Green strategy: the lean and green house and maturity deployment model[J]. Journal of Cleaner Production, 2016, 116:150-156.

[60] KING AA, LENOX MJ. Lean and green? An empirical examination of the relationship between lean production and environmental performance[J]. Production and operations management, 2015,10 (3):244-256.

[61] BERGMILLER GG, MCCRIGHT PR. Are Lean and Green Programs Synergistic?[C]// IIE Annual Conference and Expo. 2009, 1155-1160.

[62] EPA. The Lean and Environment Toolkit Available in: United States Environmental Protection Agency[EB/OL]. (2013) [2019-9-23]. https://www.epa.gov/sites/production/files/201310/docu-ments/leanenvirotoolkit.pdf.

[63] SILVA SAS, MEDEIROS CF, VIEIRA RK. Cleaner production and PDCA cycle: practical application for reducing the Cans Loss index in a beverage company[J]. Journal of Cleaner Production, 2017, 150:324-338.

[64] ABREU M F, ALVES A C, MOREIRA F. Lean-Green models for eco-efficient and sustainable production[J]. Energy, 2017, 137:846-853.

[65] FORRESTER PL, SHIMIZU UK, SORIANO-MEIER H, et al. Lean production, market share and value creation in the agricultural machinery sector in Brazil[J]. Manuf. Technol. Manag, 2010, 21(7):853-871.

[66] 沃麦克，等. 改变世界的机器：精益生产之道[M]. 余锋，等译. 北京：机械工业出版

社，2015.

[67] 大野耐一. 丰田生产方式[M]. 谢克俭，李颖秋，译. 北京：中国铁道出版社，2006.

[68] HERRON C, HICKS C. The transfer of selected lean manufacturing techniques from Japanese automotive manufacturing into general manufacturing(UK) through change agents[J]. Robotics Computer-Integrated Manuf, 2008, 24 (4):524-531.

[69] HINES P, HOLWEG M, RICH N. Learning to evolve: a review of contemporary lean thinking[J]. Int. J. Oper. Prod. Manag, 2004, 24 (10):994-1011.

[70] CHAUHAN G, SINGH TP. Measuring parameters of lean manufacturing realization[J]. Meas. Bus. Excell, 2012, 16 (3):57-71.

[71] KASSINIS G, VAFEAS N. Environmental performance and plant closure[J]. J. Bus. Res, 2009, 62(4):484-494.

[72] MOLINA-AZORIN J, TARI JJ, CLAVER-CORTES E, et al. Quality management, environmental management and firm performance: a review of empirical studies and issues of integration[J]. Int. J. Manag. Rev, 2009, 11 (2):197-222.

[73] AMBRA G, ANDREA F, ANDREA V. Lean and green in action: interdependencies and performance of pollution prevention projects[J]. Journal of Cleaner Production, 2014, 85:191-200.

[74] DÜES CM, TAN KH, LIM M. Green as the new lean: how to use lean practices as a catalyst to greening your supply chain[J]. Journal of Cleaner Production, 2013, 40:93-100.

[75] WIENGARTEN F, FYNES B, ONOFREI G. Exploring synergetic effects between investments in environmental and quality/lean practices in supply chains[J]. Supply Chain Manag. An Int. J, 2013, 18 (2):148-160.

[76] DUARTE S, CRUZ-MACHADO V. Investigating lean and green supply chain linkagesthrough a balanced scorecard framework[J]. International J. Manag. Sci. Eng. Manag, 2015, 10 (1):20-29.

[77] CHERRAFI A, EL FEZAZI S, GOVINDAN K, et al. A framework for the integration of

Green and Lean Six Sigma for superior sustainability performance[J]. Int. J. Prod. Res, 2017, 55 (15):4481-4515.

[78] SOBRAL MC, JABBOUR ABLS. Jabbour CJC Green benefits from adopting lean manufacturing: a case study from the automotive sector[J]. Environ. Qual. Manag, 2013, 22 (3):65-72.

[79] KUMAR S, KUMAR N. HALEEM A. Conceptualization of Sustainable Green Lean Six Sigma:An Empirical Analysis[J]. International Journal of Business Excellence, 2015, 8(2):210－250.

[80] HERRMANN C, THIEDE, S. STEHR J, et al. An environmental perspective on lean production. In: Manufacturing Systems and Technologies for the New Frontier, the 41st CIRP Conference on Manufacturing Systems[J]. Tokyo, Japan, 2008, May 26-28, pp. 83-88.

[81] DUARTE S, CRUZ-MACHADO V. Modelling lean and green: a review from business models[J]. Int. J. Lean Six Sigma, 2013, 4 (3):228-250.

[82] PAMPANELLI AB, FOUND P, BERNARDES A M. A lean & green model for a production cell[J]. Journal of Cleaner Production, 2014, 85, 19-30.

[83] PUVANASVARAN AP, KERK RST, MUHAMAD MR. Principles and business improvement initiatives of lean relates to environmental management system[J]. In: IEEE International Technology Management Conference (ITMC). San Jose CA, US, 2011, 12:439-444.

[84] Garza-Reyes JA, Winck Jacques G, Lim MK, et al. Lean and green e synergies, differences, limitations, and the need for Six Sigma. In:Advances in Production Management Systems. Innovative and Knowledgebased Production Management in a Global-local World. IFIP Advances in Information and Communication Technology[J]. 2014, vol. 439:71-81.

[85] LARSON T, GREENWOOD R. Perfect complements: synergies between lean production and eco-sustainability initiatives[J]. Environ. Qual. Manag, 2004, 13 (4):27-36.

[86] JOHANSSON G, SUNDIN E. Lean and green product development: two sides of the same coin?[J]. Journal of Cleaner Production, 2014, 85:104-121.

[87] WIENGARTEN F, FYNES B, ONOFREI G. Exploring synergetic effects between investments in environmental and quality/lean practices in supply chains[J]. Supply Chain Manag. An Int. J, 2013, 18 (2):148-160.

[88] KLEINDORFER PR, SINGHAL K, WASSENHCVE LNN. Sustainable operations management[J]. Production and operations management, 2005, 14 (4):482-492.

[89] KITAZAWA S, SARKIS, J. The relationship between ISO 14001 and continuous source reduction programs[J]. Int. J. Oper. Prod. Manag, 2000, 20 (2):225-248.

[90] GUNASEKARAN A, PATEL C, MCGAUGHEY RE. A framework for supply chain performance measurement[J]. Int. J. Prod. Econ, 2004, 87:333-347.

[91] SEURING S, MÜLLER M. From a literature review to a conceptual framework for sustainable supply chain management[J]. Journal of Cleaner Production, 2008, 16:1699-1710.

[92] ESMEMR S, CETI IB, TUNA O. A simulation for optimum terminal truck number in a Turkish port based on lean and green concept[J]. Asian J. Shipp. Logist, 2010, 26 (2):277-296.

[93] VERRIER B, ROSE B, CAILLAUD E, et al. Combining organizational performance with sustainable development issues:the green and lean project benchmarking repository[J]. Journal of Cleaner Production, 2014, 85:83-93.

[94] BANAWI A, BILEC MM. A framework to improve construction processes: integrating lean, green and Six Sigma[J]. Int. J. Constr. Manag, 2014, 14(1):45-55.

[95] SERTYESILISIK B. Lean and agile construction project management: as a way of reducing environmental footprint of the construction industry[J]. In: Optimization and Control Methods in Industrial Engineering and Construction. Intelligent Systems, Control and Automation: Science and Engineering, 2014,vol. 72:179-196.

[96] CLUZEL F, YANNOU B, AFONSO D, et al. Managing the complexity of environmental assessments of complex industrial systems with a lean 6 Sigma approach[J]. Complex Systems Design and Management, 2010, 279-294.

[97] FOLINAS D, AIDONIS D, MALINDRETOS G, et al. Greening the agrifood supply chain with lean thinking practices[J]. Int. J. Agric. Resour. Gov. Ecol, 2014, 10 (2):129-145.

[98] ESMEMR S, CETI IB, TUNA O. A simulation for optimum terminal truck number in a Turkish port based on lean and green concept[J]. Asian J. Shipp. Logist, 2010, 26 (2):277-296.

[99] RANKY PG, KALABA O, ZHENG Y. Sustainable lean six-sigma green engineering system design educational challenges and interactive multimedia solutions[C]//IEEE International Symposium on Sustainable Systems and Technology (ISSST)，Boston, MA, USA, 2012, 16-18 May.

[100] VAIS A, VIRON V, PEDERSEN M, et al. "Green and lean" at a Romanian secondary tissue paper and board mill-putting theory into practice[J]. Resour. Conserv. Recycl, 2006, 46 (1):44-74.

[101] Martinez-Jurado PJ, Moyano-Fuentes J. Lean Management, Supply Chain Management and Sustainability: A Literature Review[J]. Journal of Cleaner Production, 2014, 85 (dec.15):134-150.

[102] FERCOQ A, LAMOURI S, CARBONEV. Carbone. Lean/Green Integration Focused on Waste Reduction Techniques[J]. Journal of Cleaner Production, 2016, 137:567-578.

[103] PETTERSEN J. Defining lean production: some conceptual and practical issues. Total Qual. Manag. J. 2009, 21(2), 127-142.

[104] Nightingale, D.-J. Principles of enterprise systems[J]. In: Second International Symposium on Engineering Systems. MIT, Cambridge, Massachusetts. 2009 June 15-17.

[105] Modig N, Ahlstrom P. This Is Lean: Resolving the Efficiency Paradox[M]. Rheologica

publishing, Stockholm, Sweden, 2012.

[106] ANGELIS J, FERNANDES B, Innovative lean: work practices and product and process improvements[J]. Int. J. Lean Six Sigma, 2012, 3 (1):74-84.

[107] BORTOLOTTI T, BOSCARI S, DANESE P. Successful lean implementation: organizational culture[J]. Int. J. Prod. Econ, 2015, 160:82-201.

[108] DOONAN J, LANOIE P, LAPLANTE B. Determinants of environmental performance in the Canadian pulp and paper industry: an assessment from inside the industry[J]. Ecol. Econ, 2005, 55 (1):73-84.

[109] Allen D-M. Waste minimization and treatment: an overview of technologies[J]. Greener Manag. Int, 1994, 5(1):22-28.

[110] JIBRIL J, SIPANIB, SAPRIM, et al. 3R's critical success factor in solid waste management system for higher educational institutions[J]. Procedia - Soc. Behav. Sci, 2012, 65:626-631.

[111] SCHROEDER DM, ROBINSON AG. Green is free: creating sustainable competitive advantage through green excellence[J]. Organ. Dyn, 2010, 39:345-352.

[112] HICKS C, HEIDRICHA O, MCGOVERN T, et al. A functional model of supply chains and waste[J]. Int. J. Prod. Econ, 2004, 89:165-174.

[113] MUSEE N, LORENZEN L, ALDRICH C. Cellar waste minimization in the wine industry: a systems approach[J]. Journal of Cleaner Production, 2007, 15:417-431.

[114] DARLINGTON R, STAIKOS T, RAHIMIFARD S. Analytical methods for waste minimization in the convenience food industry[J]. Waste Manag, 2009, 29:1274-1281.

[115] Womack JP, Jones D T, Roos D. The Machine That Changed the World[J]. Business Horizons, 1992, 35(3):81-82.

[116] SOUZA F L M, SANTOS L C, GOHR CF, et al. Criteria and practices for lean and green performance assessment: systematic review and conceptual framework[J]. Journal of Cleaner Production, 2019, 218:746-762.

[117] HAJMOHAMMAD S, VACHON S, KLASSEN RD, et al. Lean management and supply management: their role in green practices and performance[J]. J. Clean. Prod, 2013, 56:86-93.

[118] TSENG ML, CHIU SF, TAN RR. Sustainable consumption and production for Asia: sustainability through green design and practice[J]. J. Clean. Prod, 2013, 40:1-5.

[119] MOLLENKOPF D, STOLZE H, TATE WL, et al. Green, lean, and global supply chains[J]. Int. J. Phys. Distrib. Logist. Manag, 2010, 40 (1):14-41.

[120] MANIKAS AS, KROES J R. The relationship between lean manufacturing, environmental damage, and firm performance[J]. Letters in Spatial & Resource Sciences, 2018, 11(6):1-15.

[121] RUISHENG N, CHOONG LOW JS, SONG B. Integrating and implementing Lean and Green practices based on proposition of Carbon-Value Efficiency metric[J]. J. Clean. Prod, 2015, 95:242-255.

[122] ANTONY J, ANTONY FJ. Teaching the Taguchi method to industrial engineers[J]. Work Study, 2001, 50:141-149.

[123] O'CONNOR M, SPANGENBERG JH. A methodology for CSR reporting: assuring a representative diversity of indicators across stakeholders, scales, sites and performance issues[J]. Journal of Cleaner Production, 2008, 16:1399-1415.

[124] William C, Parr. Introduction to Quality Engineering: Designing Quality Into Products and Processes[J]. Technometrics, 1989.

[125] FLORIDA R. Lean and Green: the move to environmentally conscious manufacturing[J]. Calif. Manag. Rev, 1996, 39:80-105.

[126] GUPTA V, NARAYANAMURTHY G, ACHARYA P. Can lean lead to green？Assessment of radial tyre manufacturing processes using system dynamics modelling[J]. Computers & Operations Research, 2017.

[127] YÜKSEL H. An empirical evaluation of cleaner production practices in Turkey[J]. Journal

of Cleaner Production, 2008, 16 (1):S50-S57.

[128] Kuriger, G., Huang, Y., Chen, F. A lean sustainable production assessment tool[J]. In: Proceedings of the 44th CIRP Conference on Manufacturing Systems, May 31-June 3. Madison, WI, USA, 2011.

[129] CAMPOS LMS, HEIZEN DAM, VERDINELLI MA, et al. Environmental performance indicators:a study on ISO 14001 certified companies[J]. Journal of Cleaner Production, 2015, 99:286-296.

[130] 周卓儒，王谦，李锦红. 基于标杆管理的 DEA 算法对公共部门的绩效评价[J]. 中国管理科学，2003, V(3):72-75.

[131] HOURNEAUX F, HRDLICKA HA, GOMES CM, et al. The use of environmental performance indicators and size effect: a study of industrial companies[J]. Ecol. Indicat, 2014, 36:205-212.

[132] GUNASEKARAN A, SPALANZANI A. Sustainability of manufacturing and services: investigations for research and applications[J]. Int. J. Prod. Econ, 2012, 140 (1):35-47.

[133] LEE KH. Why and how to adopt green management into business organizations? The case study of Korean SMEs in manufacturing industry[J]. Manag. Decis, 2009, 47 (7): 1101-1121.

[134] ALTHAM W. Benchmarking to trigger cleaner production in small businesses: drycleaning case study[J]. Journal of Cleaner Production, 2007, 15 (8):798-813.

[135] HANDFIELD R, WALTON SV, SROUFE R, et al. Applying environmental criteria to supplier assessment: a study in the application of the Analytical Hierarchy Process. Eur[J]. J. Oper. Res, 2002, 141 (1):70-87.

[136] JASCH C. Environmental performance evaluation and indicators[J]. Journal of Cleaner Production, 2000, 8 (1):79-88.

[137] RAMOS AR, FERREIRA JCE, KUMAR V, et al. A lean and cleaner production benchmarking method for sustainability assessment: A study of manufacturing companies

in Brazil[J]. Journal of Cleaner Production, 20108, 177, 218-231.

[138] FU X, GUO M, ZHANWEN N. Applying the green Embedded lean production model in developing countries:A case study of china[J]. Environmental Development, 2017, 24:22-35.

[139] BOLTIC Z, RUZIC N, JOVANOVIC M, et al. Cleaner production aspects of tablet coating process in pharmaceutical industry: problem of VOCs emission[J]. Journal of Cleaner Production, 2013, 44:123-132.

[140] YUSUP MZ, MAHMOOD WHW, SALLEH MR, et al. Review the influence of lean tools and its performance against the index of manufacturing sustainability[J]. Int. J. Agile Syst. Manag, 2015, 8(2):116e131.

[141] 田一辉. 绿色供应链管理扩散模型研究[D]. 大连：大连理工大学，2013.

[142] 刘江聘，制造业企业绿色供应链管理创新扩散模型研究[D]. 大连：大连理工大学，2009.

[143] 朱庆华，耿勇. 绿色采购企业影响研究[J]. 中国软科学，2002(11):71-74.

[144] 王先辉. 员工创造力和建言行为关系研究：基于诺莫网络视角［D］. 苏州：苏州大学，2012.

[145] 冯明，任华勇. 法则关系方法在研究中的应用及其问题思考[J]. 心理科学进展，2009，17(4)：877-884.

[146] 李明斐，卢小君. 胜任力与胜任力模型构建方法研究[J]. 大连理工大学学报（社会科学版），2004, 25(1):28-32.

[147] 段锦云. 员工建言和沉默之间的关系研究：诺莫网络视角[J]. 南开管理论，2012，15(4):80-88.

[148] 刘强，质量缺陷管理影响因素对质量绩效的作用机制研究[D]. 哈尔滨：哈尔滨工程大学，2014.

[149] 段锦云，钟建安. 进谏行为与组织公民行为的关系研究：诺莫网络视角[J]. 应用心理学，2009, 15(3):263-270.

[150] 马力，焦捷，陈爱华，等. 通过法则关系区分员工对组织的认同与反认同[J]. 心理学报，2011, 43(3):322-337.

[151] CHENG TCE, LAM DYC, YEUNG ACL. Adoption of internet banking:An empirical study in Hong Kong[J]. Decision Support Systems, 2006, 42(3):1558-1572.

[152] DAVIS FD, BAGOZZI RP, WARSHAW PR. User Acceptance of Computer Technology:A Comparison of Two Theoretical Models[J]. Management Science, 1989, 35(8):982-1003.

[153] WU IL, CHANG CH. Using the balanced scorecard in assessing the performance of e-SCM diffusion:A multi-stage perspective[J]. Decision Support Systems, 2012, 52(2):474-485.

[154] PODSAKOFF P M, MACKENZIE S B, LEE J Y, et al. Common method biases in behavioral research: A critical review of the literature and recommended remedies[J]. Journal of Applied Psychology, 2003, 88(5):879-903.

[155] PREMKUMAR GP. Interorganization systems and supply chain management: an information processing perspective[J]. Information Systems Management, 2000, 17 (3): 56-69.

[156] PREMKUMAR G, RAMAMURTHY K. The Role of Interorganizational and Organizational Factors on the Decision Mode for Adoption of Interorganizational Systems[J]. Decision Sciences, 2007, 26(3):303-336.

[157] SARKIS J. A strategic decision framework for green supply chain management[J]. Journal of Cleaner Production, 2003, 11(4):397-409.

[158] FLORIDA R, ATLAS M, CLINE M. What Makes Companies Green? Organizational and Geographic Factors in the Adoption of Environmental Practices[J]. Economic Geography, 2001, 77(3):209-224.

[159] BRÍO J Á D, JUNQUERA B. A review of the literature on environmental innovation management in SMEs: implications for public policies[J]. Technovation, 2003, 23(12): 939-948.

[160] HERVANI A A, HELMS M M, SARKIS J. Performance measurement for green supply chain management[J]. Benchmarking, 2005, 12(4):330-353.

[161] SHARMA S. Managerial Interpretations and Organizational Context as Predictors of Corporate Choice of Environmental Strategy[J]. Academy of Management Journal, 2000, 43(4):681-697.

[162] BANSAL P, ROTH K. Why companies go green:a model of ecological responsiveness. Academy of Management Journal[J]. Academy of Management Journal, 2000, 43(4): 717-736.

[163] 何桢，韩亚娟，张敏，等. 企业管理创新、整合与精益六西格玛实施研究[J]. 科学学与科学技术管理，2008, 29(2):82-85.

[164] GROVER V, GOSLAR MD. The initiation, adoption, and implementation of telecommunications technologies in US organizations[J]. Journal of Management Information Systems, 1993, 10 (1):141-163.

[165] RANGANATHAN C, DHALIWAL JS, TEO TSH. Assimilation and diffusion of web technologies in supply-chain management: an examination of key drivers and performance impacts[J]. International Journal of Electronic Commerce, 2004, 9(1):127-161.

[166] GALLIVAN MJ. Organizational adoption and assimilation of complex technological innovations: Development and application of a new framework[J]. ACM SIGMIS Database, 2001, 32(3):51-85.

[167] RAMILLER SNC. Innovating Mindfully with Information Technology[J]. MIS Quarterly, 2004, 28(4):553-583.

[168] ZHU K, KRAEMER KL, XU S. The process of innovation assimilation by firms in different countries:a technology diffusion perspective on e-business[J]. Management Science, 2006, 52 (10):1557－1576.

[169] COOPER RB, Zmud RW. Information Technology Implementation Research: A Technological Diffusion Approach[J]. Management Science, 1990, 36(2):123-139.

[170] FICHMAN RG, KEMERER CF. The Assimilation of Software Process Innovations:An Organizational Learning Perspective[J]. Management Science, 1997, 43(10):1345-1363.

[171] IACOVOU CL, DEXTER BAS. Electronic Data Interchange and Small Organizations: Adoption and Impact of Technology[J]. MIS Quarterly, 1995, 19(4):465-485.

[172] RAMAMURTHY K, PREMKUMAR G, CRUM MR. Organizational and Interorganizational Determinants of EDI Diffusion and Organizational Performance:A Causal Model[J]. Journal of Organizational Computing and Electronic Commerce, 1999, 9(4):253-285.

[173] LAPIDE L. What about measuring supply chain performance? In achieving supply chain excellence through technology[J]. AMR Research, 2000, 2:287-297.

[174] VALMOHAMMADI C, AHMADI M. The impact of knowledge management practices on organizational performance[J]. Journal of Enterprise Information Management, 2013, 28(1):131-159.

[175] FICHMAN RG. The Role of Aggregation in the Measurement of IT-Related Organizational Innovation[J]. MIS Quarterly, 2001, 25(4):427-455.

[176] DEVARAJ S, KOHLI R. Performance Impacts of Information Technology: Is Actual Usage the Missing Link?[J]. Management Science, 2003, 49(3):273-289.

[177] KAPLAN R. The Balanced Scorecard-Measures that Drive Performance[J]. Harvard Business Review, 1992, 70 (1):71-79.

[178] KAPLAN RS, NORTON DP. Transforming the Balanced Scorecard from Performance Measurement to Strategic Management:Part II[J]. Accounting Horizons, 2001, 15(2): 147-160.

[179] KAPLAN RS, NORTON DP. Measuring the Strategic Readiness of Intangible Assets[J]. Harvard Business Review, 2004, 82(2):52-63, 121.

[180] KAPLAN RS, NORTON DP. The strategy map: guide to aligning intangible assets[J]. Strategy & Leadership, 2004, 32(5):10-17.

[181] LEE SY. Drivers for the participation of small and medium-sized suppliers in green supply chain initiatives[J]. Supply Chain Management: An International Journal, 2008, 13(3): 185-198.

[182] DIABAT A, GOVINDAN K. An analysis of the drivers affecting the implementation of green supply chain management[J]. Resources, Conservation and Recycling, 2011, 55(6), 659-667.

[183] HANDFIELD RB, WALTON SV, SEEGERS LK, et al. Green Value Chain Practices in the Furniture Industry[J]. Journal of Operations Management, 1997, 15(4):293-315.

[184] CHAN RYK, LAU LBY. Explaining Green Purchasing Behavior: A Cross-Cultural Study on American and Chinese Consumers[J]. Journal of International Consumer Marketing, 2001, 14(2):9-40.

[185] ORSATO RJ. Strategies for Corporate Social Responsibility Competitive Environmental Strategies:When Does It Pay to be Green?[J]. California Management Review, 2006, 48(2):127-143.

[186] HAMMER, M. CHAMP, J. 企业再造[M]. 王珊珊,等译. 上海:上海译文出版社,2007.

[187] MENDELSON H, PILLAI RR. Clockspeed and Informational Response: Evidence from the Information Technology Industry[J]. Information Systems Research, 1998, 9(4): 415-433.

[188] 李书华. 企业环境成本管理的理论与实践研究[D]. 南京:南京工业大学,2004.

[189] CHIN WW, MARCOLIN BL, NEWSTED PR. A Partial Least Squares Latent Variable Modeling Approach for Measuring Interaction Effects: Results from a Monte Carlo Simulation Study and an Electronic-Mail Emotion/Adoption Study[J]. Information Systems Research, 2003, 14(2):189-217.

[190] CHIN WW. Issues and opinion on structural equation modeling[J]. Mis Quarterly, 1998, 22(1):7-16.

[191] WU L, SUBRAMANIAN N, ABDULRAHMAN MD, et al. The Impact of Integrated

Practices of Lean, Green, and Social Management Systems on Firm Sustainability Performance—Evidence from Chinese Fashion Auto-Parts Suppliers[J]. Sustainability, 2015, 7(4):3838-3858.

[192] SANGWAN KS. Quantitative and Qualitative Benefits of Green Manufacturing: an Empirical Study of Indian Small and Medium Enterprises[M]. Glocalized Solutions for Sustainability in Manufacturing. Springer Berlin Heidelberg, 2011:371-376.

[193] SINGH BJ, Khanduja D. SMED: for quick changeovers in foundry SMEs[J]. International Journal of Productivity & Performance Management, 2010, 59(1):98-116.

[194] THANKI S, GOVINDAN K, THAKKAR J. An investigation on lean-green implementation practices in Indian SMEs using analytical hierarchy process (AHP) approach[J]. Journal of Cleaner Production, 2016, 135:284-298.

[195] WONG WP, IGNATIUS J, SOH KL. What is the leanness level of your organisation in lean transformation implementation? An integrated lean index using ANP approach[J]. Production Planning & Control, 2014, 25(4):273-287.

[196] SHAH R, WARD PT. Lean manufacturing:context, practice bundles, and performance[J]. Journal of Operations Management, 2004, 21(2):129-149.

[197] MITTAL VK, SANGWAN KS. Prioritizing Drivers for Green Manufacturing: Environmental, Social and Economic Perspectives[J]. Procedia Cirp, 2014, 17(15): 559-564.

[198] KANNAN D. Evaluation of green manufacturing practices using a hybrid MCDM model combining DANP with PROMETHEE[J]. International Journal of Production Research, 2015, 53(21):6344-6371.

[199] SEZEN B, ÇANKAYA SY. Effects of Green Manufacturing and Eco-innovation on Sustainability Performance[J]. Procedia-Social and Behavioral Sciences, 2013, 99(6): 154-163.

[200] ZHU QINGHUA, JOSEPH SARKIS, KEEHUNG LAI. Examining the effects of green

supply chain management practices and their mediations on performance improvements[J]. International Journal of Production Research, 2012, 50(5):1377-1394.

[201] HAMDY A, DEIF AM. An Integrated Approach to Assess Manufacturing Greenness Level[J]. The Cirp Conference on Manufacturing Systems, 2014:541-546.

[202] YANG MG, HONG P, MODI SB. Impact of lean manufacturing and environmental management on business performance:An empirical study of manufacturing firms[J]. International Journal of Production Economics, 2011, 129(2):251-261.

[203] 朱海珅，付园. 企业社会责任对企业绩效影响的实证研究——以内蒙古 20 家上市公司为例[J]. 北京化工大学学报：社会科学版，2015(2):35-40.

[204] MITTAL VK, SANGWAN KS. Ranking of Drivers for Green Manufacturing Implementation Using Fuzzy Technique for Order of Preference by Similarity to Ideal Solution Method[J]. Journal of Multi-Criteria Decision Analysis, 2015, 22(1-2):119-130.

[205] ASIF M, SEARCY C, ZUTSHI A, et al. An integrated management systems approach to corporate social responsibility[J]. Journal of Cleaner Production, 2013, 56(10):7-17.

[206] KURDVE M, ZACKRISSON M, Wiktorsson M, et al. Lean and green integration into production system models-experiences from Swedish industry[J]. Journal of Cleaner Production, 2014, 85:180-190.

[207] HERRERA MEB. Creating competitive advantage by institutionalizing corporate social innovation[J]. Journal of Business Research, 2015, 68(7):1468-1474.

[208] 丰田中国. 2016—2017 丰田中国企业社会责任报告电子版[EB/OL]. [2019-09-23]. http://www.toyota.com.cn/contribution/download/report.pdf.

[209] 广汽丰田. 广汽丰田 2018 年企业社会责任报告[EB/OL]. [2019-09-23]. http://about. gac-toyota.com.cn/visit/newweb/csr/csr_2018/.

[210] VINODH S, RUBEN RB, ASOKAN P. Life cycle assessment integrated value stream mapping framework to ensure sustainable manufacturing: A Case Study[J]. Clean Technologies and Environmental Policy, 2016, 18(1):279-295.

[211] COCKERILL K. Discussions on sustainability[J]. Clean Technologies and Environmental Policy, 2004, 6(3):151-152.

[212] FAULKNER W, BADURDEEN F. Sustainable alue stream mapping(Sus-VSM): methodology to visualize and assess manufacturing sustainability performance[J]. Journal of Cleaner Production, 2014, 85:8-18.

[213] 曹华军，李洪丞，宋胜利，等. 基于生命周期评价的机床生命周期碳排放评估方法及应用[J]. 计算机集成制造系统，2011, 17(11):2432-2437.

[214] 程海琴，曹华军，李洪丞，等. 基于碳效益的零部件制造工艺决策模型及应用[J]. 计算机集成制造系统，2013, 19(8):2018-2025.

[215] 尹瑞雪，曹华军，李洪丞. 基于函数化描述的机械制造工艺碳排放特性及其应用[J]. 计算机集成制造系统，2014, 20(9):2127-2133.

[216] 李玉霞，曹华军，李洪丞，等. 作业车间碳排放动态特性及二阶优化调度模型[J]. 计算机集成制造系统，2015, 21(10):2687-2693.

[217] VERFAILLIE HA, and BIDWELL "Measuring Eco-efficiency: A Guide to Reporting Company Performance." [J]. measuring_ eco-efficiency, 2013-11-26.

[218] 李洪丞. 机械制造系统碳排放动态特性及其碳效率评估优化方法研究[D]. 重庆：重庆大学，2014.

[219] 刘飞，徐宗俊，但斌，等. 机械加工系统能量特性及其应用[M]. 北京：机械工业出版社，1995.

[220] GREINACHER S, MOSER E, HERMANN H, et al. Simulation Based assessment of lean and green strategies in manufacturing systems[J]. Procedia CIRP, 2015, 29:86-91.

[221] GENAIDY AM, KARWOWSKI W. Human performance in lean production environment: critical assessment and research framework[J]. Human Factors & Ergonomics in Manufacturing & Service Industries, 2010, 13(4):317-330.

[222] SHUB AN, STONEBRAKER PW. The human impact on supply chains: evaluating the importance of "soft" areas on integration and performance[J]. Supply Chain Management,

2009, 14(1):31-40.

[223] BARNEY J. Firm resources and sustained competitive advantage[J]. Journal of Management, 2009, 17(1), 3-10.

[224] WERNERFELT B. A resource-based view of the firm[J]. Strategic Management Journal, 2010, 5(2):171-180.

[225] CARVALHO H, GOVINDAN K, AZEVEDO SG, et al. Modelling green and lean supply chains: an eco-efficiency perspective[J]. Resources Conservation & Recycling, 2017, 120:75-87.

[226] COLICCHIA C, CREAZZA A, DALLARI F. Lean and green supply chain management through intermodal transport: insights from the fast moving consumer goods industry[J]. Production Planning & Control, 2017, 28(4):321-334.

[227] HEGEDIC M, GUDLIN M, STEFANIC N. Interrelation of lean and green management in Croatian manufacturing companies[J]. Interdisciplinary Description of Complex Systems - scientific journal, 2018, 16(1):21-39.

[228] GlADWIN TN, KENNELLY JJ, KRAUSE TS. Shifting paradigms for sustainable development: implications for management theory and research[J]. Academy of Management Review, 1995, 20(4):874-907.

[229] VELEVA V, ELLENBECKER M. Indicators of sustainable production: framework and methodology[J]. Journal of Cleaner Production, 2001, 9(6):519-549.

[230] BOWERSOX DJ, BOWERSOX DJ. Leading edge logistics: competitive positioning for the 1990's:comprehensive research on logistics organization, strategy and behavior in north[J]. Journal of Experimental Psychology, 2011, 75(2):166-9.

[231] MAHIDHAR V. Designing the Lean Enterprise Performance Measurement System[J]. massachusetts institute of technology, 2005.

[232] YEE RWY, YEUNG ACL, CHENG TCE. The impact of employee satisfaction on quality and profitability in high-contact service industries[J]. Journal of Operations Management,

2008, 26(5):651-668.

[233] GOVINDAN K, AZEVEDO S G, CARVALHO H, et al. Lean, green and resilient practices influence on supply chain performance: interpretive structural modeling approach[J]. International Journal of Environmental Science & Technology, 2015, 12(1):15-34.

[234] KUMAR S, LUTHRAS, HALEEM A. Critical Success Factors of Customer Involvement in Greening the Supply Chain: An Empirical Study[J]. International Journal of Logistics Systems and Management, 2014, 19 (3):283-310.

[235] GOVINDAN K, PALANIAPPAN M, ZHU Q, et al. Analysis of third party reverse logistics provider using interpretive structural modeling[J]. International Journal of Production Economics, 2012, 140(1):204-211.

[236] ALBLIWI S, ANTONY J, LIM SAH, et al. Critical failure factors of lean six sigma:a systematic literature review[J]. International Journal of Quality & Reliability Management, 2014, 31(9):1012-1030.

[237] BIRKINSHAW J, BRESMAN H, HAKANSON L. Managing the post-acquisition integration process: how the human integration and task integration processes interact to foster value creation[J]. Journal of Management Studies, 2000, 37 (3):395-425.

[238] JABBOUR CJC. Green human resource management and green supply chain management: linking two emerging agendas[J]. Journal of Cleaner Production, 2016, 112:1824-1833.

[239] KUMAR S, LUTHRA S, GOVINDAN K, et al. Barriers in green lean six sigma product development process:an ism approach[J]. Production Planning & Control, 2016, 27(7-8), 604-620.

[240] MATHIYAZHAGAN K, GOVINDAN K, NOORULHAQ A, et al. An ism approach for the barrier analysis in implementing green supply chain management[J]. Journal of Cleaner Production, 2013, 47, 283-297.

[241] PAGELL M, WU Z. Building a more complete theory of sustainable supply chain management using case studies of 10 exemplars[J]. Journal of Supply Chain Management, 2010,

45(2):37-56.

[242] WONG WP, WONG KY. Synergizing an ecosphere of lean for sustainable operations[J]. Journal of Cleaner Production, 2014, 85:51-66.

[243] ZHOU Z, CHENG S, HUA B. Supply chain optimization of continuous process industries with sustainability considerations[J]. Computers & Chemical Engineering, 2000, 24(2-7): 1151-1158.

[244] 杜元伟. 风险投资项目组合优化方法与其应用研究[D]. 长春：吉林大学，2007.

[245] 叶飞，张婕. 绿色供应链管理驱动因素、绿色设计与绩效关系[J]. 科学研究，2010, 28(8):1230-1239.

[246] SHAW S, GRANT DB, MANGAN J. Developing environmental supply chain performance measures[J]. Benchmarking: An International Journal, 2010, 17(3): 320-339.

[247] HASLINDA A, FUONG CC. The Implementation of ISO 14001 Environmental Management System in Manufacturing Firms in Malaysia[J]. Editorial Board, 2010:100.

[248] 朱庆华. 绿色供应链管理动力/压力影响模型实证研究[J]. 大连理工大学学报（社会科学版），2008, 29(2):6-12.

[249] 刘晔明. 食品绿色产业供应链管理模式与绩效评价研究[D]. 无锡：江南大学，2011.

[250] 曹柬. 绿色供应链核心企业决策机制研究[D]. 杭州：浙江大学，2009.

[251] 赵环宇. 政采是绿色供应链的重要驱动[N]. 中国财经报，2011-01-19.

[252] 孟炯. 消费者驱动的制销供应链联盟产品安全责任研究[D]. 成都：电子科技大学，2009.

[253] 魏晨. 基于供应驱动的供应链协同契约模型研究[D]. 武汉：华中科技大学，2008.

[254] 夏艳平. 品牌驱动战略下的供应链管理研究[D]. 武汉：武汉大学，2005.

[255] Gandhi NS, Thanki SJ, Thakkar JJ. Ranking of drivers for integrated lean-green manufacturing for Indian manufacturing SMEs[J]. Journal of Cleaner Production, 2018, 171:675-689.

[256] 陈宏军. 供应链绿色驱动机理与驱动强度评价方法研究[D]. 长春：吉林大学，2012.

[257] CABRAL I, GRILO A, CRUZ-MACHADO V, A decision-making model for lean, agile, resilient and green supply chain management[J]. Int. J. Prod. Res, 2012, 50:4830-4845.

[258] REIS LV, KIPPER LM, GIRALDO VFD, et al. A model for Lean and Green integration and monitoring for the coffee sector[J]. Computers and Electronics in Agriculture, 2018, 150:62-73.

[259] JAIN A, NANDAKUMAR K, ROSS A. Score normalization in multimodal biometric systems[J]. Pattern Recogn, 2005, 38:2270-2285.

[260] VENUGOPAL V, SUNDARAM S. An online writer identification system using regres-sion-based feature normalization and codebook descriptors[J]. Expert Syst. Appl, 2017, 72:196-206.

[261] 傅晓曦. 中国情境下基于绿色精益生产的企业可持续运营策略研究[D]. 天津：天津大学，2016.

[262] PAGELL M, GOBELI D. How plant managers' experiences and attitudes toward sustainability relate to operational performance[J]. Production and operations management, 2009, 18:278-299.

[263] DE T S, ANTONAKIS J, Could lean production job design be intrinsically motivating? Contextual, configurational, and levels-of-analysis issues[J]. J. Oper.Manag, 2006, 24:99-123.

[264] MILLER G, PAWLOSKI J, STANDRIDGE C R, 2010. A case study of lean, sustainable manufacturing[J]. J. Ind. Eng. Manag, 2010, 3:11-32.

[265] BOWEN FE, COUSINS PD, LAMMING RC, et al. The role of supply management capabilities in green supply[J]. Production and operations management. 2001, 10:174-189.

[266] DELMAS M, Erratum to "Stakeholders and competitive advantage: the case of ISO 14001"[J]. Production and operations management, 2004, 13:398-398.

[267] LAUGEN B T, ACUR N, BOER H, et al. Best manufacturing practices: what do the best-performing companies do?[J]. Int. J. Oper. Prod. Manag, 2005, 25:131-150.

[268] NETLAND T, Exploring the phenomenon of company-specific production systems: one-best-way or own-best-way?[J]. Int. J. Prod. Res, 2013, 51:1084-1097.

[269] JAYARAM J, DAS, A, NICOLAE M. Looking beyond the obvious: unraveling the Toyota production system[J]. Int. J. Prod. Econ, 2010, 128:280-291.

[270] KURDVE M, DAGHINI L. Sustainable metal working fluid systems: best and common practices for metal working fluid maintenance and system design in Swedish industry[J]. Int. J. Sust. Manuf, 2012, 2:276-292.

[271] 李虹，田生. MFCA 嵌入企业环境成本控制的路径——基于制造业面板数据[J]. 财会月刊，2013(23):14-17.

[272] 张本越,宫赫阳. 日本 MFCA 的新进展及对我国的启示[J]. 会计之友,2014(12):29-33.

[273] SHIN SJ, SUH SH, STROUD I, et al. Process-oriented Life Cycle Assessment framework for environmentally conscious manufacturing[J]. Journal of Intelligent Manufacturing, 2015:1-19.

[274] 陶璟. 面向方案设计阶段的产品生命周期设计方法研究[D]. 上海：上海交通大学，2013.

[275] 魏纯海. 面向环境的可持续制造中材料选择关键技术研究[D]. 合肥：合肥工业大学，2009.

[276] 刘江龙. 材料的环境影响评价[M]. 北京：科学出版社，2002.

[277] 肖纪美. 环境与材料[C]. 1997 全国石油石化用材研讨会. 1997:1-9.

[278] 刘飞，曹华军，张华. 绿色制造的理论与技术[M]. 北京：科学出版社，2007.

[279] 刘光复，刘志峰，李纲. 绿色设计与绿色制造[M]. 北京：机械工业出版社，2000.

[280] 王俊勃，屈银虎，贺辛. 工程材料及应用[M]. 北京：电子工业出版社，2016.

[281] 马行驰，袁斌霞. 工程材料[M]. 西安：西安电子科技大学出版社，2015.

[282] 庞国星. 工程材料与成形技术基础[M]. 北京：机械工业出版社，2015.

[283] FAN Z, YUE T, ZHANG L. SAMM:an architecture modeling methodology for sh-ip command and controlsystems[J]. Software&SystemsModeling, 2016, 15(1):71-118.

[284] 余军合. 面向全生命周期虚拟产品模型的研究与应用[D]. 杭州：浙江大学，2002.

[285] TREHAN V, CHAPMAN C, RAJU P. Informal and formal modelling of engineering processes for design automation using knowledge based engineering[J]. Journal of Zhejiang University SCIENCE A, 2015, 16(9):706-723.

[286] 顾振国. 从生命周期角度识别环境因素实施初探[J]. 中国认证认可，2016(3):35-37.

[287] 董艳平. 机电产品制造业环境管理体系的关键技术研究[D]. 合肥：合肥工业大学，2004.

[288] LEI L, LIU Z, FUNG R. "The most of the most"-study on a new LCA method[C]// El-ectronics and the Environment, 2003. on IEEE International Symposium. IEEE Computer Society, 2003:177-182.

[289] 黄海鸿，戚赟徽，刘光复，等. 面向产品设计的全生命周期能量分析方法[J]. 农业机械学报，2007, 38(11):88-92.

[290] 李弼心，张华，鄢威，等. 基于组合赋权层次分析法的铝合金加工切削液选择模型[J]. 现代制造工程，2016(5):11-14.

[291] 翟珊珊，段婕. 组合权重确定方法的仿真对比分析[J]. 统计与决策，2015(24):83-85.

[292] 张华，江志刚. 绿色制造系统工程理论与实践[M]. 北京：科学出版社，2013.

[293] 彭安华，王智明. 基于熵权的模糊综合评判在材料选择中的应用[J]. 机械设计与研究，2007, 23(1):71-73.

[294] 李磊，汪永超，唐雨，等. 基于模糊层次分析法的机械材料选择[J]. 组合机床与自动化加工技术，2015(11):8-12.

[295] 张娜，焦时光，王薇，等. 棒材孔型多目标优化与连轧过程模拟[C]//中国金属学会冶金设备分会压力加工设备学术研讨会. 2010:1-5.

[296] 曾议，孙莉，孙友文，等. 启发式算法的孔群加工路线模糊多目标优化[J]. 现代制造工程，2016(4):44-50.

读者调查表

尊敬的读者：

　　自电子工业出版社工业技术分社开展读者调查活动以来，收到来自全国各地众多读者的积极反馈，他们除了褒奖我们所出版图书的优点外，也很客观地指出需要改进的地方。您对我们工作的支持与关爱，将促进我们为您提供更优秀的图书。您可以填写下表寄给我们，也可以给我们电话，反馈您的建议。我们将从中评出热心读者若干名，赠送我们出版的图书。谢谢您对我们工作的支持！

姓名：＿＿＿＿＿　　性别：□男　□女　　年龄：＿＿＿＿＿　　职业：＿＿＿＿＿

电话（手机）：＿＿＿＿＿＿＿　　E-mail：＿＿＿＿＿＿＿＿＿＿＿＿＿

传真：＿＿＿＿＿＿　　通信地址：＿＿＿＿＿＿＿＿＿＿　　邮编：＿＿＿＿＿＿＿

1. 影响您购买同类图书的因素（可多选）：

□封面封底　　□价格　　□内容简介、前言和目录　　□书评广告　□出版社名声

□作者名声　　□正文内容　　□其他＿＿＿＿＿＿＿＿＿＿＿＿＿

2. 您对本图书的满意度：

从技术角度	□很满意	□比较满意	□一般	□较不满意	□不满意
从文字角度	□很满意	□比较满意	□一般	□较不满意	□不满意
从排版、封面设计角度	□很满意	□比较满意	□一般	□较不满意	□不满意

3. 您选购了我们的哪些图书？主要用途？＿＿＿＿＿＿＿＿＿＿＿＿＿＿＿＿＿

4. 您最喜欢我们的哪本图书？请说明理由。

＿＿＿＿＿＿＿＿＿＿＿＿＿＿＿＿＿＿＿＿＿＿＿＿＿＿＿＿＿＿＿＿＿＿

5. 目前您在教学中使用的是哪本教材？（请说明书名、作者、出版年、定价、出版社。）有何优缺点？

＿＿＿＿＿＿＿＿＿＿＿＿＿＿＿＿＿＿＿＿＿＿＿＿＿＿＿＿＿＿＿＿＿＿

6. 您的相关专业领域中所涉及的新专业、新技术包括：

＿＿＿＿＿＿＿＿＿＿＿＿＿＿＿＿＿＿＿＿＿＿＿＿＿＿＿＿＿＿＿＿＿＿

7. 您感兴趣或希望增加的图书选题有：

＿＿＿＿＿＿＿＿＿＿＿＿＿＿＿＿＿＿＿＿＿＿＿＿＿＿＿＿＿＿＿＿＿＿

8. 您所教课程主要参考书？（请说明书名、作者、出版年、定价、出版社。）

＿＿＿＿＿＿＿＿＿＿＿＿＿＿＿＿＿＿＿＿＿＿＿＿＿＿＿＿＿＿＿＿＿＿

邮寄地址：北京市丰台区金家村 288#华信大厦电子工业出版社工业技术分社

邮编：100036　　电话：18614084788　E-mail：lzhmails@phei.com.cn

微信 ID：lzhairs/18614084788　　联系人：刘志红

电子工业出版社编著书籍推荐表

姓名		性别		出生年月		职称/职务	
单位							
专业				E-mail			
通信地址							
联系电话				研究方向及教学科目			

个人简历（毕业院校、专业、从事过的以及正在从事的项目、发表过的论文）

您近期的写作计划：

您推荐的国外原版图书：

您认为目前市场上最缺乏的图书及类型：

邮寄地址：北京市丰台区金家村 288#华信大厦电子工业出版社工业技术分社
邮编：100036　电话：18614084788　E-mail：lzhmails@phei.com.cn
微信 ID：lzhairs/18614084788　联系人：刘志红